高等院校计算机教材系列

WEB PROGRAMMING
Web程序设计

牛力 韩小汀 主编
闫石 杨凯 刘楠楠 参编

机械工业出版社
China Machine Press

图书在版编目（CIP）数据

Web 程序设计 / 牛力，韩小汀主编 . —北京：机械工业出版社，2016.3
（高等院校计算机教材系列）

ISBN 978-7-111-52746-6

Ⅰ. W… Ⅱ. ①牛… ②韩… Ⅲ. 网页制作工具 – 程序设计 – 高等学校 – 教材 Ⅳ. TP393.092

中国版本图书馆 CIP 数据核字（2016）第 018339 号

本书以 JavaScript、C# 为语言基础，以 ASP.NET 4.0 为技术工具，以 Visual Studio 2010 为开发工具，以技术应用能力培养为主线，从零开始，介绍 HTML 网页设计基础、CSS 基础、JavaScript 语言入门与提高、与 ASP.NET 4.0 结合的 C# 基础、ASP.NET 4.0 服务器控件、母版页、主题、用户控件、状态管理、数据访问和数据绑定。

本书逻辑性强，由浅入深，循序渐进，可以作为高等院校计算机及相关专业"Web 程序设计"课程的教材，也可以供对 Web 应用程序开发感兴趣的人员自学。

出版发行：机械工业出版社（北京市西城区百万庄大街 22 号　邮政编码：100037）
责任编辑：佘　洁　　　　　　　　　　　　　　责任校对：殷　虹
印　　刷：北京瑞德印刷有限公司　　　　　　　版　　次：2016 年 4 月第 1 版第 1 次印刷
开　　本：185mm×260mm　1/16　　　　　　印　　张：17.25
书　　号：ISBN 978-7-111-52746-6　　　　　　定　　价：39.00 元

凡购本书，如有缺页、倒页、脱页，由本社发行部调换
客服热线：（010）88378991　88361066　　　投稿热线：（010）88379604
购书热线：（010）68326294　88379649　68995259　　读者信箱：hzjsj@hzbook.com

版权所有·侵权必究
封底无防伪标均为盗版
本书法律顾问：北京大成律师事务所　韩光 / 邹晓东

前　言

Web 程序设计是计算机相关专业的重要课程，是学习和掌握网站设计的基础。本书紧扣 Web 应用程序开发所需的知识、技能和素质要求，以技术应用能力培养为主线构建教材内容，突出实用性和先进性，把理论知识点融入具体的开发实例中。本书共分 10 章，内容组织如下：

第 1 章主要介绍 Web 基础知识、Internet 的结构特点以及 Web 程序设计的开发工具等。

第 2 章和第 3 章介绍 Web 程序开发的准备知识，主要包括 HTML 网页设计基础知识、CSS 样式表等。

第 4 章从零基础开始，系统讲述 Javascript 的概念、基本语法和具体使用方法。

第 5 章结合 ASP.NET 4.0 介绍 C# 基本语法、结构语句和具体应用等。

第 6 章介绍 ASP.NET 4.0 页面事件、标准控件和验证控件的应用。

第 7 章从实现网站整体统一风格角度介绍母版页、主题和用户控件的概念、特点及应用。

第 8 章从状态管理出发，重点介绍查询字符串、Cookie、Session、Application、隐藏域、ViewState 和 ControlState 的使用。

第 9 章介绍使用数据源控件和 LINQ 访问数据库的方法，以及使用数据绑定控件呈现数据库数据的技术。

第 10 章通过电子商务平台案例，对 ASP.NET 整体的技术和程序进行了综合性、实战性的演示。

本书由中国人民大学牛力、北京航空航天大学韩小汀主编，并负责全书的编写、修改、定稿等工作。参加编写的人员还有：中国人民大学闫石（参与第 5 章、第 9 章编写），杨凯（参与第 6 章、第 7 章编写），黄河科技学院刘楠楠（参与第 2 章、第 3 章编写）。

在本书编写过程中得到了中国人民大学信息资源管理学院相关老师的多次指导，他们为本书的写作提出了许多宝贵的修改意见。机械工业出版社华章公司的编辑们也为本书的出版做了许多工作，在此对他们辛勤的工作和热情的支持表示诚挚的感谢！

由于时间和水平的限制，书中难免出现错误和不妥之处，欢迎同行和读者批评指正。如有问题可直接与作者联系，电子邮箱是 webprogram@126.com。

教 学 建 议

章号	教学要求	课时
第1章 综述	了解 Web 基础知识 了解 Internet 的结构和特点 熟悉 Web 程序设计的开发工具	4
第2章 HTML 网页设计	了解 HTML 特点和构成元素 掌握 HTML 标签的使用 掌握 HTML 表单的使用 掌握框架的构成及使用	6～8
第3章 CSS	了解 CSS 特点和功能 掌握 CSS 基本语法和选择器 掌握 DIV 层的使用	2
	掌握 CSS 样式表的使用	4～6
第4章 JavaScript	了解 JavaScript 概念和特点 掌握 JavaScript 基本语法 掌握 JavaScript 的使用	8～12
第5章 C# 语言概述	掌握 C# 基本语法 掌握 C# 结构语句的使用 掌握 C# 类的使用	6～8
第6章 ASP.NET 服务器控件	了解 ASP.NET 页面事件 了解 HTML 服务器控件的使用	2
	掌握 Web 服务器标准控件的使用	8～12
	掌握 Web 服务器验证控件的使用	4
第7章 母版页、主题和用户控件	了解母版页的概念和特点 掌握母版页的创建及嵌套使用 了解母版页的运行机制	4
	掌握主题的创建和使用	4
	掌握用户控件的创建和使用	4
第8章 状态管理	了解 ASP.NET 状态管理的类别及特点 掌握查询字符串的使用 掌握 Cookie、Session、Application 的使用 掌握隐藏域、ViewState 和 ControlState 的使用	8～12
第9章 数据访问与数据绑定	了解数据源控件的类别及特点 掌握 SqlDataSource 控件、LinqDataSource 控件、XmlDataSource 控件的使用	6
	掌握常用数据绑定控件的使用	6
	了解 LINQ 的概念、特点和标准查询运算符 掌握使用 LINQ to SQL 实现对数据的增、删、改、查 掌握 LINQ to XML 的特点和使用	12～16

（续）

章号	教学要求	课时
第10章 电子商务网站综合实例	了解实际项目开发的全过程，应用ASP.NET相关技术和方法，掌握系统设计、数据库设计、系统开发、程序语言的使用	10～20
总课时		98～130

说明：建议课堂教学全部在多媒体机房内完成，实现"讲－练"结合。

目 录

前言
教学建议

第1章 综述 ·································· 1
1.1 认识 Web ······························· 1
1.2 Internet 概述 ··························· 2
1.2.1 什么是 Internet ······················ 2
1.2.2 IP 地址与域名 ······················· 4
1.2.3 虚拟主机与虚拟服务器 ·············· 4
1.3 Web 程序设计的开发工具与开发环境 ··· 5
1.3.1 HTML 语言与 CSS 样式表 ··········· 5
1.3.2 ASP 与 ASP.NET ···················· 7
1.3.3 数据库管理系统 ····················· 8
1.3.4 网页设计的开发环境 ················ 10
1.3.5 程序设计的开发环境 ················ 11
本章小结 ································· 11
习题 ···································· 12

第2章 HTML 网页设计 ··················· 13
2.1 HTML 概述 ··························· 13
2.1.1 什么是 HTML ······················ 13
2.1.2 HTML 的特点 ······················ 13
2.1.3 HTML 实例 ························ 14
2.2 HTML 元素 ··························· 15
2.3 HTML 标签 ··························· 16
2.3.1 标签与元素的区别 ·················· 17
2.3.2 文本的定义 ························ 17
2.3.3 表格操作 ·························· 19
2.3.4 其他类型标签 ······················ 22
2.4 HTML 表单 ··························· 23
2.5 框架 ·································· 26

2.5.1 框架的概念 ························ 26
2.5.2 框架的类型 ························ 29
本章小结 ································· 31
习题 ···································· 31

第3章 CSS ································ 33
3.1 CSS 基础 ······························ 33
3.1.1 什么是 CSS ························ 33
3.1.2 CSS 的语法 ························ 34
3.1.3 CSS 的标准化 ······················ 35
3.2 CSS 选择器 ···························· 36
3.2.1 CSS 常用选择器 ···················· 36
3.2.2 属性选择器 ························ 36
3.2.3 其他类型选择器 ···················· 37
3.2.4 伪类 ······························ 38
3.2.5 伪元素 ···························· 39
3.3 DIV 层 ······························· 41
3.3.1 什么是 DIV ······················· 41
3.3.2 CSS 盒子模型 ······················ 42
3.4 CSS 样式表 ···························· 44
3.4.1 字体（Font）······················· 45
3.4.2 文本（Text）······················· 48
3.4.3 背景（Background）················· 51
3.4.4 表格（Table）······················ 53
3.4.5 定位（Position）···················· 56
3.4.6 布局（Layout）····················· 58
3.4.7 列表（List）······················· 61
本章小结 ································· 63
习题 ···································· 63

第4章 JavaScript ·························· 65
4.1 JavaScript 概述 ························ 65

4.1.1	什么是脚本语言		65
4.1.2	什么是 JavaScript		65
4.1.3	JavaScript 的功能		65
4.1.4	JavaScript 编辑器		66
4.1.5	JavaScript 实例		66
4.1.6	开启浏览器对于 JavaScript 的支持		68
4.1.7	JavaScript 的注释		69

4.2 JavaScript 语言基础 ······ 69
   4.2.1 JavaScript 的数据类型 ··· 69
   4.2.2 数据类型的转换 ······ 71
   4.2.3 JavaScript 的变量 ······ 72
   4.2.4 JavaScript 的结构语句 ··· 73

4.3 JavaScript 语法提高 ······ 80
   4.3.1 JavaScript 函数 ········ 81
   4.3.2 JavaScript 对象 ········ 82

4.4 JavaScript 实战演习 ······ 89
本章小结 ······ 92
习题 ······ 92

第 5 章 C# 语言概述 ······ 94

5.1 C# 基本语法 ······ 94
   5.1.1 什么是 C# ······ 94
   5.1.2 入门知识 ······ 95
   5.1.3 数据类型 ······ 97
   5.1.4 运算符和表达式 ······ 100

5.2 C# 结构语句 ······ 101
   5.2.1 条件语句 ······ 102
   5.2.2 循环语句 ······ 105
   5.2.3 异常处理语句 ······ 110

5.3 自定义 C# 类 ······ 112
   5.3.1 类概述 ······ 112
   5.3.2 类的基本构成 ······ 113
   5.3.3 类的继承 ······ 113

本章小结 ······ 116
习题 ······ 116

第 6 章 ASP.NET 服务器控件 ······ 118

6.1 ASP.NET 页面事件 ······ 118
6.2 ASP.NET 服务器控件概述 ······ 120

6.3 HTML 服务器控件 ······ 121
6.4 Web 服务器标准控件 ······ 122
   6.4.1 Label 控件 ······ 123
   6.4.2 TextBox 控件 ······ 123
   6.4.3 Button、LinkButton 和 ImageButton 控件 ······ 124
   6.4.4 DropDownList 控件 ······ 124
   6.4.5 ListBox 控件 ······ 128
   6.4.6 CheckBox 和 CheckBoxList 控件 ······ 129
   6.4.7 RadioButton 和 RadioButtonList 控件 ······ 129
   6.4.8 Image 和 ImageMap 控件 ······ 130
   6.4.9 HyperLink 控件 ······ 131
   6.4.10 Table 控件 ······ 132
   6.4.11 Panel 和 PlaceHolder 控件 ······ 132
   6.4.12 MultiView 和 View 控件 ······ 134
   6.4.13 Wizard 控件 ······ 135
   6.4.14 FileUpload 控件 ······ 138

6.5 Web 服务器验证控件 ······ 139
   6.5.1 RequireFieldValidator 控件 ······ 140
   6.5.2 CompareValidator 控件 ······ 140
   6.5.3 RangeValidator 控件 ······ 141
   6.5.4 RegularExpressionValidator 控件 ······ 141
   6.5.5 CustomValidator 控件 ······ 141
   6.5.6 ValidationSummary 控件 ······ 142

本章小结 ······ 143
习题 ······ 144

第 7 章 母版页、主题和用户控件 ······ 146

7.1 母版页 ······ 146
   7.1.1 母版页概述 ······ 146
   7.1.2 创建母版页 ······ 147
   7.1.3 创建内容页 ······ 148
   7.1.4 母版页的嵌套 ······ 149
   7.1.5 母版页运行机制 ······ 151

7.2 主题 ······ 151
   7.2.1 自定义主题 ······ 151
   7.2.2 使用主题 ······ 152
   7.2.3 动态主题 ······ 153

7.3 用户控件 ················· 155
   7.3.1 创建用户控件 ··········· 155
   7.3.2 使用用户控件 ··········· 156
本章小结 ···················· 157
习题 ······················ 158

第 8 章 状态管理 ··············· 159
8.1 状态管理概述 ·············· 159
8.2 查询字符串 ··············· 160
8.3 Cookie ················· 161
   8.3.1 创建 Cookie ············ 161
   8.3.2 删除 Cookie ············ 162
   8.3.3 Cookie 的使用 ··········· 162
8.4 Session ················ 163
   8.4.1 Session 的使用 ··········· 164
   8.4.2 Session 的使用范围与大小限制 ··· 166
   8.4.3 Session 的生命周期 ········· 167
8.5 Application ·············· 167
8.6 隐藏域、ViewState 和 ControlState ··· 171
本章小结 ···················· 172
习题 ······················ 172

第 9 章 数据访问与数据绑定 ········· 174
9.1 数据源控件 ··············· 174
   9.1.1 SqlDataSource 控件 ········ 174
   9.1.2 LinqDataSource 控件 ········ 176
   9.1.3 XmlDataSource 控件 ········ 179
9.2 数据绑定控件 ·············· 180
   9.2.1 ListControl 类控件 ········· 181
   9.2.2 GridView 控件 ··········· 183
9.3 使用 LINQ 查询 ············· 187
   9.3.1 LINQ 概述 ············· 188
   9.3.2 LINQ to SQL 概述 ········· 189
   9.3.3 使用 LINQ to SQL 查询数据 ···· 191
   9.3.4 使用 LINQ to SQL 管理数据 ···· 193
   9.3.5 LINQ to XML 概述 ········· 196
   9.3.6 使用 LINQ to XML 管理
        XML 文档 ············· 197
9.4 LINQ 数据绑定 ············· 201

9.4.1 GridView 分页与排序 ········ 201
9.4.2 GridView 数据模板列、行操作 ··· 204
本章小结 ···················· 208
习题 ······················ 208

第 10 章 电子商务网站综合实例 ········ 210
10.1 系统总体设计 ·············· 210
   10.1.1 系统功能模块设计 ········· 210
   10.1.2 多层架构 ············· 211
   10.1.3 用户控件 ············· 211
   10.1.4 数据库设计 ············ 211
10.2 多层架构设计 ·············· 212
   10.2.1 多层架构在 Visual Studio
        中的实现 ············· 212
   10.2.2 数据访问层设计 ·········· 214
   10.2.3 业务逻辑层设计 ·········· 216
   10.2.4 表现层设计 ············ 219
   10.2.5 模型层代码设计 ·········· 221
10.3 系统数据库设计 ············· 223
   10.3.1 EC 数据表设计 ·········· 223
   10.3.2 数据表关系设计 ·········· 225
10.4 用户控件设计 ·············· 225
   10.4.1 类别用户控件 ··········· 225
   10.4.2 会员用户控件 ··········· 228
   10.4.3 产品用户控件 ··········· 231
10.5 网站前台设计 ·············· 235
   10.5.1 主页设计 ············· 235
   10.5.2 母版页设计 ············ 237
10.6 购物车模块设计 ············· 239
   10.6.1 购物车控制类代码 ········· 239
   10.6.2 购物车页面 ············ 244
   10.6.3 结算页面 ············· 249
10.7 后台管理功能模块设计 ········· 258
   10.7.1 后台管理首页 ··········· 258
   10.7.2 订单管理页 ············ 258
本章小结 ···················· 264

参考文献 ···················· 265

第1章 综 述

本章主要对 Web 程序设计做一个简单介绍，使大家对 Web 和 Web 程序设计有一个初步认识，Web 程序设计是计算机相关专业的必修课程，是学习和掌握网站设计与建设的基础。

1.1 认识 Web

1. 什么是 Web

Web，全称为 World Wide Web，缩写为 WWW，Web 是 Internet 上提供的一种服务。通过 Web 服务可以访问 Internet 上的资源，它是存储 Internet 文档的集合。因此，Web 具有巨大的数据量。事实上，Web 是一种体系结构，主要包含如下几点意义：

1）Web 是 Internet 提供的一种服务，采用 Internet 协议，通过 Web 可以访问 Internet 资源，Web 可以看作世界上最大的电子信息库。

2）Web 上海量的信息由相互关联的文档组成，这些文档称为 homepage（主页）或 page（页面），在 Internet 中称为超文本，通过超级链接，可将超文本信息关联起来。在 Internet 中，我们所看到的文本、图像、视频和音频等信息统称为超媒体。

3）Web 的内容保存在 Web 服务器中，用户可通过简单的操作就可通过浏览器访问 Web 站点。它是一种基于浏览器/服务器（Browser/Server，简称 B/S）的结构。

2. Web 的特点

通过 Web，可以使在不同计算机上运行的应用，无需通过第三方软件或者硬件，进行交互的数据集合。Web 主要有多媒体性、通用性、分布性和交互性等特点。

（1）多媒体性

Web 可以为用户提供图形、音频和视频的服务。因此，Web 的出现，使得 Internet 上的信息由单一的文字形式，转变为了多媒体形式。

（2）通用性

Web 可以应用在任何平台，它可以完全忽略用户的操作系统和浏览器，都可以访问 Internet 信息资源。

（3）分布性

通过 Web，可以把信息放在不同的站点上，节省了大量的硬盘空间，而通过浏览器就可以访问不同站点的资源。这些信息资源可以及时更新，用户访问的时候可以始终查看到该站点的最新信息。

（4）交互性

通过超级链接，用户可以在不同的站点之间跳转，这也是 Web 交互性最重要的体现。

3. Web 的工作原理

Web 是一种基于 B/S 的体系结构，它将计算机的应用划分为客户端浏览层、Web 服务器层和数据库服务器层三个层次。由于全部的应用均在 Web 服务器上进行配置，因此采用 B/S 体系结构可有效减少对客户端的维护。用户可以在任何地方登录 Web，通过 HTTP 协议来实现与浏览器和 Web 服务器之间的信息交换。工作原理如图 1-1 所示。

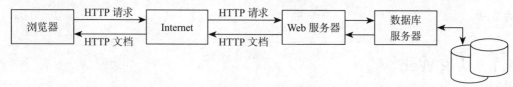

图 1-1 Web 工作原理

在浏览 Web 页面时，需要在浏览器中输入 URL（Universal Resource Locator，统一资源定位符）地址，在 Internet 上的任何一个网页都有一个唯一的名称标识，该地址可以使用网络地址，也可以使用本地地址。在网络地址上的 URL 就是我们通常说的网址。通过在浏览器中输入 URL 地址，将 Web 服务器上特定的网页文件下载到客户端计算机中，并通过浏览器打开。因此，浏览器是一种特定格式的文档阅读器，也可以看作一种程序解释机。

Web 服务器向浏览器提供服务的过程主要有以下三个步骤：

1）启动服务。用户在浏览器中输入 URL，浏览器向对应的 Web 服务器发出访问请求。

2）接收请求。Web 服务器接收用户请求，将 URL 转换成页面所在服务器的文件路径名。

3）返回服务。Web 服务器将转换后的路径传送给用户浏览器。

另外需要说明的是，如果 HTML 文档中包含 Java、JavaScript、ActiveX 和 VBScript 等小应用程序，会将该应用程序随 HTML 文档一并传送至浏览器，并在浏览器上运行。

1.2 Internet 概述

Internet 是全球规模最大、使用范围最广、技术最先进的网络。全世界任何一台计算机，只要遵循 TCP/IP 协议，都可以接入 Internet。目前，全球有数亿台计算机接入了国际互联网，并且将长期保持快速发展的趋势。

1.2.1 什么是 Internet

Internet 被称为国际互联网，它是一个全球性的网络，没有国界之分，是全球信息资源的汇总。国际互联网对人类的生产和生活产生了重要的影响。Internet 可以理解为建立在一组共同协议之上的路由器与通信线路的结合。

1. Internet 的体系结构

Internet 使用的标准协议是 TCP/IP 协议，TCP/IP 协议是一个协议簇，分别由 TCP（Transmission Control Protocol，传输控制协议）和 IP（Internet Protocol，网际协议）组成。TCP 协议提供可靠的、面向连接的服务；IP 提供不可靠的、尽最大努力投递分组的服务，它并不保证传输质量，传输质量由 TCP 来保证。因此，TCP/IP 协议协同工作，可以保证无差错的通信服务，保证数据传输的正确性。

TCP/IP 体系结构采用分层结构，从低到高分别是网络接口层、网络层、传输层和应用层（如图 1-2 所示）。

（1）网络接口层

网络接口层负责网络层与硬件设置之间的联系，它负责将 IP 数据封装成帧，为其上层的 IP 数据传输服务提供服务保证。在该层中，传输的数据被称为帧。

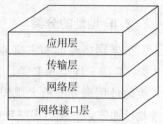

图 1-2　Internet 体系结构

（2）网络层

网络层主要负责计算机与计算机之间的数据通信服务，在物理网络间传递分组。在数据发送节点将分组通过中间节点传输到接收节点。发送节点发送的分组必须是已知分组。

（3）传输层

传输层主要是负责端到端的通信，提供分组传递服务。在传输层中传输的数据我们将其称为分组。

（4）应用层

应用层主要是应用各种服务系统，因此应用层的协议比较多，主要有简单邮件传输协议 SMTP、文件传输协议 FTP、超文本传输协议 HTTP、域名系统 DNS 和远程登录协议 TELNET 等，在应用层中传输的数据称为报文。

2. 数据通信协议

数据通信协议（Data Communication Protocol，DCP），是保证数据在通信过程中的可靠传输而制定的规则。它包括了传输速率、差错控制、数据的传输格式等多方面的内容。

（1）PPP 协议

PPP（Point-to-Point Protocol，点对点协议）是 TCP/IP 协议的扩展协议，主要用来创建用户与因特网服务提供商之间的物理连接。

（2）HTTP 协议

HTTP 是互联网上使用最频繁的协议，通过 HTTP 可以浏览各种信息，如文字、图片、声音和视频等。

（3）SNMP 协议

SNMP（Simple Network Management Protocol，简单网络管理协议）是目前最常用的一种网络环境管理协议。它提供了从网络设备中来收集网络管理信息的一种方式。

（4）SMTP 协议

SMTP（Simple Mail Transfer Protocol，简单邮件管理协议）在传输系统之间传输邮件并发送相关的各种通知。SMTP 独立于各种传输子系统，需要可靠的数据流来进行支持。

1.2.2 IP 地址与域名

1. 什么是 IP 地址

在网络中，IP 地址是唯一的，它由不同的物理网络段组成，我们现在使用的 IP 地址版本号是 4，因此被称为 IPv4，它由 32 位组成。但目前 IPv4 地址已经分配完毕，IP 地址正向 IPv6 发展。

2. IP 地址的分类

根据网络地址和主机地址在 IPv4 地址中占用的位数，可以将 IPv4 地址分为 A 类、B 类、C 类、D 类和 E 类，其中，最常见的是 A 类、B 类和 C 类。在这三类 IP 地址中，A 类地址用来分配给大规模的网络；B 类地址用来分配给城域网或者是大型局域网；C 类地址通常是分配给那些规模比较小的网络，如局域网。

（1）A 类地址

A 类地址是以"0"开头的，它的第一字节表示的是网络地址，第二、三和四字节表示的是主机地址。

（2）B 类地址

B 类地址的特点是以"10"开头的，第一和第二字节表示的是网络地址，第三和第四字节表示的是主机地址。

（3）C 类地址

C 类地址的特点是以"110"开头的，第一、第二和第三字节表示的是网络地址，第四字节表示的是主机地址，由于 C 类地址的网络地址占用的字节比较多，因此它的网络数量也非常多。

3. 域名与域名服务器

域名（Domain Name）用来标识计算机的地理位置，是一个上网单位的名称，IP 地址和域名之间是全网唯一的，它们之间具有相互对应的关系。

DNS 就是域名服务器（Domain Name Server），计算机无法识别域名，DNS 的功能就是把计算机无法识别的域名转换为可以识别的 IP 地址。

1.2.3 虚拟主机与虚拟服务器

站点都存储在 Web 服务器的网络空间，网络空间可以分为虚拟主机和虚拟服务器两种类型。

1. 虚拟主机

虚拟主机是在网络服务器上划分出来一块独立的磁盘空间，为用户提供数据上传下载、Web 浏览等功能。虚拟主机也可以称为网络空间。每一个虚拟主机都应该具有独立的 Internet 功能。

虚拟主机是在一台网络服务器上划分出若干区域，每一个区域的功能相对独立，相互之间不会产生影响。但共同拥有相同的硬件资源和软件资源，每一个虚拟主机甚至可以拥有自己独立的 IP 地址和域名，但每个服务器上的虚拟主机数量超过一定数量时，服务器的反应速度会明显下降，将直接影响服务器上所有虚拟主机。

虚拟主机具有费用低、效率高等特点。

（1）费用低

虚拟主机的出现，使得一些需要网络空间的用户免去了租用专用服务器以及进行主机托管等业务，而租用服务器和主机托管的费用比较高，虚拟主机则是运行在服务器上的一部分磁盘空间，因此费用相对较低，为中小型网站提供了一个很好的平台。

（2）效率高

虚拟主机所在的服务器上已经完成了服务器的相关配置，以及所需软件与数据库的安装等操作，用户不需要进行配置就可以直接使网站正常运行，节省了大量的时间。虚拟主机增加了服务器和通信线路的使用效率，一台服务器可以为运行在其中的虚拟主机分别配置 IP 地址，所以也不需要再申请专线作为网络的信息出口。

但是，使用虚拟主机建立自己的站点时，需要考虑网络操作系统、网络数据库是否支持，由于一台服务器上同时运行着多个虚拟主机，因此可能造成网站访问速度的下降，有些虚拟主机还会限制站点的类型，如论坛等其他一些消耗系统资源的站点是禁止运行的。

2. 虚拟服务器

虚拟服务器（Virtual Private Server，VPS）是利用专用的软件，将一部分服务器划分成多个功能独立的虚拟服务器系统。虚拟服务器拥有独立的 IP 地址、独立的 CPU、独立的内存空间、独立的硬盘存储空间和独立的操作系统等，并且每个虚拟服务器可以单独进行配置。相比虚拟主机，虚拟服务器的功能要强大得多。

运行在同一台服务器上的虚拟服务器相互之间不会产生影响，一个虚拟服务器占用的硬件资源仅限于其本身，与运行在该服务器上的其他虚拟服务器没有任何关系，因此，安全性也比虚拟主机高，但虚拟服务器的费用要高于虚拟主机。

1.3 Web 程序设计的开发工具与开发环境

开发 Web 应用程序，必须使用相关的开发工具，Web 程序设计和计算机程序设计类似，使用的语言也基本相同。Web 程序设计是基于网络环境开发的，是在网络上运行的一种应用程序。

1.3.1 HTML 语言与 CSS 样式表

HTML 语言是超文本标记语言，是网页设计的基础。HTML 语言其实是一种文本，通过 Windows 自带的写字板工具就可以打开。HTML 语言的功能强大，扩展性强，可以在不同的环境中得到应用。HTML 语言的扩展名为 htm 或者 html，两者所实现的功能是相同的。

HTML 是使用特殊标记来描述文档结构与表现形式的语言，它由万维网联盟 W3C 来制定并负责更新，主要用来说明文字、图形、动画、声音、链接和表格等信息。HTML 语言可以将存放在一台计算机中的信息与另一台计算机中的信息联系在一起。

1. HTML 语言的运行环境

HTML 语言的编辑工具有很多，主要有 FrontPage 和 Dreamweaver 等，其中 Windows 自带的写字板也可以进行编辑，但在进行网页设计时，通常需要使用专业的网页设计软件。利用 HTML 语言，可以建立文本和图片相结合的页面，HTML 文档则可以通过任意一个浏览器打开，没有限制。最常用的就是 IE 浏览器，IE 浏览器是 Windows 自带的浏览器，其最新的版本是 IE 11。

目前，我们所使用的 HTML 语言是 HTML 4.01 版，适用于计算机网页的开发，而目前 HTML 语言的最新版本，即 HTML 5 则支持移动平台的开发环境，但现在仍然处于发展的阶段，且部分浏览器并不支持 HTML 5，因此就目前而言使用范围并不广泛，但它依然是 HTML 语言的发展趋势。

2. HTML 文件结构

从结构上讲，HTML 文件由元素构成，用来组织文件内容，创建文件的输出格式，它其实是一个被加入了许多特殊字符串的文本文件。

每一个 HTML 文件都有起始标记和结束标记，在起始标记与结束标记中是 HTML 的元素体。

（1）起始标记

起始标记表明元素从此开始，在起始标记中，可以根据 HTML 语言的语法来书写相关的代码，起始标记的书写方法为 <>，如 <html>。

（2）结束标记

起始标记和结束标记是成对出现的，一个结束标记必须要和一个起始标记相对应，结束标记的书写方法为 </>，如 </html>。

（3）元素体

在 HTML 中，元素的表示方法主要有 < 元素名称 ></ 元素名称 >、< 元素名称属性 =" 属性值 "></ 元素名称 > 或者 < 元素名称 > 等三种表示方法。

3. CSS 样式表

CSS（Cascading Style Sheet，层叠样式表）主要用于将网页的内容与样式分离的一种标记性语言，可以实现 HTML 语言无法实现的功能。通过 CSS 样式表的设计，可以使网页变得更加美观，而且还可以简化后期的网页设计流程，相同的样式不需要重复进行代码编写，只需要将样式表加载到所需要的界面中即可。

CSS 样式表是使用在 HTML 语言上的一种语言，也就是通过 CSS 样式来改变 HTML 设计的网页的外观，使其更加合理和美观，HTML 语言在网页设计上的功能比较强大，但对网页样式的设计就比较薄弱。因此，HTML+ CSS 形成了一个进行网页设计的完美组合。

样式表可以分为外部样式表、内部样式表和内嵌样式表。在实际的应用中，通常使用外部样式表进行网页样式的设计，其将样式表存储成扩展名为 .css 的文件，这样做最大的好处是方便对页面样式的修改，在需要对网页的样式进行修改时，只需要修改相关的 CSS 文件即可，而不需要对站点的每一个文件进行修改。

而本书在介绍 CSS 样式表时，为了更直观地说明 CSS 的使用方法和相关功能，均采用了内部样式表的方式。

1.3.2 ASP 与 ASP.NET

ASP（Active Server Page，动态服务器页面）是微软公司开发的，代理 CGI 脚本程序的一种应用，它最大的特点可以实现与数据库的交互，因此使用较为简单，在网页中存储的格式为 .asp，ASP 的开发语言主要是 Visual Basic，它通过 IIS 进行解析。ASP.NET 是在 ASP 的技术上发展起来的，语法也与 ASP 相兼容，同时也将扩展名改成 .aspx。ASP 与 ASP.NET 最大的区别是 ASP 是解释执行而 ASP.NET 是编译执行，目前后者采用的开发语言有 C#、Visual Basic.NET 和 JScript 等，ASP.NET 同样采用 IIS 进行解析，但需要安装 ASP.NET 安装包。

1. IIS

IIS（Internet Information Services，互联网信息服务）是微软公司开发的、基于 Windows 操作系统的互联网服务工具，它可以将网页信息解析成为浏览器可以显示的文件。因此，网页服务器上必须要安装 IIS，才能保证该网站被用户正确地浏览。在 Windows2003 中使用的 IIS 版本是 6.0，在 Windows2008 中使用的 IIS 版本是 7.0（如图 1-3 所示），它可以解析 .NET 3.5 以及以下的版本。

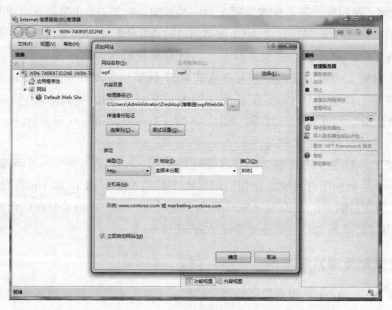

图 1-3 IIS 管理器

在Windows XP和Windows7中，同样可以安装IIS，这样做的目的是可以在本机上进行IIS的解析操作，不用将文件上传至服务器而在本地进行调试。在本地调试ASP或者ASP.NET代码时，可以分别使用本地调试工具ASPWeb和ASPnet来完成对ASP代码和ASP.NET代码的调试与检测。

2. ASP简介

ASP可以用来编辑各种网页应用程序，它使用Visual Basic语言进行程序设计，也就是将Visual Basic程序写在了网页中，在网页上来执行Visual Basic程序。通过ASP，可以编写各种应用程序，如论坛、计数器、新闻板块等，ASP通常采用Access数据库作为后台数据库的支持，也可以采用SQL server作为后台数据库，一般来说，虚拟主机或者小型网站可以采用Access作为后台数据库，而大型网站则采用SQL Server作为后台数据库。

ASP在被解析时，首先确认其扩展名为.asp；然后浏览器从服务器上请求ASP文件，并在服务器端运行；接下来ASP文件按照代码的顺序执行命令和HTML页面本身的内容，最后将信息传递到浏览器，供用户浏览。

ASP语言最大的特点是可以实现动态网页技术，单纯的HTML语言则无法实现，而ASP语言包含在HTML语言中，因此，后期的修改和测试较为简单。ASP还提供了一些内置对象，这些内置对象可以使服务器端的脚本功能更强大。ASP语言的代码具有一定的保密性，是因为ASP语言所输出的结果是以HTML格式的形式传输到浏览器，因此使用者无法看到原来的程序代码。

3. ASP.NET简介

ASP.NET是在ASP3基础上发展起来的，它的功能要比ASP更加强大，并且其支持的脚本程序更多，通用性较强。.NET实际上是一种框架，它是一个由多语言组成的，能完成开发程序和执行程序的环境，建立.NET框架的目的是方便开发Web应用程序和服务。

ASP.NET程序同样运行在服务器上，它具有早期绑定、实时编辑等特点，与ASP相比，性能得到了明显的提高，并且在ASP.NET框架中，还补充了Visual Studio集成开发环境中的工具箱与设计器，使得程序的编写直观与快捷，可以进行简单的窗体提交、客户身份验证和站点的配置等，利用ASP.NET还可以编写自定义组件，与ASP相比，ASP.NET的安全性也比较高。

ASP.NET具有比ASP更强大的服务器控件结构，ASP.NET的每一个对象和HTML元素都是一个运行的组件对象。使用的语言也不再是VBScript和JScript，而使用.NET Framework所支持的VB.NET、C#.NET作为开发语言。在生成网页时在后台被转换成类并编译成dll文件，因此运行的速度要比ASP高得多。

1.3.3 数据库管理系统

数据库（Database）是用来管理与存放数据的工具，而数据库管理系统则包含了数据库和数据库管理软件。在进行Web程序设计时，动态的站点都需要有后台数据库，用来存放站点所有的数据,被称为 Web 数据库,不同的程序设计语言所采用的数据库管理系统也是不同的。Access、SQL Server、MySQL 是使用最广泛的 Web 数据库。

1. Access

Access 是微软公司发布的关系型数据库管理系统,是 Microsoft Office 重要组件。Access 的功能强大且简单实用,被广泛应用在小型公司以及大企业的部门等。关系型数据库管理系统是管理关系数据库,并将数据组织为相关的行和列的系统。

Access 通常被用来进行数据分析以及开发各种应用软件,还被普遍应用于动态网站的后台数据库,也就是进行网站上各种数据的存储。ASP 语言与 ASP.NET 都可以采用 Access 作为后台数据库,进行网站的数据管理等服务。

Access 的数据处理能力和统计分析能力都比较强大,可以轻松实现查询、汇总与统计等功能,这也是动态网站设计对数据库的要求,因此,Access 被广泛使用在各种不同类型的站点之中,如新闻板块、留言板和论坛等。

Access 是一个面向对象的开发工具,可以将数据库管理的各种功能封装在各类对象中。它最大的特点是支持 ODBC,但也有一定的局限性。

(1)支持 ODBC

ODBC(Open Data Base Connectivity,开放数据库互联)是微软公司提出的数据库访问接口标准,Access 具有较强的动态数据交换功能,并且支持结构化查询语句 SQL,还可以将程序应用在网络中,与网络中的动态数据相联结,进行数据管理的功能,也就是建立了数据库在互联网上的应用。这也是 Access 得到普遍应用的一个重要原因。

(2)Access 的局限性

Access 是一个小型数据库系统,适合中小型网站。不论是数据库过大还是记录数过多,或者网站访问频繁,都会导致性能的下降,因此,对于大型网站来说,Access 并不适合。

2. SQL Server

SQL Server 是关系型数据库管理系统,它同样可以与 ASP、ASP.NET 配合使用,但不同的是,SQL Server 适用于大型网站。SQL 语言的主要功能是对各种数据库进行联系,它使用结构化查询语句进行数据库的管理功能。

SQL Server 支持 Web 技术,数据库中的数据可以在 Web 页面上发布,通过浏览器就可以查询 SQL Server 中的信息。与 Access 相比,该数据库的存储量得到了明显的提升,非常适合作为大型站点的数据库来使用。

3. MySQL

MySQL 也是关系型数据库管理系统的一种,是一个多用户、多线程的 SQL 数据库,它属于 C/S(客户机/服务器)结构的应用。MySQL 数据存储在不同的表中,而不是将数据存储在一个库中。MySQL 的灵活性比较高,它同样采用 SQL 语言对数据库进行管理与操作。MySQL 的体积小、速度快,配合 PHP 语言和 Apache 服务器软件,适合中小型网站的建设与开发。MySQL 最大的特点是其代码的开放性,可以降低使用成本,MySQL 的执行速度是目前所有数据库中最快的,可以处理不限数量的用户,并且它处理的记录数也比较大,可以达到五千万条以上。

1.3.4 网页设计的开发环境

要开发一个美观大方的 Web 网页,除了掌握网络编程语言,还要熟悉一些图形设计软件和网页制作软件等。

1. 图形设计软件

在进行网页设计时,常用的图形设计软件是 Photoshop 和 Fireworks 等。使用图形设计软件,不但可以对图片进行美化处理,还可以对图片进行切片,存储为 Web 格式,从而进行一些简单的网页设计,多用于制作网站的 LOGO、图形广告以及网页封面等。对图片进行切片可以有效提高网页的浏览速度。

对于 Web 图形设计,Photoshop 的图形设计功能比较强大,Fireworks 的图形制作能力比较强大,一般情况下,使用这两种软件完全可以胜任任何图像、图形的处理与制作。但对于 GIF 与 Flash 等动画的制作,需要用专业的软件来实现。

2. 网页设计软件

目前,使用最广泛的网页设计软件是 Adobe Dreamweaver,它是美国 MACROMEDIA 公司开发的集网页制作和管理网站于一身的"所见即所得"网页编辑器,与该公司的 Fireworks 和 Flash 一起组成一套功能强大的网页创作系统,俗称"网页三剑客"。Dreamweaver 工作界面如图 1-4 所示。

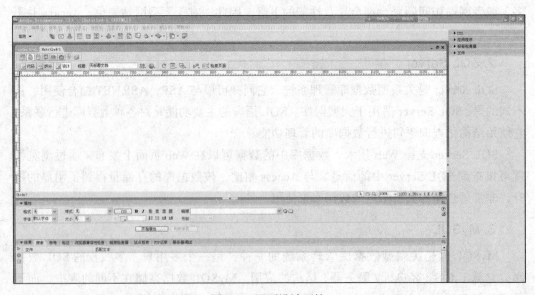

图 1-4 网页设计环境

Dreamweaver 具有编写方式灵活、编辑界面可视和站点管理功能强大等特点:

1）灵活的编写方式。

Dreamweaver 具有灵活编写网页的特点，不但将世界一流水平的"设计"和"代码"编辑器合二为一，而且在设计窗口中还精化了源代码，能帮助用户按工作需要定制自己的用户界面。

2）可视化编辑界面。Dreamweaver 是一种"所见即所得"的 HTML 编辑器，可实现页面元素的插入和生成。可视化编辑环境大量减少了代码的编写，同时亦保证了其专业性和兼容性，并且可以对内部的 HTML 编辑器和任何第三方的 HTML 编辑器进行实时访问。无论用户习惯手工输入 HTML 源代码还是使用可视化编辑界面，Dreamweaver 都能提供便捷的方式使用户设计网页和管理网站变得更容易。

1.3.5　程序设计的开发环境

Visual Studio 2010 是微软公司推出的开发环境，是目前最流行的 Windows 平台应用程序开发环境，相比之前版本增加了一些新功能和新控件与技术。Visual Studio 集成开发环境（IDE）的界面被重新设计和组织，更加简单明了。Visual Studio 2010 版本集成了 .NET Framework 4.0、Microsoft Visual Studio 2010 CTP（Community Technology Preview），并且支持开发面向 Windows 7 的应用程序。在数据库支持方面，除了 Microsoft SQL Server，它还支持 IBM DB2 和 Oracle 数据库。

Visual Studio 2010 是一套完整的开发工具，在其操作主界面中主要包括了工具栏、常用工具、服务器资源管理器、文档窗口、解决方案资源管理器、设计器、错误列表等内容（如图 1-5 所示）。

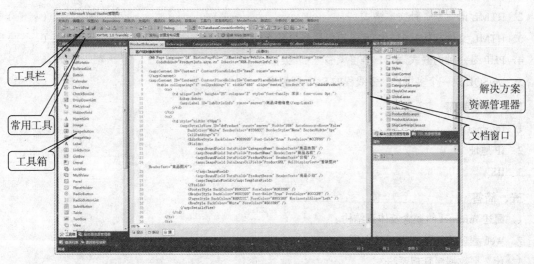

图 1-5　程序设计设计环境

本章小结

本章概括性地描述了一些简单的网络基础知识和 Web 程序设计的开发工具、常用的开发语言、解析工具与后台数据库等内容，使读者对 Web 程序设计有了一个初步的认识与了解。在本书后面的章节中，将对这些技术进行详细的介绍。

习题

一、填空
1. Web 的三种表现形式分别是：_____、_____ 和 _____。
2. 样式表可以分为_____、_____ 和 _____。

二、选择
1. TCP/IP 协议是（　　）。
   A. 传输控制协议　　B. 网际协议　　C. 一个协议簇　　D. 域名解析协议
2. 选择不是 HTML 语言编写工具的一项（　　）。
   A. Frontpage　　B. Dreamweaver　　C. 写字板　　D. Access
3. CSS 是（　　）。
   A. 层叠样式表　　B. 互联网信息服务　　C. 超文本预处理语言　　D. 关系型数据库
4. （　　）是 Internet 解析工具。
   A. IIS SQL Server　　　　　　B. Apache Dreamweaver
   C. IIS Apache　　　　　　　　D. Apache Access

三、判断
1. Web 的特点主要有多媒体性、通用性、分布性和交互性。　　　　　　　　（　　）
2. HTML 语言是一种文本格式。　　　　　　　　　　　　　　　　　　　　（　　）
3. HTML 文件起始标记与结束标记中是 HTML 的元素体。　　　　　　　　（　　）
4. PHP 是一种内嵌式语言，语言风格与 C# 类似。　　　　　　　　　　　（　　）
5. MySQL 是一个多用户、多线程的 SQL 数据库。　　　　　　　　　　　（　　）

四、名词解释
1. Internet
2. IP 地址
3. IIS

五、简答
1. 简述 Internet 的概念及体系结构。
2. Web 程序设计的开发工具有哪些？
3. 什么是数据库管理系统？

第 2 章 HTML 网页设计

HTML（Hyper Text Mark-up Language）是一种标记语言，主要用于标记文字，而达到所需要的效果。本章主要介绍 HTML 语言的概念、特点和结构，使读者对 HTML 语言有一定的了解并能熟练应用。

2.1 HTML 概述

2.1.1 什么是 HTML

HTML 是目前网页上应用最为广泛的语言，严格来讲，HTML 并不是程序设计语言，而是一种超文本标记语言，也是构成网页文档的基本语言。用 HTML 编写的文本文件称为 HTML 文档。

HTML 文档中可以插入图片、音频和视频文件等内容，以使我们所看到的网页美观大方。HTML 文档是一种静态的网页文件，每个文件中都标记了 HTML 代码，因此，也可以将 HTML 理解为一种用于网页排版的标记语言。

HTML 最大的特点是可以由一个网页链接到另一个网页，从而可以在互联网上与全世界的主机文件进行连接。HTML 文档是一个放置了标记的 ASCII 文本文件，通常带有 .html 或 .htm 的文件扩展名。

2.1.2 HTML 的特点

1. HTML 的书写方式

目前，编写 HTML 文档的方式主要有手工书写、编辑器书写和服务器动态生成三种。

（1）手工书写

手工书写 HTML 文档是通过记事本等工具，直接编写全部 HTML 代码的一种方式，这种方式适用于对 HTML 特别熟悉的人员使用。

（2）编辑器书写

编辑器书写 HTML 文档是通过 Dreamweaver 等网页设计软件来进行的，这种方式比较简单实用，在进行 HTML 文档的设计时，通常使用这种方式。

（3）服务器动态生成

服务器动态生成是通过专用的程序来控制网页，使其在服务器上自动生成 HTML 静态文档的方式，这种方式通常适用于对网站的管理，只要编写好程序，进行网站的管理就比较方便快捷。

2．HTML 的特点

利用 HTML 可以轻松地实现计算机与计算机之间的联系，形成一个有机的整体。不论计算机是否接入互联网，只要至少两台计算机之间进行互联，形成了一个网络，就可以通过 HTML 提供的链接功能，进行计算机与计算机之间的交流。

HTML 文档编辑并不复杂，其功能比较强大。HTML 支持不同数据格式的文件嵌入，这也是 HTML 能在万维网上使用最为广泛的原因。

HTML 具有简易性、可扩展性和平台无关性等特点。

（1）简易性

HTML 的简易性能体现在 HTML 简单的语法结构，主要包括文件头、表头和主题等，且版本的升级灵活方便。

（2）可扩展性

由于超文本标记语言的广泛使用，使得其对功能和标识符有了更高的要求。而文本标记语言采取子类元素的方式，也就对系统的扩展带来了有利的保证。

2.1.3　HTML 实例

通过前面对 HTML 的基本知识与特点的了解，大家已经对 HTML 有了一个初步的认识。下面通过一个实例来讲解一下 HTML 文档。

【例 2.1】基本 HTML 示例。

源程序：demo2_1.html

```
<html>
<head>
<title>Title of page</title>
</head>
<body>
This is my first homepage.
</body>
</html>
```

当我们需要对 HTML 文档进行预览的时候，只需将文档的扩展名存储为 *.htm 或者 *.html 即可。在实际的应用中，htm 和 html 实现的结果是一样的，但早期的软件只允许存储 htm 文档。该 HTML 文档在浏览器中显示内容如图 2-1 所示。

示例讲解：文件的第一行是 <html>，这是一个 HTML 文档的文件头，而文件尾的 </html>，说明了此 HTML 文档到此结束。在 <head> 和 </head> 之间的内容，是该 HTML 的首部信息，这

图 2-1　demo2_1.html 浏览效果图

部分信息是无法在浏览器中显示出来的，但是，首部信息也很重要，<title> 和 </title> 中的信息是一个 HTML 文档的标题，在浏览器最顶端可看到该信息，有利于搜索引擎搜索到该网页。而在 <body> 和 </body> 之间的信息是 HTML 的正文信息，凡是在 <body> 和 </body> 之间的信息，均可在浏览器中显示出来。

2.2 HTML 元素

在 HTML 中，文档是由 HTML 元素来进行定义的。HTML 元素包含了 HTML 标签和标签所包含的内容，也就是从开始标签到结束标签所包含的所有代码。也就是说，HTML 元素以开始标签起，至结束标签终。

HTML 的元素有很多，但每个网页中至少包含 4 个主要的元素，主要元素中也可以包含元素，而大多数的 HTML 元素都可以拥有属性。

1. HTML 的主要元素

HTML 的主要元素为 html、head、title 和 body。这 4 个元素可以看成是一个 HTML 文档的框架。

（1）html 元素

html 元素包含了整个 HTML 文档，它定义整个 HTML 文档，每个元素都拥有开始标签 <html> 和结束标签 </html>。

```
<html>
<head>
<title>中国人民大学</title>
</head>
<body>
<p>中国人民大学是一所以人文社会科学为主的综合性研究型重点大学，直属教育部，由教育部与北京市共建，是国家"211 工程""985 工程"重点建设高校。</p>
</body>
</html>
```

在这段代码中，html 元素定义了 HTML 文档，其中还包含 body 元素和 p 元素。

（2）head 元素

head 元素是 HTML 文档的首部信息，它通常紧跟在 <html> 开始标签后。其中最常见的是在 head 元素中包含 title 元素，为该 HTML 文档指定一个标题。在 head 元素中，还可以包含其他的元素，如 link 元素、style 元素等，这些将在以后的章节中讲解。

（3）title 元素

在进行 HTML 文档编辑的时候，需要给该 HTML 文档指定一个标题。它只能在 head 元素内使用，也可以将其称为 head 元素的子元素。title 只能包含关于页面的标题文本，它不能再包含其他的元素。

（4）body 元素

body 元素定义了 HTML 文档的主体，它包含了可以在浏览器中看到的页面内容。

body 元素包含的内容非常广泛，其包含的子元素也是非常多的，这些均在以后的章节中讲述。

2. HTML 其他元素

HTML 的元素有很多，共有一百多种，不同的元素有着自己特定的功能。其主要类型还有空元素、文字元素、字块元素、表格元素、表单元素和多媒体元素等。

（1）空元素

我们将没有内容的元素称为空元素，在开始标签中添加斜杠，是关闭空元素的正确方法。最常见的空元素为换行符
。

（2）文字元素

文字元素主要是定义在浏览器中显示的文字的样式，文字的样式还可以通过 CSS 样式表来进行定义。

（3）字块元素

字块所表示的是一段文字，如一个段落、一个标题等。字块元素就是对文字块进行定义的元素。

（4）表格元素

表格元素用来对表格进行定义，如定义表格中的行高、列宽等。

（5）表单元素

表单元素是允许用户在表单中输入信息的元素，如单选按钮、复选框和文本区域等。

（6）多媒体元素

多媒体是指声音、图像和视频等文件，多媒体元素就是控制这些文件的元素。

2.3 HTML 标签

标签是组成 HTML 文档的最基本的单位，标签其实就是某一段代码首位的一个标记，我们看标签就明白此段代码所表示的是什么意思，要实现什么功能。这非常类似商场中给商品所加的标签。

在 HTML 中，不论是文档还是元素，都是需要通过 HTML 标签来进行标记的。HTML 的标签由两部分组成，分别是开始标签如 <html> 和结束标签如 </html>。

在 HTML 中，标签的种类很多，主要可以分为基本标签、标题标签、扩展属性标签、页面属性标签、文本标签、链接标签、格式排版标签、图形元素标签、表格标签、表格属性标签、窗框标签、窗框属性标签、表单标签和附加属性标签等。

HTML 的标签定义比较简单，将相应的标签种类，通过开始标签和结束标签将需要定义的部分包含进去即可。如我们在定义 HTML 标题的时候，通过 <h1> ~ <h6> 等来定义；开始标签用 <> 来表示，结束标签用 </> 来表示。

【例 2.2】文字标签示例。

源程序：demo2_2.html

```
<html>
<body>
<h1>This is heading 1</h1>
<h2>This is heading 2</h2>
<h3>This is heading 3</h3>
</body>
</html>
```

该文档在浏览器中显示如图 2-2 所示。

示例讲解：此示例为一个最简单的对文字的定义，通过 <h1>、<h2> 和 <h3> 等标签，可以对字的大小进行定义，也就是字号。与在 Word 等文字编辑软件相同，字号越小，字体就越大。

其他标签的功能我们将在以后的章节中详细介绍。

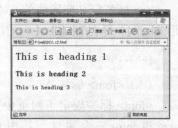

图 2-2 demo2_2.html 浏览效果图

2.3.1 标签与元素的区别

HTML 文档是由各种 HTML 元素所构成，这种文档可以通过任何浏览器直接运行。也就是说，HTML 元素是构成 HTML 文档的基本对象。标签其实就是被尖括号"<"和">"括起来的对象，绝大多数标签都是成对出现的。

HTML 元素就是通过使用 HTML 标签进行定义的，标签就是用来标记 HTML 元素的，位于起始标签和结束标签之间的文本就是 HTML 元素的内容。

在一个 HTML 文档中，如果只包含了单一的文本就显得特别单调。因此，需要控制字体的大小、颜色等属性，这些都通过相应的标签来实现。

2.3.2 文本的定义

在网页中，文本是最重要的元素之一，也是在网上发布的最主要的形式。为了使网页中的文本信息编排有序、整体美观，就需要对网页上的文本进行设置。

字体标签可以对网页中的字体进行改变，也能产生不同的效果，是进行网页设计时对字体加以修饰的主要手段之一。

（1）<b> 标签

<b> 标签是一种加粗标记，在网页中呈现粗体的文本效果，主要作用是对网页中的关键词等进行粗体显示，该标签与 <strong> 类似。但 <strong> 标记用于加强语气作用，通常情况下不作为页面文本的加粗，而 <b> 标签就是标准的用于关键词加粗。其表示方法为：

<b>...</b>

（2）<i> 标签

<i> 标签用于文本的斜体显示，在浏览器中，被包含的部分用斜体字显示，主要用来定义文本中与其余部分不同的部分。用来描述在普通文章中不同语气的一段文本，如

一个技术性名词等。其表示方法为：

```
<i>...</i>
```

（3）<u> 标签

<u> 标签可以定义下划线文本，它的作用是告诉浏览器被该标签包含的文本以下划线的形式显示。由于在浏览器中超级链接也是以下划线的形式显示，因此，在文本中尽量不要使用该标签。其表示方法为：

```
<u>...</u>
```

（4）<s> 标签

<s> 标签定义删除线的文本。在浏览器中，被包含的部分以文字中间加一道横线的形式显示。但在 HTML 4 后的版本就不再建议使用该标签了。其表示方法为：

```
<s>...</s>
```

（5）<font> 标签

<font> 标签规定了网页中文本的字体、字体大小与字体颜色。因此，它具有 face、size 和 color 三个属性。其中 face 用来表示文本的字体，size 用来表示文本的大小，color 用来表示文本的颜色。其表示方法为：

```
<font size="" color=""face ="">...</font >
```

（6）
 标签与 <p> 标签

 标签与 <p> 标签都具有换行的功能，但
 标签是单独出现的，<p> 标签成对出现。在网页文字中，
 标签用于小换行，而 <p> 标签则用于分段换行。其表示方法分别为：

```
<br/>
<p></p>
```

（7）<hr> 标签

<hr> 标签用于在网页中创建一条水平线，它也是单独出现的，在默认情况下，它在浏览器中显示的是 100% 宽度、2px 的高度和 3D 的边框渲染风格。其表示方法为：

```
<hr/>
```

【例 2.3】标签综合示例。

源程序：demo2_3.html

```html
<html>
<body>
<h1>中国人民大学</h1>
<b>中国人民大学（Renmin University of China）</b>是一所以<i>人文社会科学</i>为主的综合性研究型全国重点大学，直属于教育部，由<u>教育部与北京市共建</u>。<br>
<hr>
<p><font size="3" color="#FF0000" face ="宋体">中国人民大学</font></p>
</body>
</html>
```

该示例在浏览器中的显示情况如图2-3所示。

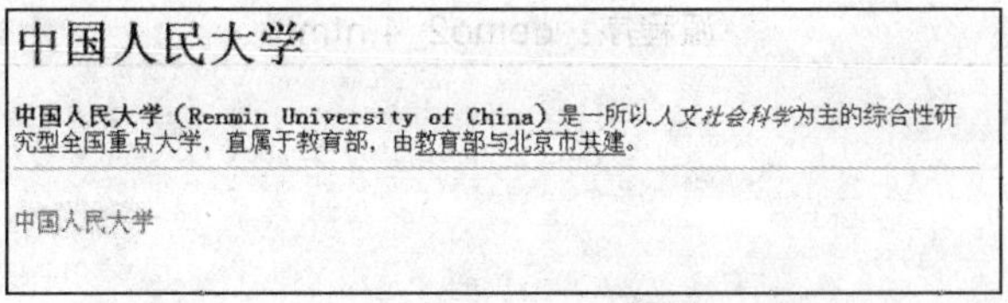

图2-3　demo2_3.html 浏览效果图

2.3.3　表格操作

1. 表格标签

在进行网页设计时，表格的使用非常广泛，是网页设计中非常重要的一个元素。

（1）<table> 标签

<table> 标签用来定义表格，在 <table> 标签中，可以对表格的标题、行、列等属性进行设置。它具有 width 和 border 等属性，前者表示的是表格的宽度，后者表示的是表格边框的宽度。

（2）<tr> 标签

<tr> 标签用来定义表格中的一行。

（3）<td> 标签

<td> 标签定义表格中的一个单元格。

（4）<th> 标签

<th> 标签用来定义表格中的表头单元格，该元素内的字体以粗体的形式显示。

（5）<caption> 标签

<caption> 标签用于对表格的标题进行定义，它必须紧随 <table> 标签来使用。

（6）<thead> 标签

<thead> 标签用来定义表格的表头。

（7）<tbody> 标签

<tbody> 标签用于组合 HTML 表格的主体内容，也就是正文部分。

（8）<tfoot> 标签

<tfoot> 标签用于定义表格的页脚，通常情况下，<thead>、<tbody> 和 <tfoot> 标签需要结合起来使用。

（9）<col> 标签

<col> 标签为表格中的一个或多个列定义属性值。

（10）<colgroup> 标签

<colgroup> 标签的作用是对表格中的列进行分组，以便对其进行格式化处理。它只能在 <table> 标签中使用。<colgroup> 标签可以对列进行简单的定义，也可以将不同的列进行组合。

【例 2.4】表格标签示例。

源程序:demo2_4.html

```html
<html>
<head>
</head>
<body>
<table border="1">
<thead>
<tr>
<th > 姓名 </th>
<th > 性别 </th>
<th > 联系方式 </th>
<th > 地址 </th>
</tr>
</thead>
<tr>
<td> 赵强 </td>
<td> 男 </td>
<td>13300000000</td>
<td> 北京海淀区 </td>
</tr>
<tr>
<td> 李玲 </td>
<td> 女 </td>
<td>13200000000</td>
<td> 北京海淀区 </td>
</tr>
</table>
</html>
```

该示例在浏览器中的显示情况如图 2-4 所示。

姓名	性别	联系方式	地址
赵强	男	13300000000	北京海淀区
李玲	女	13200000000	北京海淀区

图 2-4 demo2_4.html 浏览效果图

2. 表格的拆分与合并

在进行表格应用时,最常见的操作是对表格中的单元格进行拆分与合并,以此来制作各种不同的表格形态。表格的拆分与合并可以通过修改代码和通过软件操作两种方式来实现,虽然通过软件的形式进行单元格的拆分与合并简单一些,但是通过代码的形式更加直观和快捷。

表格的拆分与合并使用的是相同的代码,只是在进行表格拆分的时候,<td> 的数量是增加的;进行合并的时候,<td> 的数量是减少的。进行表格的拆分与合并,需要使用表格的 rowspan 属性和 colspan 属性。

(1) rowspan 属性

rowspan 属性可以实现表格中的一行跨越多行,通常在 <td> 与 <th> 标签中使用。其语法为:

```html
<td rowspan="value">
```

rowspan="value" 用来表示单元格横跨的行数,当 value 为零时,表示单元格横跨到行组的最后一行。

(2) colspan 属性

colspan 属性规定了单元格跨越的列数,与 rowspan 属性一样,它同样在 <td> 与 <th> 标签中使用。其语法为:

```
<td colspan="value">
```

colspan="value" 用来表示单元格横跨的列数,当 value 为零时,表示单元格横跨到列组的最后一列。

【例 2.5】表格操作示例 1。

1) 插入一个 4 行 5 列的表格,宽度为 600 像素,该文档在浏览器中显示如图 2-5 所示。

图 2-5　插入一个 4 行 5 列的表格

2) 在该表格中,将第二行中的第 2 列与第 3 列进行合并,该行代码如下:

源程序:demo2_5.html

```
<tr>
<td> </td>
<td colspan="2"> </td>
<td> </td>
<td> </td>
</tr>
```

该文档在浏览器中显示如图 2-6 所示。

图 2-6　demo2_5.html 浏览效果图

示例讲解:在原始表格中没有进行任何拆分与合并的操作,因此直接用"<td> </td>"来表示一个单元格,而在例 2.5 中,表格的第二行发生了变化,因此表示表格的第二行的代码发生了变化,从表示该行表格的第二个单元格用"<td colspan="2"> </td>"进行表示,表明从该单元格开始,跨越两个单元格的距离。由于进行了单元格的合并操作,该行的单元格表示为 4 行代码,其余的均为 5 行。

【例 2.6】表格操作示例 2。

在上述表格中,将第 1 列的单元格进行合并。

源程序:demo2_6.html

```
<tr>
```

```
<td rowspan="4"> </td>
<td> </td>
<td> </td>
<td> </td>
<td> </td>
</tr>
```

该文档在浏览器中显示如图 2-7 所示。

图 2-7　demo2_6.html 浏览效果图

示例讲解：在例 2.6 中，表格的第一行进行了单元格的合并，用"<td rowspan="4"> </td>"来进行表示。从代码中可以看出，该代码只有第一行有 5 个单元格组成，其他行均为 4 个单元格，是因为进行了单元格的合并，事实上从第二行开始已经没有表格第一列，直接从第二列开始，而合并的单元格则默认为第一行第一列的单元格。

如果进行的是单元格的拆分操作，那么进行拆分的某行（列）的代码行数不发生变化，而其他行（列）表示代码将随之发生变化。这里不再做案例讲解。

2.3.4　其他类型标签

1. 链接标签

链接是指在计算机程序的各模块中间传递参数的控制命令，并把它们组成一个可执行的整体的过程。也可以称为超级链接。主要是指从一个网页指向另一个目标的连接关系。它用 <a> 元素表示，<a> 标签包含了众多属性，其中重要的是 href 属性，它指定链接的目标。

在 href 属性中，可以是任何有效的文档或相对或绝对的 URL，如果用户选择了 <a> 标签中的内容，那么浏览器将显示 href 属性指定的 URL 所表示的文档。其表示方法为：

```
<a href=url></a>
```

在 href 属性中，还可以加载 target 属性，target 属性的作用是打开目标 URL 的方式，主要有 blank、parent、self 和 top 等。

1）blank：blank 表示的是在新窗口中打开链接，其表示方法为 target='_blank'。

2）parent：parent 表示的是在父窗体中打开链接，其表示方法为 target='_parent'。

3）self：self 表示的是在当前窗体打开链接，它是链接的默认值，其表示方法为 target='_self'。

4）top：top 表示的是在当前窗体打开链接，与 self 不同的是，该方式是在框架网页中所使用的，其表示方法为 target='_top'。

在所有的浏览器中,没有被访问的链接下带有蓝色的下划线,已被访问的链接下带有紫色的下划线,活动链接下带有红色的下划线。这种默认的外观非常不美观,可以通过 CSS 的设置来对其进行改变。

2. 多媒体标签

多媒体目前已经在互联网上得到了广泛的应用,包括视频、音频和图像等。

(1)<bgsound> 标签

<bgsound> 标签可以为网页添加背景音乐,它所支持的音频格式有 wav、mid 和 mp3 等。但该标签只适应于 IE,<bgsound> 标签最主要的两个属性是 src 和 loop。其中 src 属性中设定的是背景音乐的路径与文件名;loop 设定的是音乐播放的次数,如果将其属性设置为 infinite,音乐文件将实现循环播放。其表示方法为:

```
<bgsound src=name loop=Infinite>
```

(2)<object> 标签

<object> 标签定义了一个嵌入的对象,包括图像、音频、视频、PDF 和 Flash 等。它规定了对象的数据和参数,以及用来显示和操作数据的代码。<object> 标签中通常会包含 <param> 标签,<param> 标签的作用是为 <object> 标签传递参数。其表示方法为:

```
<object><param></param></object>
```

(3)<img> 标签

<img> 标签可以在网页中嵌入一幅图片包括 jpg、gif 和 png 等格式,它具有两个必需的属性,分别是 src 属性和 alt 属性。其中 src 属性规定了图像的 url,可以分别用绝对路径和相对路径表示;alt 属性可以在图片的位置上显示出所替代的文字。<img> 标签是单独出现的。其表示方法为:

```
<img src="" alt="" />
```

2.4 HTML 表单

表单是一个包含表单元素的区域。它允许用户在表单中输入各种信息元素,包括文本域、下拉列表、单选按钮和复选框等。表单在网页中负责数据采集的功能。

一个完整的表单由三部分组成,分别是表单标签、表单域和表单按钮。

表单标签中包含了处理表单数据所用的 CGI 程序、URL 以及数据提交到服务器的方法。

表单域用于采集用户输入或选择的数据,包含文本域、密码框、单选框、复选框和下拉选框等。

表单按钮用于将数据传送到服务器,或者取消数据输入,包括提交按钮、复位按钮和一般按钮。

1. 表单标签

表单标签是表单的重要组成部分，它包含了表单中的所有数据，常用的表单标签有 <form>、<input>、<textarea>、<label>、<fieldset>、<legend>、<select>、<optgroup>、<option> 和 <button> 等。

（1）<form> 标签

<form> 标签用于用户创建 HTML 表单，它包含为用户提供数据传送地址的 action 属性、数据传递方法的 method 属性等。method 属性有两种方法，分别是 post 方法和 get 方法。post 方法是向服务器提交数据的一种请求，要提交的数据位于信息头后面的实体中；get 方法是向服务器发送索取数据的一种请求。get 是 <form> 标签的默认方法。<form> 标签是成对出现的，其表示方法为：

```
<form id="" method="" action=""></form>
```

（2）<input> 标签

<input> 标签用于对用户的信息进行收集，是定义一个输入域的开始，它包含文本字段、选择框和按钮等表单元素。<input> 标签最重要的属性是 type 属性，它规定了 <input> 标签的类型。type 的主要属性如表 2-1 所示：

表 2-1 type 的主要属性

button	定义可单击按钮	submit	定义提交按钮
checkbox	定义复选框	text	定义单行文本
file	定义输入字段与浏览按钮	radio	定义单选按钮
hidden	定义隐藏的输入字段	reset	定义重置按钮
password	定义密码字段		

其表示方法为：

```
<input type=""/>
```

（3）<textarea> 标签

<textarea> 标签用于定义多行的文本输入，该文本区可以无限制地输入文本。<textarea> 标签最常用的属性是 cols 和 rows。cols 中定义了文本域的列数、rows 中定义了文本域的行数。其表示方法为：

```
<textarea rows="" cols=""></textarea>
```

（4）<label> 标签

<label> 标签为 input 元素定义标注，<label> 标签有两个重要的属性，分别是 for 属性和 accesskey 属性。for 属性的功能是表示 <lable> 标签所要绑定的 HTML 元素；accesskey 属性的作用是访问 <lable> 标签所绑定元素的热键。其表示方法为：

```
<label for="" accesskey=""></label>
```

（5）<fieldset> 标签

<fieldset> 标签的作用是将表单内的元素进行分组，在浏览器中以特殊的形式将表

单中的内容进行显示。该标签没有必需的属性。其表示方法为：

```
<fieldset></fieldset>
```

（6）<legend> 标签

<legend> 标签的作用是对表单的分组进行描述，也可以理解为 fieldset 元素定义标题，<legend> 标签也没有必需的属性，在浏览器中以特殊的颜色进行显示，其表示方法为：

```
<legend></legend>
```

（7）<select> 标签

<select> 标签用于菜单的创建，包括单选菜单和多选菜单。它是表单控件的一种，在表单中接收用户输入的数据。其表示方法为：

```
<select></select>
```

（8）<optgroup> 标签

<optgroup> 标签的作用是对 select 元素中的选项进行逻辑分组。它用于组合选项，只能在与 <optgroup> 标签位于同一窗口的 select 元素中添加。它有一个必需的属性 label，用来为 select 分组添加标题，其表示方法为：

```
<optgroup label=""></optgroup>
```

（9）<option> 标签

<option> 标签用于定义一个下拉列表，它必须在 <select> 标签内才能使用。<option> 标签可以不需要任何属性，但一般情况下应该需要 value 属性，这可以表明发送给服务器的是什么值。其表示方法为：

```
<option></option>
```

（10）<button> 标签

<button> 标签用于定义按钮，目前所有的浏览器都支持 <button> 标签。在 <button> 标签中，可以设置内容，如文本和图像，这也是它与 <input> 标签元素所建立按钮的区别。<button> 标签有一个重要的 type 属性，规定了按钮的类型。该属性有三个值，即 submit、button 和 reset。submit 用来定义提交按钮，button 用来定义可点击的按钮，reset 用来定义重置按钮。其表示方法为：

```
<button type=""><button>
```

2. 表单域

表单域是表单的重要组成部分，用户可以在表单域中输入或选择各种数据。表单域中包含了多重类型，用于不同类型的数据采集与提交。

（1）文本框

文本框用来输入内容的表单对象，多用于填写一些简单的回答，如姓名、性别和联系方式等，文本域的默认宽度是 20 个字符。

（2）密码框

密码框也属于文本框的一种，不同的是用户在密码框中输入数值时，所显示的是小圆点或星号，用来保证用户的信息安全。

（3）单选框

单选框也可以称为单选按钮，在一组选项中，它只能选中一项命令。类似于选择题中的单项选择。在浏览器中，单选框的外观是一个空白的圆洞，被选中后将在圆洞中显示一个圆点。

（4）复选框

复选框也可以称为复选按钮，在一组选项中，可同时选择多个选项。在浏览器中，复选框的外观是一个空白的方洞，被选中后将在方洞中显示一个对号。

（5）下拉列表

下拉列表类似单选按钮，用户在一组可实现的选择中选取一个对象。不同的是单选按钮可同时看到所有选项，而下拉列表在不进行选择时只能看到默认或是选择的当前选项。

（6）提交按钮

提交按钮是表单中执行数据传递的工具，表单中的 action 属性定义了所要提交到的目的文件，通常需要鼠标触发事件才能执行。

（7）重置按钮

重置按钮可以将表单中所有的数据进行清空，在设置时，需要将按钮的 type 属性修改为 reset 即可。

2.5 框架

框架是网页的一种结构，在一个浏览器中可以同时显示多个页面。框架使用了表格的方式组合，可以分为数行与数列。框架是网页中经常使用的效果。

2.5.1 框架的概念

1. 什么是框架

框架是一种特殊的页面，可根据需要将浏览器的窗口划分成多个区域，而每一个区域都是一个单独的页面。框架是由框架集（frameset）和单个框架（frame）两部分组成。

框架集是一个定义了框架结构的网页，包括了页面框架的数量、框架的大小、内容与来源等。而单个框架包含在框架集中，是框架集的组成部分，单个框架中放置了单独的网页内容，组合起来就是框架式的网页。

使用框架的网页在进行网页重载时，只需要重载网页中的一个框架页，可以有效地减少数据的传输，使访问者不需要为每个页面重新加载导航灯的相关内容，并且可以对单个框架进行单独控制,但是框架会产生众多的界面,不易管理。

框架可以进行嵌套,框架嵌套是指如果同时使用横纵结构,也就是在分割好的框架中再次进行窗口的分割。通俗地讲,是在已有的框架中再添加框架。

2. 框架标记

网页框架是把网页的窗口切分成几个子框窗口,目前大部分的网站后台管理均采用框架的形式。所有的框架都需要放在一个文档中,该文档表示了框架的划分方式,使用 <frameset> 标签划分框窗,每一个框窗由一个 <frame> 标签标记。

(1) <frameset>

<frameset> 是框架的标记,用来定义将窗口分割成为框架格式。不同的框架结构是通过 <frameset> 的参数来设置的。<frameset> 常用的属性有 cols、rows、frameborder、border、bordercolor 和 framespacing 等。

cols 和 rows 是 <frameset> 标签必需的属性,用来定义文档窗口中框架或嵌套的框架集的行或列的大小,可以用数值或者百分比来表示。但不能在同一个 <frameset> 标签中同时使用 cols 和 rows 属性。

frameborder 表示的是框架的边框,它的值为 0 或 1,当值为 0 的时候,表示框架无边框;当值为 1 的时候,表示框架有边框。用 frameborder="" 来表示。

border 表示的是框架的厚度,以 pixels 为单位,pixels 的值越大,框架的宽度越大。用 border="" 来表示。

bordercolor 用来对框架边框的颜色进行设置。

framespacing 用来表示框架与框架结构之间的空白距离,用 framespacing="" 来表示。

(2) <frame>

<frame> 标签用于定义 <frameset> 中一个特定的窗口或框架。<frame> 标签是单独出现的,它不能与 <frameset></frameset> 标签一起使用 <body></body> 标签。<frame> 常用的属性有 frameborder、marginwidth、marginheight、name、noresize 和 scrolling 等。

frameborder 用来定义内容页的边框,默认的值为"1",表示每个页面都显示边框,当值为"0"时,表示不显示边框。

marginwidth 和 marginheigh 这两个属性是用来指定显示内容与窗口边界之间空白距离大小的。其中 marginwidth 属性用于确定显示内容与左右边界之间的距离; marginheigh 用来确定显示内容与上下边界之间的距离。这两个属性的参数值都是数字取值为 Px 分别表示左右边距所占的像素点数。

name 用来表示框架的名称,通常用于一个框架链接到另一框架时使用。另一个框架页面可以使用 target 进行链接的定义。

noresize 用来定义是否可以通过拖曳的方式来改变框架的尺寸,当将 noresize 的值设置为 noresize 时,就无法通过拖曳的方式来调整框架的尺寸。

scrolling 用来定义框架中的滚动条,其默认的值为 auto,表示根据需要来显示滚动条，当值为 yes 时，则显示滚动条；为 no 时，则不显示滚动条。

（3）<iframe>

<iframe> 可以在一个文档中再创建一个内联的文档，可以看成是一种内联的框架结构。它的表示方式为 <iframe></iframe>。

在 <iframe> 中，frameborder 属性用来表示是否显示框架周围的边框，当值为 1 时显示边框，为 0 时则不显示边框；marginheight 和 marginwidth 分别规定了 iframe 的顶部和底部、左侧和右侧的边距；scrolling 用来规定 iframe 中是否显示滚动条，它有三个属性值，当值为 yes 时则显示滚动条，为 no 时不显示滚动条，为 auto 时根据需要来确定是否显示滚动条；src 用来规定 iframe 中所显示的页面的地址；width 用来对 iframe 的宽度定义，用 pixels 或者 % 来表示。

【例 2.7】iframe 示例。

源程序：demo2_7.html

```
<html>
<body>
<iframe src ="http://www.irm.cn/index.PHP" marginheight="50px frameborder="0"
width="1000" height="600" scrolling="yes">
</iframe>
</body>
</html>
```

该文档在浏览器中显示如图 2-8 所示。

图 2-8　demo2_7.html 浏览效果图

示例讲解：在例 2.7 中，定义了一个 iframe 的内联网页，它将 http://www.irm.cn/

index.PHP 以距浏览器顶 50 像素、不显示周围边框、宽度 1000、高度 600 和显示滚动条的形式进行显示。

2.5.2 框架的类型

在进行框架结构网页的设计时，可以通过 HTML 代码直接书写，也可以通过如 Dreamweaver 等网页设计软件来进行制作。网页的框架结构类型主要有左右框架型、上下框架型和混合框架型。

（1）左右框架型

左右框架型是最常见的一种框架结构，通常导航位于框架的左边，右边是正文。这种框架类型结构清晰，通常应用于网站的后台管理界面中。左右框架型的书写代码为：

```
<html>
<frameset cols=","frameborder="" border="" framespacing="">
<frame src="" name="">
<frame src="" name="">
</frameset>
<html>
```

代码讲解：该代码是左右框架型的结构，其中，frameset cols="," 用来表示左右框架的列的大小，用数字或者百分比来表示。frameborder="no"、border="0"、framespacing="0" 则分别用来表示是否显示框架、边框的厚度和框架结构之间的空白距离。可根据实际需要来进行框架的设置。frame src="" 则用来表示框架结构中所表示的网页的地址。name="" 用来表示内联框架的名称。

（2）上下框架型

上下框架型和左右框架型类似，区别仅仅在于它是一种分为上下两页的框架。上下框架型应用范围非常广泛，如企业网站和学校网站等，上下框架型结构都可以满足需要。上下框架型的书写代码为：

```
<html>
<frameset rows=","frameborder="" border=" "framespacing=">
<frame src=""name="">
<frame src=""name="">
</frameset>
<html>
```

【例 2.8】上下框架型示例。

源程序：demo2_8.html

```
<html>
<head>
<title>中国人民大学</title>
</head>
<frameset rows="100, *, 100">
<frame src="http://www.irm.cn/about/index.html" />
<frame src="http://www.irm.cn/teaching/index.html" />
```

```
<frame src="http://www.irm.cn/students/index.html" />
</frameset>
</html>
```

该文档在浏览器中显示如图 2-9 所示。

图 2-9   demo2_8.html 浏览效果图

示例讲解：该示例定义了一个三行上下框架型的框架网页，<frameset rows="100, *, 100"> 所表示的是框架的第一行的高度为 100 像素，第三行为 100 像素，而第二行则为整个页面减去第一和第三行所剩下的像素。<frame src="http://www.irm.cn/about/index.html" /> 的功能是将该网页的内容显示到第一行框架中，也就是每个 frame 均使用 scr 属性来显示框架页所包含的网页信息。

（3）混合框架型

混合框架型是同时采用了左右框架型和上下框架型结构，结构比较复杂。最常见的结构有上下（左右）型和左右（上下）型。在使用的时候根据实际的需要进行选择，其书写代码分别为：

- 上下（左右）型

```
<html>
<frameset rows=",">
<frame src="">
<frameset cols=",">
<frame src="">
<frame src="">
</frameset>
</frameset>
```

```
</html>
```

- 左右（上下）型

```
<html>
<frameset cols=",">
<frame src="">
<frameset rows=",">
<frame src="">
<frame src="">
</frameset>
</frameset>
</html>
```

本章小结

本章主要讲述了 HTML 的概念、基础知识和代码的书写格式。使读者对 HTML 有了一定的认识和了解。通过本章的学习，可以独立完成网站的初步设计和前期代码的书写和制作。网站设计是一项专业性较强的工作，单单通过 HTML 代码是远远不够的，还需要与 CSS 样式表、JavaScript 等脚本语言结合，才能设计出精美且功能强大的网站。这就需要我们多学习、多总结、多思考。

习题

一、填空

1. html 语言是_____。
2. 单选框、复选框和文本区域属于_____元素。
3. 声音、图像和视频等文件被称为_____元素。
4. _____是指在计算机程序的各模块中间传递参数的控制命令。
5. target='_blank' 表示的是_____，target='_parent' 表示的是_____。
6. _____标签用于创建用户输入数据的 html 表单。
7. <label> 标签有两个重要的属性，分别是_____属性和_____属性。
8. 框架是由_____和_____两部分组成。

二、选择

1. (   ) 不是 HTML 的书写途径。

   A. 手工书写　　　　B. 软件书写　　　　C. 编辑器编写　　　　D. 服务器自动生成

2. (   ) 是 HTML 主要元素。

   A. <html><head>< article>　　　　　　B. <head><title><table>

   C. <html><title><body>　　　　　　　D. <title><body><time>

3. 网页上发布信息的最主要形式是(   )。

A．文本 B．表格 C．图像 D．表单

4．<b>、<s> 和 <font> 属于（　　）标签。

A．表格 B．表单 C．文本 D．链接

5．（　　）标签用于菜单的创建，包括单选菜单和多选菜单。

A．<select> B．<legend> C．<optgroup> D．<label>

三、判断

1．HTML 文档可以插入图片、音频和视频文件等内容。（　　）
2．目前，HTML 的最新版本是 HTML 5。（　　）
3．在浏览器中，<i> 标签用于文本的加粗显示。（　　）
4．为了避免与超链接混淆，在文本中应尽量避免使用 <u> 标签。（　　）
5．<optgroup> 标签用于定义一个下拉列表。（　　）
6．文本域的默认宽度是 10 个字符。（　　）
7．<frame> 标签不能与 <frameset></frameset> 标签一起使用 <body></body> 标签。（　　）

四、名词解释

1．标签
2．表单元素
3．表单验证
4．表单标签
5．表单域

五、代码编写

1．编写一个简单的 HTML 代码，在浏览器中显示"欢迎学习 HTML"。
2．编写一个表单，包括文本框和密码框、提交按钮和复位按钮。

六、简答

1．简述 HTML 的特点。
2．标签和元素的区别是什么？
3．表单域的类型有哪些，其功能是什么？

第 3 章 CSS

本章主要讲述 CSS 样式表，CSS 主要结合 HTML 语言来对网页进行美化设计。从 CSS 效果、边框和层等方面，以通俗的语言并结合实例对 CSS 样式表进行介绍，CSS 样式表是设计出精美网站的重要语言之一。

3.1 CSS 基础

3.1.1 什么是 CSS

CSS（Cascading Style Sheet）称为级联样式表，是用来进行网页风格设计的，是实现 HTML 等文件样式的计算机语言。通过对 CSS 进行定义，可以让网页具有美观且统一的界面，一个样式表可以同时应用于多个网页中。

1. CSS 的发展历程

CSS 概念在 1994 年被提出，但直到 1996 年才产生了第一个版本的 CSS。目前 CSS 的版本主要有 CSS 1、CSS 2 和 CSS 3。

（1）CSS 1

CSS 1 发布于 1996 年 12 月 17 日，主要提供有关字体、颜色位置和文字属性等基本信息，目前已经得到解析 HTML 和 XML 浏览器的广泛支持。

（2）CSS 2

作为一项 W3C 推荐，CSS 2 于 1998 年 5 月正式推出，该版本已经开始使用样式表结构。2004 年 2 月，CSS 2.1 被推出，并在 CSS 2 的基础上进行了微小的改动，该版本就是我们目前使用最广泛的 CSS 版本。

（3）CSS 3

CSS 3 是 CSS 技术升级的最新版本，直到 2010 年才被推出。

2. CSS 的特点

CSS 样式表可以对网页上的元素进行精确的定位，把网页上的内容结构、控制格式进行分离。主要特点体现在简化设计、功能强大和维护方便等方面。

（1）简化设计

CSS 简化了网页格式的设计，网页的可维护性得到了明显的增强，加快了下载显示的速度，同时也减少了需要上传的代码数量。

（2）功能强大

网页的表现能力得到了显著增强，CSS样式要比HTML所提供的格式更加强大，可以对文字等元素进行特效处理。

（3）维护方便

只要对CSS样式表中的文件进行修改，就可以改变整个网站的风格特色，避免了对每个网页进行修改，大幅度减少了工作量，也保证了网站格式的统一性与一致性。

3. CSS的功能

使用CSS，可以控制网页的布局与网页中字体的大小和样式，还可以对页面的宽度以及内容的显示形式进行管理。CSS是目前进行网页设计必不可少的工具之一。

CSS的功能强大，几乎在所有的浏览器上都可以使用，使得排版更容易、字体更漂亮，从而轻松实现网页的布局。主要体现在以下几个方面：

1）可以精确地对页面的布局进行控制，体现在对字间距、行间距与段落间距的精确定位等属性。

2）有效提高网络的效率，一个CSS文件可以同时使用在多个页面中，可以有效减少下载量，提高网页的浏览速度。

3）CSS还可以控制鼠标的形状、事件以及滤镜属性，这些均属于CSS的特殊功能，是HTML所不能比的。

3.1.2　CSS的语法

1. 基本语法

CSS的基本语法由三部分构成，分别由选择器（selector）、属性（propertiy）和属性的取值（value）所构成。其语法为：

selector { property: value; property: value}

在CSS的基本语法中，选择器指的是需要定义样式的HTML标记，它允许以多种形式出现，如p、body等。任何一个选择器都需要进行属性的设置，每一个属性都必须有属性值，属性与属性值之间用冒号分隔。一个样式可以有多个属性。当属性的取值由多个单词组成时，属性的取值需要加引号；属性的取值被定义多个属性时，则使用分号将属性取值分开。

2. 选择器分组

在选择器中，需要把具有相同属性和属性值的选择器组合书写，选择器与选择器之间用逗号进行分隔，这样做可以有效解决重复定义。如：

p { font-size: 12pt }
table { font-size: 12pt }

可以书写为：

```
p, table{ font-size: 12pt }
```

在 CSS 中，一个选择器可能被同时指定多个属性与属性值，需要用分号将属性隔开。如：

```
p { font-size: 12pt }
p { color: #FFFFFF }
```

可以书写为：

```
p { font-size: 12pt; color: #FFFFFF }
```

在 CSS 中，有些属性的属性值时是由英文单词所组成，需要将属性值加上引号。最常见的情况是为选择器进行字体设置。如：

```
p { font-family: " Times New Roman"}
```

3.1.3 CSS 的标准化

对 CSS 进行标准化处理有利于后期对网站的管理和维护，可以对工作进行简化，有效地提高工作的效率。

1. CSS 的命名规则

与所有的程序设计语言一样，CSS 同样有着自己的命名规则。一套完整的命名规则机制是为了方便网站设计者看懂某个 CSS 文件所起的作用。

在对 CSS 的公共样式进行命名时，要根据其功能为元素进行命名，如将"尾"命名为 footer、"广告"命名为 banner 等。在对 class 元素进行命名时，所有的字母都要小写且使用英文命名，在名称中不能出现下划线，如 .left { float:left; }。

在对 CSS 的私有样式进行命名时，采用"前缀-位置"缩写的形式进行命名。这样做的目的是避免与公共样式出现重复命名的现象。如将广告的左边命名为 banner-l。

在对 CSS 进行命名的时候，要将重要的、特殊的和最外层的盒子用"#"选择符作为开头命名，其他选择符号的开头命名则用"."进行命名。

2. CSS 的书写规则

规范的书写有利于样式的维护与更新，有效地控制页面布局、字体和颜色等效果。CSS 样式表同样有着书写规范。

在单独页面上进行 CSS 文件链接时使用 style.css，在文件开头通常要注明项目的名称、创建的时间等。应尽量避免大小写敏感的字符出现，为了编码的安全，应避免出现中文注释。

CSS 在书写时，首先要书写 <!DOCTYPE> 声明，<!DOCTYPE> 声明用来告诉浏览器文档使用哪种 HTML 规范，其次要指定语言及字符集。

3.2 CSS 选择器

CSS 的选择器可以实现 CSS 对 HTML 页面中的元素一对一、一对多或者多对一的控制,HTML 页面中的元素则是通过 CSS 选择器进行控制的。CSS 的选择器有多种类型,包括属性选择器、元素选择器、类选择器、ID 选择器、子元素选择器、通用选择器、群组选择器、伪类和伪元素等。

3.2.1 CSS 常用选择器

在 CSS 中,使用最频繁的选择器是类选择器和 ID 选择器。

1. 类选择器

CSS 的类选择器也可以称为 CLASS 选择器,它可以应用于任何标签。在类选择器中,使用 class 定义类选择器的名称。

将相同的选择器进行分类,可以使网页格式的定义更加准确;对相同的选择器进行分类,可以按照不同的样式进行设计,使网页的设计更加灵活,代码也更加简单,可以有效提高网页的浏览速度。在类选择器中,类别名的第一个字符不能为数字。其语法为:

```
.class{ property: value }
```

例如:

```
p.family{font-family:宋体}
```

2. ID 选择器

ID 是唯一的标识符,允许以一种独立于文档的元素的方式进行样式的指定。它的使用方法与 CLASS 选择器类似,都可以自定义名称,但 ID 的名称中不能出现空格,只能用字母、数字和连接字符的名称定义。在样式表中,ID 选择器只能在页面中调用一次,ID 选择器前用 "#" 号表示。其语法为:

```
# ID { property: value }
```

例如:

```
#red {color:red;}
```

类选择器和 ID 选择器最大的区别是类选择器主要用来定义网页中的细节,如字体样式;ID 选择器主要用来定义网页中大的样式,如页面的正文。

3.2.2 属性选择器

在 CSS 2 中,引入了属性选择器的概念,属性选择器是根据属性是否存在属性的值来进行元素的选择,它是一种非常重要的选择器。属性选择器的格式是元素后跟中括

号,中括号内带属性,或者属性表达式。如:

```
h1[class]{color:red;}
```

属性选择器是基于元素的属性值来对元素进行定位,可以将所有使用该属性的元素全部进行定位。

1. 简单属性值选择器

选择具有某个属性的元素,而不论该属性的值是什么,可以使用一个简单属性选择器。

简单属性选择器只选择元素的属性,不理会元素的属性值,简单地说是只顾其名不顾其值。如:

```
a[class]{color:#000000;}
```

它可以作用于任何带有 class 的 a 元素,还可以同时对多个属性值进行选择。如:

```
a[class][title] {color: #000000;}
```

2. 精确属性值选择器

精确属性值选择器可以进一步缩小选择的范围,只对特定的属性值进行选择,ID 和类选择器本质上就是精确属性值选择器。如:

```
input[type="text"] { border: 1px solid blue; }
```

3. 部分属性值选择器

部分属性值选择器只对其部分属性进行匹配,在属性后加"~"。如果没有"~",则默认为全值匹配。如:

```
a[class~=name]{color:#000000;}
```

它用来表示 class 属性中包含 name 元素,如 name1,当选择器中没有加"~"时,该选择器将对其无效。

4. 特殊属性值选择器

特殊属性值选择器是根据所设置元素的关键字进行匹配,在属性后加"|"。如:

```
p[class|="menu"]{color:red;}
```

它只对以 class 的值为 menu 或者以 menu 开头的元素进行匹配。

3.2.3 其他类型选择器

1. 子元素选择器

子元素选择器用于定位某个元素的第一级子元素。它只能选择作为某个元素的子元素的元素，用">"符号来表示。如：

```
p > strong {color:green;}
```

它用来将第一个 p 元素下面的第一个 strong 元素变为绿色，第二个 strong 不受影响。

2. 通用选择器

通用选择器的使用与通配符类似，可以匹配所有的元素，它的功能是选择器中最强大的，但使用量却是最小的。通用选择器用一个星号来表示，可以用来对应页面上所有元素的应用样式。如：

```
*{ font-size:14px;}
```

它用来将所有元素的字体大小都设置成 14 px。

3. 群组选择器

群组选择器可以将多个元素、类或者任何其他类型的选择器进行规则组合，也就是把具有相同设定的选择器组合在一起，使得其可以同时调用一个声明，对其进行群组化处理。元素与元素之间用逗号分隔。如：

```
h1,h2,h3, p,#AAA{color:green;}
```

它用来将 h1、h2、h3、p、#AAA 元素的字体均设置成为绿色。

3.2.4 伪类

CSS 伪类主要用于向某些选择器进行特殊效果的添加，伪类是根据元素的特征进行分类，而不是名称和属性等。之所以将其称为伪类，是因为其可独立于文档的元素来分配样式，并且可以分配给任何元素，但是它需要预先进行定义，不能存放在文档中，并且表达的方式也有所不同。

1. link 伪类

link 伪类应用于尚未访问的链接，向其添加特殊的效果样式，用于区别已经访问和未访问的链接。如：

```
a:link{color:black;}
```

它用来将未访问的链接定义为黑色。

2. visited 伪类

visited 伪类应用于已访问的链接，向其添加特殊的效果样式。它与 link 伪类用于区别两种形态的链接。如：

```
a:visited {color:black;}
```

它用来将已访问的链接定义为黑色。

3. hover 伪类

hover 伪类应用于鼠标悬停时的元素,向其添加特殊的效果样式。最常见的是鼠标悬停在 HTML 文档中的超链接上。如:

```
a:hover {color:red;}
```

它用来当鼠标悬停在超链接上时,超链接文字显示为红色。

4. active 伪类

active 伪类应用于处于激活状态的元素,并向其添加特殊的效果样式。在 HTML 文档中点击一个超链接,当鼠标按钮按下还未释放的时候就处于激活状态。如:

```
a: active {color:red;}
```

它用来当鼠标激活超链接时,超链接文字显示为红色。

5. focus 伪类

focus 伪类应用于具有焦点的元素,并向其添加特殊的效果样式。表单的 input 输入框可以输入文字时就处于焦点状态。如:

```
a:focus{color:red;}
```

它用来当处于焦点时,输入字段的文字显示为红色。

需要注意的是,在 CSS 定义中,a:active 必须位于 a:hover 之后,a:hover 必须位于 a:link 和 a:visited 之后。

3.2.5 伪元素

伪元素用于将特殊效果添加到某些选择器,主要是为文档中不存在的内容进行样式的分配。其语法为:

```
selector:pseudo-element {property:value;}
```

1. :first-letter

:first-letter 即为文本的首字母进行特殊样式的添加,通常用于需要对文本的第一个字施加特殊效果的地方。

【例 3.1】first-letter 作用样式示例。

源程序:demo3_1.html

```html
<html>
<head>
<style type="text/css">
  p:first-letter
  {
   color: #000000;
```

```
        font-size:30px;
     }
    </style>
 </head>
   <body>
     <p> 中国人民大学 </p>
   </body>
 </html>
```

该文档在浏览器中显示如图 3-1 所示。

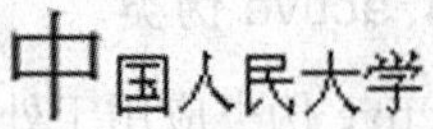

示例讲解：该示例的 style 元素中包含了 :first-letter 方式和样式的定义。表明样式是对 p 元素的首字进行特殊效果的定义，该元素中的首字以黑色和 30 号的方式在浏览器中进行显示。而文章的正文则一定要包含在 p 元素中，否则设置将无效。

图 3-1 demo3_1.html 浏览效果图

2. :first-line

:first-line 即将文本的首行进行特殊效果的添加，该伪元素只能被用于块级元素，如 font 属性和 color 属性等。它的定义方法与 :first-letter 是一样的。

3. :before

:before 即在某些元素前插入一些内容，该伪元素属于行内元素。配合 content 属性使用，用来生成所定义的内容，需要使用 IE 8 以上的版本才能支持。

【例 3.2】:before 作用样式示例。

源程序：demo3_2.html

```
<!DOCTYPE html PUBLIC "-//W3C//DTD XHTML 1.0 Transitional//EN""http://www.
w3.org/TR/xhtml1/DTD/xhtml1-transitional.dtd">
 <head>
 <style type="text/css">
 h3:before{content:url(http://www.irm.cn/templets/irm/images/highlights/ermrc.
gif)}
 </style>
 </head>
 <body>
 <h3> 中国人民大学电子文件管理研究中心 </h3>
 </body>
 </html>
```

该文档在浏览器中显示如图 3-2 所示。

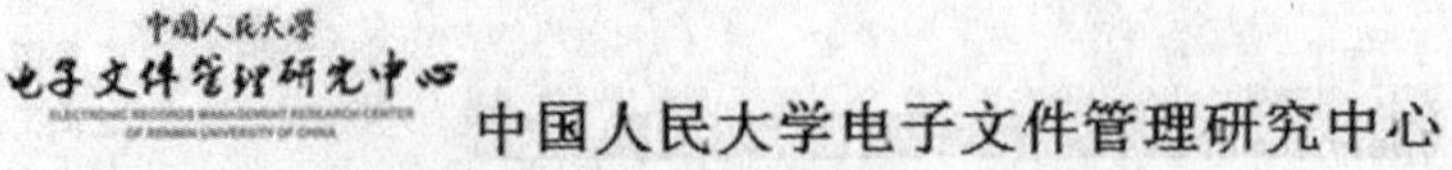

图 3-2 demo3_2.html 浏览效果图

示例讲解：该示例的 style 元素中包含了 :before 方式，定义了在 h3 元素中先显示

URL 中所定义的图片，虽然在 h3 元素中没有出现":before"，但它已经被定义。而代码的开头则是用来表明文档遵循的是 W3C 标准 XHTML 1.0 协议。如果没有报头，效果无法正常显示。

4. :after

:after 即在某些元素后插入一些内容，同样需要配合 content 属性使用，用来生成所定义的内容，与":before"一样，需要 IE8 以上的版本才能支持。

3.3 DIV 层

<div> 层是可以进行网络元素布局的元素，它的全称是 Division。它可以将表格、图片等元素以不同的层次进行显示，以此来产生特殊的效果来为网页进行更加合理的布局与美化。

3.3.1 什么是 DIV

目前，使用 CSS+DIV 进行网页设计是一种被广泛使用的方法，首先，它符合 W3C 的标准，是一种网页布局的方式。

1. 层的特点

DIV 元素是用来为 HTML 文档提供结构与背景的元素。目前，所有的浏览器都支持 DIV 标签。事实上，DIV 也是一种容器，与表格相比更加简单方便。如果在网页中不使用 CSS 仅仅使用 DIV 的情况下，则它的效果与 <p> 标签是一样的。其语法为：

<div>.... </div>

DIV 本身具有容器的性质，在网页中，使用 <div> 标签与使用 <table> 标签相比，具有代码简单和控制方便的特点。

（1）代码简单

在使用表格元素的时候，需要以行和列的形式进行，这样会产生大量的代码，在使用了 DIV 元素后，可以节省大量的代码空间。而 CSS 本身就具有代码简单的特点，对于大型网站来讲，可以节省大量的带宽。

（2）控制方便

DIV 适用于整个网页布局，通过 CSS，可以在一个 DIV 元素中插入边框、背景和图片等，可以使用网页元素的属性实现需要的效果。

2. DIV+CSS 布局结构

DIV+CSS 布局是目前普遍使用的结构。在该结构中，由 DIV 承载内容，CSS 承载样式，可以有效地提高页面浏览速度，这也是 DIV+CSS 布局结构最大的特点。

使用 DIV+CSS 的布局结构，最大的特点是其与浏览器的兼容性很强，几乎在任何浏览器上都可以使用，且不同的浏览器所看到的效果差距很小，因此，非常符合 Web 标准规范的发展。使用 DIV 元素定义结构的方式如下：

```
<div id=" value"></div>
```

在 id 中可以是 HTML 的任意元素，如 footer、header 等。DIV 在这里可以看成是一个容器，在容器中可以包含任何内容块，并且还可以嵌套另一个 DIV。每一个内容块可以放在页面上的任何地方，可以对内容块的字体、颜色和背景等属性进行定义。

嵌套是 DIV+CSS 结构样式中经常使用到的，因为使用嵌套可以定义更多的 CSS 规则，可以对网页进行格式表现的控制，可以实现复杂的布局结构。但是，在布局的时候尽量减少使用嵌套，过多的嵌套会影响浏览器对代码的解析速度。如：

```
<div id="main">
    <div id="left"></div>
</div>
```

3.3.2　CSS 的盒子模型

在网页中，每一个元素都可以看成是一个矩形的盒子，因此被称为盒子模型。盒子模型适用于对块级元素的定义。

CSS 不但用来美化网页，还可以用来定义盒子模型，盒子模型只能应用在块级元素中。盒子模型可以分为标准 W3C 盒子模型和 IE 盒子模型，它们分别对盒子模型有着不同的解释。

1. 标准 W3C 盒子模型

标准 W3C 盒子模型包括边界（margin）、边框（border）、填充（padding）和内容（content）等属性。其中内容部分不包含其他属性。

在标准 W3C 盒子模型中，边界属性指的是网页正文和边界之间的距离；边框属性指盒子模型本身；内容属性指的是网页的内容；填充属性通常放置网页中最重要的内容，如文字和图片等。标准 W3C 盒子模型如图 3-3 所示。

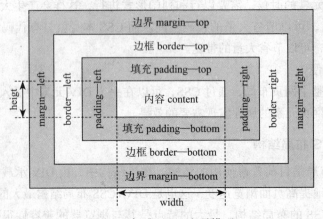

图 3-3　标准 W3C 盒子模型

2.IE 盒子模型

与标准 W3C 盒子模型一样。IE 盒子模型同样包括边界、边框、填充和内容等属性。但不同的是内容部分包含了填充和边框（如图 3-4 所示）。

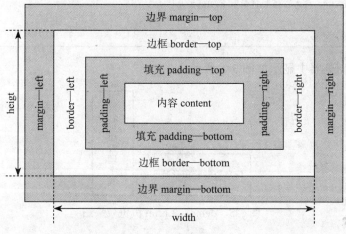

图 3-4　IE 盒子模型

在实际应用中，通常要选择使用标准 W3C 盒子模型。选择标准 W3C 盒子模型的方式很简单，只需要在网页顶部加上 DOCTYPE 声明。如果不加 W3C 声明，浏览器则会使用 IE 盒子模型去解释网页，也就是说，若增加 DOCTYPE 声明，使用任何浏览器看到的内容都是一致的。

【例 3.3】盒子模型示例。

源程序：demo3_3.html

```
<!DOCTYPE html PUBLIC "-//W3C//DTD XHTML 1.0 Transitional//EN""http://www.w3.org/TR/xhtml1/DTD/xhtml1-transitional.dtd">
<html xmlns="http://www.w3.org/1999/xhtml">
<head>
<meta http-equiv="Content-Type" c />
<title>中国人民大学</title>
<style type="text/css">
<!--
div {
font-size:20px;
color:#000000;
text-align:center;
}
#box {
height:35px;
width:100px;
margin:10px;
padding:30px;
border:solid 1px #000000;
background-color:#FFFFFF;
```

```
    }
    -->
    </style>
    </head>
    <body>
    <div id="box">信息资源管理学院</div>
    </body>
    </html>
```

该文档在浏览器中显示如图 3-5 所示。

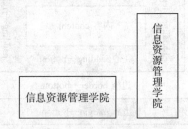

图 3-5　demo3_3.html 浏览效果图

3.4　CSS 样式表

　　CSS 是一种网页制作的技术，它能使网页的设计更加方便且规范。通过调用 CSS 样式表，可以对网页进行风格化的批量处理，其功能要远远高于单纯的 HTML 语言所提供的效果。选择器、属性和值构成了 CSS 的语法。样式表可以分为内联样式表、内部样式表和外部样式表三种类型。在实际工作中进行 CSS 代码编写时，应遵循结构样式分离原则，将样式写在 CSS 文件中，也就是采用外部样式表，通过外部调用的形式来实现。（本书为了方便代码说明，例题均采用了内部样式表。）

　　（1）内联样式表

　　内联样式表是直接对 HTML 标签中的 style 属性进行设置的样式表，它通常适用于对网页内某个标签的设置。其语法为：

```
<tag namestyle=" property: value">
```

　　（2）内部样式表

　　内部样式表写在 <head></head> 中，也只对其所在的 HTML 页面有效。其语法为：

```
<style type="text/css">
<!—
    ...
    -->
</style>
```

　　（3）外部样式表

　　外部样式表是一个以 CSS 为扩展名的文件，该文件中可以存放所有的样式，可以链接到任何网页中，可以改变整个网页的外观，外部样式表通过链接来调用。外部样式表的书写要严格按照 CSS 的书写规范进行。如：

```
.font { font-size: 9pt; color: #ffffff; font-famliy: "宋体"; }
```

调用一个名为 news.css 的外部样式表的语法如下：

```
<link href="news.css" rel="stylesheet" type="text/css">
```

3.4.1 字体（Font）

在进行网页设计的时候，文字是构成网页最重要的元素。一个精美的网站，需要对字体进行特殊效果的处理，通过 CSS 可以轻松对文字进行字体、大小和颜色等各种属性的设置。在 CSS 字体设置中，有 px、pt 和 em 三个最常用的长度单位。

1）px：px 是像素单位，用像素来进行数值的设置是非常精确的，因此，像素是一个非常重要的单位。使用 px，可以在计算机中精确地对字体等元素进行定位。

2）pt：pt 是绝对单位，是一种固定长度的度量单位，通常用来表示字的大小，被称为字号。绝对单位最大的缺点是不能被缩放。

3）em：em 是相对单位，是用来测量长度的通用单位。在 CSS 中，一个 em 表示一个默认的字体的大小。em 最大的特点是可以进行文字缩放，通常适用于可伸缩样式表中。

1. color 属性

color 属性主要为字体进行颜色的设置，该属性适用于所有元素，目前的主流浏览器都对其支持。其语法为：

```
color : color
```

color 属性的属性值可以通过"#"加 6 位十六进制的方法对颜色进行设置，也可以通过 RGB 颜色模式进行设置，也可以用颜色的名称来制定颜色，但不一定能被浏览器所接受。

2. font-family 属性

font-family 属性用于设置字体的名称，比如中文中的宋体和英文中的 arial。该属性适用于所有的元素，目前的主流浏览器都对其支持。其语法为：

```
font-family : name
```

该属性的属性值为所设置字体的名称，字体的名称按照优先顺序进行排列。当指定两种或者两种以上的字体时，需要用逗号将字体名称分隔开（默认的字体为第一种字体，如果第一个字体没有在服务器上安装，则默认为第二种字体）。当字体名称中出现空格时，需要用引号将字体名称括起来。font-family 属性的默认值是根据用户计算机的默认字体来确定的，通常情况下中文为宋体，英文为 arial。

3. font-size 属性

font-size 属性用来对字体的大小进行设置，该属性适用于所有的元素，目前的主流浏览器都对其支持，其语法为：

```
font-size :absolute-size | relative-size | length
```

font-size 的属性值有：absolute-size、relative-size 和 length。

1）absolute-size：absolute-size 表示绝对字体尺寸，也就是使用字号（pt）来对字体的大小进行设置。

2）relative-size：relative-size 表示相对字体尺寸，也就是使用 em 值来对字体的大小进行设置。

3）length：length 是长度的表示法，也就是使用像素或百分数来对字体的大小进行设置。

在进行网页设计时，中文常用的字体大小是 12px，多用于正文。在对文章标题进行设置时建议使用标签而不要使用字体大小属性来设置。

4. font-style 属性

font-style 属性用来表示字体的风格样式，该属性适用于所有的元素，目前的主流浏览器都对其支持。字体风格样式用来对字体进行特殊化处理，主要用来表示一种强调的语气。其语法为：

```
font-style : normal | italic | oblique
```

font-style 的属性值有 normal、italic 和 oblique。

1）normal：normal 是 font-style 属性的默认值，用来表示正常的字体。

2）italic：italic 用来表示斜体。

3）oblique：oblique 用来表示倾斜的字体。

在 font-style 属性中，italic 和 oblique 都是用来表示斜体字，但对于一些使用量很小的字体，可能只有正常体而没有斜体，这个时候可以使用 oblique 来使没有斜体属性的字体强制倾斜。

5. font-weight 属性

font-weight 属性用来表示字体的加粗效果，该属性适用于所有的元素，目前的主流浏览器都对其支持。使用 <span> 标记可以将本身是粗体的文字转换为正常的效果。其语法为：

```
font-weight : normal | number | bold | bolder | lighter
```

font-weight 属性的属性值有 normal、number、bold、bolder 和 lighter。

1）normal：normal 是 font-weight 属性的默认值，它默认的是正常的字体，也就相当于 number 值为 400 的字体。

2）number：number 是用数字来表示字体的粗细程度，取值范围为 100～900 的整百数，400 为正常字体，低于 400，字体越细；高于 400，字体越粗。

3）bold：bold 用来定义粗体字符，它相当于 number 值为 700 的加粗字体。

4）bolder：bolder 用来定义更为粗体的字符。

5）lighter：lighter 用来定义特细的字符，看起来比正常的字体要淡一些。

6. font-variant 属性

font-variant 属性用来设定小型大写字母，小型大写字母是指小号的大写字母，它的大小与小写字母一样，但书写与大写字母一样。该属性适用于所有的元素，目前的主流浏览器都对其支持，其语法为：

```
font-variant : normal | small-caps
```

font-variant 属性的属性值有 normal 和 small-caps。

1）normal：normal 是 font-variant 属性的默认值，浏览器将显示一个正常的字体。

2）small-caps：small-caps 用来将元素中的字母转换为小型大写字母。

7. letter-spacing 属性

letter-spacing 属性用来控制字体元素中字与字之间的距离，也就是字间距，该属性适用于所有的元素，目前的主流浏览器都对其支持，其语法为：

```
letter-spacing: normal | length
```

line-height 属性的属性值有 normal 和 length。

1）normal：normal 是 letter-spacing 属性的默认值，用来设置默认的字间距，字与字之间没有多余的空间。

2）length：length 用数字来定义字间距，它允许为负值，当值为负时，元素中的字体将出现重叠。因此不建议在该属性值中出现负值。

8. line-height 属性

line-height 属性用来设置行与行之间的距离，也就是行高。该属性适用于所有的元素，目前的主流浏览器都对其支持，其语法为：

```
line-height : normal | number | length
```

line-height 属性的属性值有 normal、number 和 length。

1）normal：normal 是 line-height 属性的默认值，用来设置默认且合理的行高。

2）number：number 表示用数值来进行行高的设置，数值越大，行间距也就越大。

3）length：length 用来设置固定的行高，用像素或者百分数来进行行高的设置。

【例 3.4】字体样式示例。

源程序：demo3_4.html

```html
<html>
<head>
<style type="text/css">
p.color{color:rgb(0,0,255)}
p.family{font-family: 黑体，宋体}
```

```
p.size {font-size:20px}
p.style {font-style:italic}
p.weight{font-weight:900}
p.variant{font-variant:small-caps}
p.spacing {letter-spacing:10px}
p.height{line-height:2}
</style>
</head>
<body>
<p class="color"> 中国人民大学 </p>
<p class="family"> 中国人民大学 </p>
<p class="size"> 中国人民大学 </p>
<p class="style"> 中国人民大学 </p>
<p class="weight"> 中国人民大学 </p>
<p class="variant">Renmin University of China</p>
<p class="spacing"> 中国人民大学 </p>
<p class="height"> 中国人民大学位于北京市海淀区中关村大街59号,该校是一所以人文社科为主的综合性研究型全国重点大学,被誉为"我国人文社会科学的最高学府"。</p>
</body>
</html>
```

该文档在浏览器中显示如图 3-6 所示。

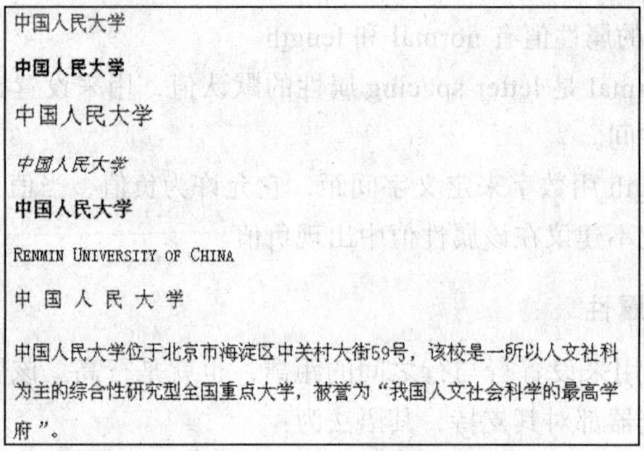

图 3-6　demo3_4.html 浏览效果图

3.4.2　文本(Text)

文本是一整段文字,在 CSS 中,可以对文本进行风格化处理,对文本进行样式设置和对字体进行样式设置有着明显的区别。字体针对的是字,而文本针对的是一整段文字,甚至是一篇文章。

1. text-indent 属性

text-indent 属性用来定义文本首行的文字缩进效果,该属性适用于所有的元素,目前的主流浏览器都对其支持,其语法为:

```
text-indent : length
```

text-indent 属性的属性值为 length，是指用数值或者百分数来表示缩进的距离，通常用 em 来表示。该属性值可以为负，可以实现类似 Word 中悬挂缩进的效果。

2. text-align 属性

text-align 属性用来表示文本的水平对齐方式，该属性适用于所有的元素，目前的主流浏览器都对其支持，其语法为：

```
text-align : left | right | center | justify
```

text-align 属性的属性值有 left、right、center 和 justify。其默认值由浏览器来决定。
1）left：left 用来表示将所设置的文本排列至最左边，也就是进行左对齐效果。
2）right：right 用来表示将所设置的文本排列至最右边，也就是进行右对齐效果。
3）center：center 用来表示将所设置的文本排列至中间，也就是进行居中对齐效果。
4）justify：justify 用来表示将所设置的文本排列至两端，也就是进行两端对齐效果。

3. white-space 属性

white-space 属性用来表示元素中文本的换行方式，该属性适用于所有的元素，目前的主流浏览器都对其支持。其语法为：

```
white-space : normal | pre | nowrap
```

white-space 属性的属性值有 normal、pre 和 nowrap。
1）normal：normal 是 white-space 属性的默认值，用来表示所设置文本的自动控制换行的方式。
2）pre：pre 的功能是和 html 中的 <pre> 标签类似，用来表示所设置的文本将保留空格与换行符。
3）nowrap：nowrap 的功能是将所设置的文本在一行内显示，当文本结束或遇到换行符的时候终止。

4. vertical-align 属性

vertical-align 属性用来设置文本中元素的垂直对齐方式，目前的主流浏览器都对其支持，其语法为：

```
vertical-align:baseline |sub | super |top |text-top | middle |bottom |text-bottom |length
```

vertical-align 属性的属性值有 baseline、sub、super、top、text-top、middle、bottom、text-bottom 和 length。
1）baseline：baseline 是 vertical-align 属性的默认值，它的功能是将所设置的元素以文字为基线进行对齐。
2）sub：sub 的功能是将所设置元素的内容垂直对齐文本的下标。
3）super：super 的功能是将所设置元素的内容垂直对齐文本的上标。

4) top: top 的功能是将所设置元素的内容与对象的顶端对齐。

5) text-top: text-top 的功能是将所设置元素的文本与对象的顶端对齐。

6) middle: middle 的功能是将所设置元素的内容与对象的中部对齐。

7) bottom: bottom 的功能是将所设置元素的内容与对象的底端对齐。

8) text-bottom: text-bottom 的功能是将所设置元素的文本与对象的底端对齐。

9) length: length 用来定义由基线算起的偏移量，用数值来或百分数来表示排列的元素，它可以为负值。

5. text-decoration 属性

text-decoration 属性是文字装饰属性，用来给文字增加一些特殊的效果。该属性适用于所有的元素，目前的主流浏览器都对其支持。其语法为：

```
text-decoration : none | underline | overline | line-through|blink
```

text-decoration 属性的属性值有 none、underline、blink、overline 和 line-through。

1) none: none 是 text-decoration 属性的默认值，表示没有任何装饰效果。

2) underline: underline 用来定义有下划线的文本，但由于下划线和超级链接类似，因此不建议使用。

3) overline: overline 用来定义有上划线的文本。

4) line-through: line-through 用来定义有删除线的文本，可以用于纠错时使用。

5) blink: blink 用来定义可以闪烁的文本。但 IE、Safari 和 Chrome 浏览器并不支持该属性值，因此不建议使用。

【例 3.5】文本样式示例。

源程序：demo3_5.html

```
<html>
<head>
<style type="text/css">
p.indent{text-indent:2em}
p.align {text-align:right}
p.space{white-space: nowrap}
img.align{vertical-align:super}
p.decoration{text-decoration:underline}
p.height{line-height:2}
</style>
</head>
<body>
<p class="indent">中国人民大学信息资源管理学院是中国人民大学专门从事信息资源管理学科教学与科研活动的机构。</p>
<p class="align">中国人民大学信息资源管理学院是中国人民大学专门从事信息资源管理学科教学与科研活动的机构。</p>
<p class="space">中国人民大学信息资源管理学院是中国人民大学专门从事信息资源管理学科教学与科研活动的机构。</p>
<p><img class="align" src="images\edit.gif" />
中国人民大学信息资源管理学院是中国人民大学专门从事信息资源管理学科教学与科研活动的机构。</p>
```

```
<p class="decoration">中国人民大学信息资源管理学院是中国人民大学专门从事信息资源管理学科
教学与科研活动的机构。</p>
</body>
</html>
```

该文档在浏览器中显示如图 3-7 所示。

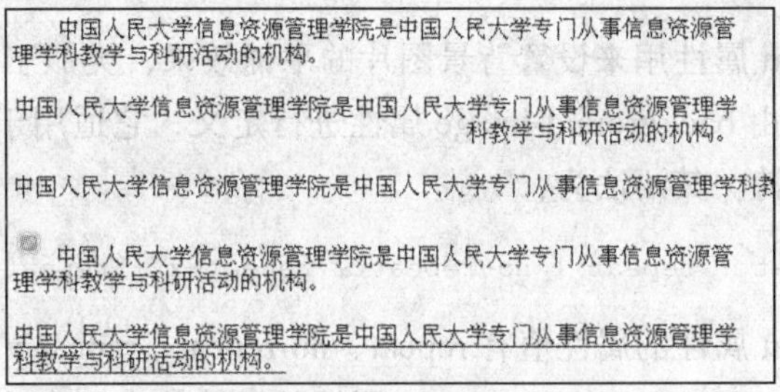

图 3-7 demo3_5.html 浏览效果图

3.4.3 背景（Background）

在 CSS 中，背景可以是一种单一的颜色，也可以是一个图片，还包括背景的显示效果。背景是 CSS 样式的重要组成部分，网页背景的精美程度将直接影响该网站的美观。CSS 背景的功能要比 HTML 所提供的背景功能强大得多，在进行网页设计时，建议使用 CSS 样式对背景进行格式化处理。在 CSS 背景中，属性与属性之间需要相互配合使用。

1. background-color 属性

background-color 属性用来设置背景颜色，该属性不但可以设置网页的背景颜色，还可以设置表格以及表格边框等的背景颜色，该属性适用于所有的元素，目前的主流浏览器都对其支持。其语法为：

```
background-color : transparent | color
```

background-color 属性的属性值有 transparent 和 color。

1）transparent：transparent 是 background-color 属性的默认值，用来表示透明的背景颜色，也可以理解为没有背景颜色。

2）color：color 用来为 background-color 属性指定颜色，color 值可以是颜色的名称、RGB 颜色代码或 # 号加 6 个十六进制数组成。

2. background-image 属性

background-image 属性用来设置背景图片，该属性适用于所有的元素，目前的主流浏览器都对其支持。其语法为：

```
background-image : none | url
```

background-image 属性的属性值有 none 和 url。

1）none：none 是 background-image 属性的默认属性值，它用来表示不显示背景图片。

2）url：url 的功能是用来表示图片的 URL 地址，该地址可以是绝对地址，也可以是相对地址；可以是网络地址，也可以是本地地址。

3. background-repeat 属性

background-repeat 属性用来设置背景图片的平铺效果，类似于在 Windows 中桌面的显示效果。该属性是由 background-image 属性进行定义，它适用于所有的元素，目前的主流浏览器都对其支持。其语法为：

```
background-repeat : repeat | no-repeat | repeat-x | repeat-y
```

background-repeat 属性的属性值有 repeat、no-repeat、repeat-x 和 repeat-y。

1）repeat：repeat 是 background-repeat 属性的默认值，用来表示背景图片在水平方向（x 轴）和垂直方向（y 轴）同时平铺。

2）no-repeat：no-repeat 用来表示背景图片在水平方向（x 轴）和垂直方向（y 轴）均不平铺。也就是该背景图片只显示一次。

3）repeat-x：repeat-x 用来表示背景图片沿水平方向（x 轴）平铺。

4）repeat-y：repeat-y 用来表示背景图片沿垂直方向（y 轴）平铺。

4. background-position 属性

background-position 属性用来设置背景图片的起始位置，该属性是由 background-image 属性进行定义，它适用于所有的元素，目前的主流浏览器都对其支持。其语法为：

```
background-position : length | position
```

background-position 属性的属性值有 length 和 position。

1）length：length 用数值来表示元素的位置，用 x、y 来表示，属性值可以是百分数，也可以用 px 来表示。x 表示水平方向，y 表示垂直方向。

2）position：position 用方位来表示元素的位置，同样分为水平方向和垂直方向。在水平方向中，分别由 left、center 和 right 来表示，代表左、中和右；垂直方向分别由 top、center 和 bottom 来表示，代表上、中和下。

5. background-attachment 属性

background-attachment 属性用来表示背景图片是否跟随滚动轴进行滚动，该属性是由 background-image 属性进行定义，它适用于所有的元素，目前的主流浏览器都对其支持。其语法为：

```
background-attachment : scroll | fixed
```

background-attachment 的属性值有 scroll 和 fixed。

1）scroll：scroll 是 background-attachment 属性的默认值，用来表示背景图片跟随

滚动轴进行滚动。

2）fixed：fixed用来表示背景图片不跟随滚动轴进行滚动，这样做可以使其在页面中始终处于显示的状态。

【例3.6】背景样式示例。

源程序：demo3_6.html

```
<html>
<head>
<style type="text/css">
body{background-color: ffffff}
p.image {background-image:url(images\edit.gif)}
p.repeat{
        background-image:url(images\edit.gif);
        background-repeat:no-repeat
        }
p.position{
        background-image:url(images\edit.gif);
        background-repeat:no-repeat;
        background-position:30px;
        }
</style>
</head>
<body>
<p class= "image">中国人民大学</p>
<p class= "repeat">中国人民大学</p>
<p class= "position">中国人民大学</p>
</body>
</html>
```

该文档在浏览器中显示如图3-8所示。

图3-8　demo3_6.html浏览效果图

3.4.4　表格（Table）

表格是由边框构成的，通过对表格的设置，可以改变表格的外观，使表格更加美观，通过CSS对表格进行格式化处理，可以有效解决表格在网页中单一的样式。

1. border-color属性

border-color属性用来表示表格边框的颜色，该属性可以分别对表格的各个边框进行颜色的设置。该属性适用于所有的元素，目前的主流浏览器都对其支持。其语法为：

```
border-color : color
```

border-color 属性的属性值为 color，该属性值可以用颜色的名称表示，也可以用 RGB 颜色模式或 # 号加 6 位十六进制数来表示。属性值可以分别为表格的四个边框进行颜色的设置。

需要注意的是，在表示边框时，如果只提供一个参数值，将表示全部四条边框；如果提供两个参数值，将分别表示上边框与下边框；如果提供三个参数值，将分别表示上边框、左右边框和下边框；如果提供四个参数值，将按照顺时针的顺序分别表示，也就是上边框、右边框、下边框和左边框。

2. border-style 属性

border-style 属性用来表示边框的样式，也可以单独为边框进行样式的设计，其方法与 border-color 属性一样。该属性适用于所有的元素，目前的主流浏览器都对其支持。其语法为：

```
border-style : none | hidden | dotted | dashed | solid | double | groove | ridge | inset | outset
```

border-style 属性的属性值有 none、hidden、dotted、dashed、solid、double、groove、ridge、inset 和 outset。

1) none：none 是 border-style 属性的默认值，用来表示无边框效果。

2) hidden：hidden 用于解决边框的冲突，其功能与 none 相同，但 IE 并不支持该属性值。

3) dotted：dotted 的功能是将表格边框定义成为点状效果。

4) dashed：dashed 的功能是将表格边框定义成为虚线效果。

5) solid：solid 的功能是将表格边框定义成为实线效果。

6) double：double 的功能是将表格边框定义成为双实线效果。

7) groove：groove 的功能是将表格边框定义成为 3D 凹槽边框效果，它取决于 border-color 属性的属性值。

8) ridge：ridge 的功能是将表格边框定义成为 3D 菱形边框效果，它取决于 border-color 属性的属性值。

9) inset：inset 的功能是将表格边框定义成为 3D 凹边边框效果，它取决于 border-color 属性的属性值。

10) outset：outset 的功能是将表格边框定义成为 3D 凸边边框效果，它取决于 border-color 属性的属性值。

3. border-width 属性

border-width 属性用于设置表格边框的宽度，也可以单独为任何一个边框进行设置，其方法与 border-color 属性一样。该属性适用于所有的元素，目前的主流浏览器都对其支持。其语法为：

```
border-width : medium | thin | thick | length
```

border-width 属性的属性值有 medium、thin、thick 和 length。

1) medium: medium 是 border-width 属性的默认值, 用来表示定义中等边框宽度。

2) thin: thin 用来将表格定义为细边框效果。

3) thick: thick 用来将表格定义为粗边框效果。

4) length: length 表示用数字或者百分数来表示边框的宽度, 该属性值不能为负数。

4. table-layout 属性

table-layout 属性用来计算表格中各单元格所需要的宽度, 该属性适用于所有的元素, 目前的主流浏览器都对其支持。其语法为:

```
table-layout : auto | fixed
```

table-layout 属性的属性值有 auto 和 fixed。

1) auto: auto 是 table-layout 属性的默认值, 该属性的属性值属于自动布局算法, 它可以反映出 HTML 表格的原始状态, 但反应速度较慢。

2) fixed: fixed 的功能是使单元格宽度随着单元格中的内容的变化而变化, 它属于固定布局算法, 虽然这种算法不太灵活, 但反应速度较快。

【例 3.7】背景样式示例。

源程序: demo3_7.html

```html
<html>
<head>
<style type="text/css">
p.style
{
    border-style: solid;
    border-width: 5px 10px 1px 2px;
    border-color: #000fff #00ffff #000000 #ff0000
}
table, td, th.style
 {
    border-style: dashed;
    table-layout: fixed
  }
</style>
</head>
<body>
<p class="style"> 中国人民大学 </p>
<table class="style" border="0">
<tr>
<td width="60"> 中国人民大学 </td>
<td width="120"> 中国人民大学 </td>
<td width="150"> 中国人民大学信息资源管理学院 </td>
</tr>
</tr>
</table>
</body>
</html>
```

该文档在浏览器中显示如图 3-9 所示。

图 3-9　demo3_7.html 浏览效果图

3.4.5　定位（Position）

定位样式可以将元素的位置进行精确设置，这是一项非常实用的功能。在进行网页设计时，对网页内元素的精确定位可以使网页内各个模块更加精准，是 CSS 样式表中的重要环节。

1. position 属性

position 属性用来对元素进行定位类型设置，每个元素都可以进行定位。所定位元素的具体位置和该元素所包含的块有关。目前的主流浏览器都对其支持，其语法为：

```
position : static | absolute | fixed | relative
```

position 属性的属性值有 static、absolute、fixed 和 relative。

1）static：static 是 position 属性的默认值，它并不进行真正意义上的定位，所包含的元素还将出现在原始的位置上。

2）absolute：absolute 属于绝对定位，它作用于 static 所设置的第一个父元素之外的元素，通过使用 left、right、top 和 bottom 等属性，来改变所设置元素的位置。

3）fixed：fixed 属于绝对定位，它的作用是相对于浏览器的窗口进行定位，它与 absolute 的功能相似，但 IE 并不支持此功能。

4）relative：relative 用于相对定位，它的作用是根据所定位元素的正常位置进行定位，通过使用 left、right、top 和 bottom 等属性，来改变所设置元素的位置，同时会改变该元素所处位置的大小。

2. z-index 属性

z-index 属性用于设置元素在网页中的叠放顺序，它类似 Photoshop 中的图层，它仅对所定位的元素才有效，目前的主流浏览器都对其支持，其语法为：

```
z-index : auto | number
```

z-index 属性的属性值有 auto 和 number。

1）auto：auto 是 z-index 属性的默认值，它用来表示所定位的元素的堆叠顺序和父元素保持一致。

2）number：number 用来设置元素的堆叠顺序，它的取值范围是任何整数，该属性值可以为负值，表示所定位的元素位置在正常元素之下。

3. top 属性

top 属性用来定义被定位元素的上边界。该属性需要与 position 属性配合使用。当 position 的属性值为 static 时，top 属性将无任何效果。目前的主流浏览器都对其支持，其语法为：

```
top : auto | length
```

top 属性的属性值有 auto 和 length。

1）auto：auto 是属性的默认值，它通过浏览器自动确定所定位元素的上边缘的位置。

2）length：length 属性用数值来进行所定位元素的上边缘的位置，其单位可以为 px 和 cm 等，该属性值可以为负。

4. right 属性

right 属性用来定位被定位元素的右边界，该属性需要与 position 属性配合使用。当 position 的属性值为 static 时，top 属性将无任何效果。目前的主流浏览器都对其支持，其语法为：

```
right : auto | length
```

right 属性的属性值有 auto 和 length。

1）auto：auto 是属性的默认值，它通过浏览器自动确定所定位元素的右边缘的位置。

2）length：length 属性用数值来进行所定位元素的右边缘的位置，其单位可以为 px 和 cm 等，该属性值可以为负。

5. bottom 属性

bottom 属性用来定位被定位元素的下边界，该属性需要与 position 属性配合使用。当 position 的属性值为 static 时，top 属性将无任何效果。目前的主流浏览器都对其支持，其语法为：

```
bottom : auto | length
```

right 属性的属性值有 auto 和 length。

1）auto：auto 是 bottom 属性的默认值，它通过浏览器自动确定所定位元素的下边缘的位置。

2）length：length 属性用数值来进行所定位元素的下边缘的位置，其单位可以为 px 和 cm 等，该属性值可以为负。

6. left 属性

left 属性用来定位被定位元素的左边界，该属性需要与 position 属性配合使用。当 position 的属性值为 static 时，top 属性将无任何效果。目前的主流浏览器都对其支持，其语法为：

```
left : auto | length
```

left 属性的属性值有 auto 和 length。

1）auto：auto 是属性的默认值，它通过浏览器来自动确定所定位元素的左边缘的位置。

2）length：length 属性用数值来进行所定位元素的左边缘的位置，其单位可以为 px 和 cm 等，该属性值可以为负。

【例 3.8】定位元素样式示例。

源程序：demo3_8.html

```html
<html>
<head>
<style type="text/css">
img
{
position:absolute;
z-index:-1;
top:10px;
left:20px
}
h1{
position:absolute;
right:300px
}
</style>
</head>
<body>
<img src="ruc-logo.gif" />
<h1> 中国人民大学 </h1>
</body>
</html>
```

该文档在浏览器中显示如图 3-10 所示。

图 3-10　demo3_8.html 浏览效果图

3.4.6　布局（Layout）

布局样式可以对网页中的元素进行控制，该样式和定位样式有些类似，但功能却不相同，定位样式控制的是元素的位置，布局样式控制的是元素在网页中所处位置的方式和方法。元素的布局类似于 Word 中文字的环绕方式。

1. clear 属性

clear 属性的功能是决定元素的某一侧是否有可浮动元素，目前的主流浏览器都对其支持，其语法为：

```
clear : none | left |right | both
```

clear 属性的属性值有 none、left、right 和 both。

1）none：none 是 clear 属性的默认值，它规定元素的两边都允许有浮动的元素存在。

2）left：left 的作用是不允许元素左边有浮动元素存在。

3）right：right 的作用是不允许元素右边有浮动元素存在。

4）both：both 的作用是元素两边都不允许有浮动元素存在。

2. float 属性

float 属性的作用是规定元素浮动的方向，它可以使文字环绕在元素的周围。目前的主流浏览器都对其支持，其语法为：

```
float : none | left |right
```

float 属性的属性值有 none、left 和 right。

1）none：none 是 float 属性的默认值，它表示元素不进行浮动，将出现在网页中默认的位置。

2）left：left 的作用是使所定义的元素浮动在网页的左边。

3）right：right 的作用是使所定义的元素浮动在网页的右边。

很显然，float 和 clear 属性的作用相反，在使用 float 和 clear 属性时，需要注意以下几点：

1）一个没有设置宽度的 float 对象，会自动适应成所包含内容的宽度，因此，尽量对 float 对象设置一个宽度。

2）一个对象如果设置了 clear 属性，将不会包围它前面的 float 属性。

3）当一个对象同时设置了 clear 属性和 float 属性，只有 clear:left 属性起作用，clear:right 则不起作用。

3. clip 属性

clip 属性的作用是对所定义的元素进行裁剪，它需要配合 position 属性来使用，否则将无任何效果。目前的主流浏览器都对其支持，其语法为：

```
clip : auto | rect
```

clip 属性的属性值有 auto 和 rect。

1）auto：auto 是 clip 属性的默认值，它不对元素进行任何的裁剪，没有任何的效果产生。

2）rect：rect 用来设置元素的形状，它也是通过分别对元素顺时针位置的裁剪来设置元素的形状，也就是分别通过对元素上、右、下和左的边界进行裁剪来设置该元素的形状，单位为 px。

4. overflow 属性

overflow 属性的作用是设置内容在元素框中发生溢出的方法。目前的主流浏览器都对其支持，其语法为：

```
overflow : visible | auto | hidden | scroll
```

overflow 的属性值有 visible、auto、hidden 和 scroll。

1）visible：visible 是 overflow 属性的默认值，它表示内容不产生变化。

2）auto：auto 的作用是一旦元素框发生溢出，浏览器通过滚动条来显示该元素的内容。

3）hidden：hidden 的作用是一旦元素框发生溢出，所溢出的部分将无法显示。

4）scroll：scroll 的作用是一旦元素框发生溢出，所溢出的部分将通过滚动条来显示。

【例 3.9】布局样式示例。

源程序：demo3_9.html

```html
<html>
<head>
<style type="text/css">
img
    {
    float:left;
    clear:both;
    }
img.clip
{
    position:absolute;
    clip:rect(2px,400px,20px,25px);
    z-index:-1; }
p.overflow
{
    width:300px;
    height:100px;
    overflow: scroll
}
</style>
</head>
<body>
<img src="ruc-logo.gif" />
<img class= clip src="ruc-logo.gif"/>
<h1> 中国人民大学 </h1>
<p  class=overflow> 中国人民大学的前身是 1937 年诞生于抗日战争烽火中的陕北公学，以及后来的华北联合大学和华北大学。1950 年 10 月 3 日，以华北大学为基础合并组建的中国人民大学隆重举行开学典礼，成为新中国创办的第一所新型正规大学。从 1950 年至今，国家历次确立重点大学，中国人民大学均位居其中。
</p>
</body>
</html>
```

该文档在浏览器中显示如图 3-11 所示。

图 3-11　demo3_9.html 浏览效果图

3.4.7　列表（List）

在 CSS 中，对于列表数据项构成的有限序列，可以通过对列表的设置，来改变列表的各种属性。

1. list-style-type 属性

list-style-type 属性用来表示列表的样式，列表样式类似于 Word 中的项目符号，用来对列表进行标记。目前的主流浏览器都对其支持，其语法为：

```
list-style-type : disc | circle | square | decimal | lower-roman | upper-roman | lower-alpha | upper-alpha | none | armenian | cjk-ideographic | georgian | lower-greek | hebrew | hiragana | hiragana-iroha | katakana | katakana-iroha | lower-latin | upper-latin
```

list-style-type 的属性值很多，其中常用的属性值为：disc、circle、square、decimal、lower-roman、upper-roman、lower-alpha、upper-alpha 和 none 等。

1）disc：disc 是 list-style-type 属性的默认值，用来将列表表示为实心圆。
2）circle：circle 用来将列表表示为空心圆。
3）square：square 用来将列表表示为实心方块。
4）decimal：decimal 用来将列表表示为阿拉伯数字。
5）lower-roman：lower-roman 用来将列表表示为小写罗马数字。
6）upper-roman：upper-roman 用来将列表表示为大写罗马数字。
7）lower-alpha：lower-alpha 用来将列表表示为小写英文字母。
8）upper-alpha：upper-alpha 用来将列表表示为大写英文字母。
9）none：none 用来表示不设置任何列表符号。

2. list-style-image 属性

list-style-image 属性的作用是用图片来表示列表样式，它适用于所有的 list 元素，目前的主流浏览器都对其支持，其语法为：

```
list-style-image : none | url
```

list-style-image 属性的属性值有 none 和 url。

1）none：none 是 list-style-image 属性的默认值，用来表示不设置列表符号。
2）url：url 的作用是设置作为列表符号的图片的 URL 地址，该地址可以是网络地址也可以是本地地址，可以是绝对地址也可以是相对地址。

3. list-style-position 属性

list-style-position 属性的作用是设置列表所处的位置，它适用于所有的 list 元素，目前的主流浏览器都对其支持，其语法为：

```
list-style-position : outside | inside
```

list-style-position 属性的属性值有 outside 和 inside。

1）outside：outside 是 list-style-position 属性的默认值，用来表示列表符号处于文字之外，且环绕文本，但并不以标记位进行文本的对齐。

2）inside：Inside 用来表示列表符号处于文字之内，且环绕文本，并以标记位进行文本的对齐。

【例 3.10】列表样式示例。

源程序：demo3_10.html

```html
<head>
<style type="text/css">
ul.disc {list-style-type:disc}
ul.image
{list-style-image: url('images\edit.gif')}
ul.position
    {
    list-style-image: url('images\edit.gif');
    list-style-position:outside
    }
</style>
</head>
<body>
<ul class="disc">
<li> 信息技术教研室 </li>
</ul>
<ul class="image">
<li> 信息技术教研室 </li>
</ul>
<ul class="position">
<li> 学院地址：北京市海淀区中关村大街59号中国人民大学信息楼，邮政编码：100872
2004—2012 中国人民大学信息资源管理学院
</li>
</ul>
</body>
</html>
```

该文档在浏览器中显示如图 3-12 所示。

图 3-12　demo3_10.html 浏览效果图

本章小结

本章主要讲述 CSS 样式表的应用，详细讲解了 CSS 的选择器、伪类和伪元素等。这些都是学习和掌握 CSS 样式表的基础。对 CSS+DIV 的布局结构进行了介绍，还对 CSS 的部分常用的滤镜进行了说明。本章的案例比较多，通过对本章的学习，可以较为熟练地使用 CSS 来制作网页，但还需要大家多学习、多实践。

习题

一、填空

1. CSS 被称为_____。
2. CSS 的基本语法由三部分构成，分别是_____、_____和_____。
3. 在 DIV+CSS 布局中，DIV 承载_____，CSS 承载_____。
4. CSS 样式表可以分为_____、_____和_____三种类型。
5. vertical-align 属性用来设置_____。
6. _____属性用来对元素进行定位类型设置。

二、选择

1. p { font-size: 14pt } table { font-size: 14pt } 可以书写为（　　）。
   A. p { font-size: 14pt }; table { font-size: 14pt }
   B. p; table { font-size: 14pt }
   C. p, table{ font-size: 14pt }
   D. { font-size: 12pt } p, table
2. CSS 的类选择器也可以称为（　　）选择器。
   A. class　　　　　B. ID　　　　　C. 属性　　　　　D. 伪类
3. 将所有元素的字体颜色都设置成红色，需要使用（　　）。
   A. 元素选择器　　B. 通用选择器　　C. ID 选择器　　D. 群组选择器
4. visited 伪类应用于（　　）。
   A. 应用于尚未访问的链接　　　　　B. 已访问的链接
   C. 鼠标悬停时的元素　　　　　　　D. 处于激活状态的元素
5. font-family 属性的作用是（　　）。
   A. 设置字体颜色　　B. 设置字体大小　　C. 设置字体名称　　D. 设置字体风格
6. 设置文本的对齐方式需要用到（　　）属性。
   A. text-align　　B. text-indent　　C. text-decoration　　D. line-height
7. 设置图片的平铺效果，需要用到（　　）属性。
   A. background-position　　　　　B. background-image
   C. background-color　　　　　　D. background-repeat
8. z-index 属性用于（　　）。

A. 定位的元素的上边界　　　　　　　B. 设置元素在网页中的叠放顺序
C. 定位被定位元素的下边界　　　　　D. 定位被定位元素的右边界

三、判断

1. 使用 CSS 可以使网页的可维护性得到增强，并且加快了下载显示的速度。（　　）
2. 属性选择器是根据属性是否存在属性的值来进行元素的选择。（　　）
3. :first-letter 的作用是为文本的首行进行特殊样式的添加。（　　）
4. color 属性的属性值可以通过"#"加 6 位十六进制的方法进行颜色设置，但不能通过 RGB 颜色模式进行设置。（　　）
5. letter-spacing 属性用来控制字体元素中的字间距。（　　）
6. 在 CSS 中，背景只能是一种单一的颜色。（　　）
7. position 属性的 absolute、fixed 和 relative 属性值都对数据绝对定位。（　　）
8. float 属性的作用是规定元素浮动的方向。（　　）

四、名词解释

1. 伪类
2. DIV
3. 盒子模型

五、代码编写

1. 编写调用名为 thickbox.css 的外部样式表。
2. 编写一个简单的 CSS+DIV 样式的示例。

六、简答

1. 简述 CSS 的特点与功能。
2. CSS 中的伪类有哪些？简述其功能。
3. 字体和文本的区别是什么？
4. 定位样式的功能是什么？

第 4 章 JavaScript

JavaScript 是最为流行、最为常用的一种网站脚本语言。它主要用于前台脚本语言的编写，使得许多网页功能不用在后台（服务器）运行，在前台即可完成，有效地减轻了服务器的压力。同时，JavaScript 脚本语言能够实现丰富的网页功能，使得我们的网站系统更加符合用户的体验需求。JavaScript 语言是开发网站的一项非常实用的技术。

4.1 JavaScript 概述

4.1.1 什么是脚本语言

在介绍 JavaScript 之前，我们需要先了解一下什么是脚本语言。以往我们见过的语言，如 C、C++、C#、Java 等，在使用的过程中大多需要经过四个步骤，即编写、编译、链接、运行。为了简化这些步骤，脚本语言应运而生，它只需要经过两个步骤，即编写和运行。由于缺少编译和链接的过程，所以在运行脚本程序时，就需要一个解释器，逐行地读取存于文本文件中的脚本程序代码。

目前，比较常用的脚本语言有 ASP、JSP、PHP、JavaScript、VBScript 等。就网页脚本语言而论，JavaScript 以其简单的语法和强大的功能，在市场中占据了主导地位，深受广大程序员的喜欢。

4.1.2 什么是 JavaScript

JavaScript 原名为 LiveScript，由 Netscape 公司开发，最早用在 Netscape Navigator 2.0 浏览器中。自从 Sun 公司开发出 Java 语言之后，Netscape 公司和 Sun 公司一起重新设计了 LiveScript 语言，并将其改名为 JavaScript。随着浏览器的不断更新，JavaScript 的版本也在不断地更新，考虑到不同浏览器对于语言的兼容性不同，欧洲计算机制造商联合会（EMCA）对 JavaScript 语言进行了标准化定义，创造了一个国际通用的标准化版本 JavaScript，即 EMCAScript。在日后的学习当中，我们都将以这一版本作为标准向大家进行介绍。

4.1.3 JavaScript 的功能

学习 JavaScript 并不是一件难事，它可以直接包含在 HTML 文档之中。那么 JavaScript 具体能够实现哪些功能呢？

1）在浏览器的状态栏或者警告框里，作为网页的一部分，向访问者显示信息。

2）验证表单内容并反馈给服务器进行计算。

3）当访问者将鼠标移动到图像上时，触发某种图像动画。

4）检测可用浏览器及其特性，并且只在支持它们的浏览器上运行高级功能。

5）检测已安装的插件，并在需要的时候通知访问者调用。

6）在不需要访问者重新加载整个页面的时候，修改部分或者整个页面内容。

7）与远程服务器上传输过来的数据进行交互，或者与远程服务器交互数据。

除以上介绍的功能外，JavaScript 还可以实现更多的功能，这就需要我们自己去发现。

4.1.4 JavaScript 编辑器

正所谓"工欲善其事，必先利其器"，在学习编写 JavaScript 语言之前，首先介绍几个常用的 JavaScript 编辑器。

（1）记事本

记事本是 Windows 自带的一种文本编辑器，也是最为简单的编辑器。但是，记事本除了编辑文本之外，并没有其他任何有助于编写程序的帮助功能，在调试的过程中显得非常麻烦，并且不容易发现错误。因此我们不建议使用记事本作为编辑 JavaScript 的工具。

（2）Ultra Edit 32

Ultra Edit 32 是一款由 IDM Computer Solutions 公司出品的多功能文本编辑器。它可以编辑文本、十六进制、ASCII 码等，内置多种编程语言的语法检查器，帮助编程者及时检查出错误代码。除此之外，Ultra Edit 32 还拥有语法着色功能，可以用不同的颜色显示 HTML、JavaScript、C 等程序代码，可以自动更正关键字。

（3）Dreamweaver

Dreamweaver 是 Macromedia 公司开发的一款集网页制作和网站管理于一体的网页编辑器。它是一种集成的、高效的编辑工具，它将可视化布局工具、应用程序开发功能与代码编辑组合在一起，方便程序员调试使用。同时，Dreamweaver 还内置了许多 JavaScript 小程序，可以在编程过程中直接调用。

（4）Visual Studio 2005/2008/2010

作为本书重点介绍的一款编程工具，Visual Studio 当然也可以成为编写 JavaScript 的一把利器。

4.1.5 JavaScript 实例

在介绍完 JavaScript 的编辑器之后，我们不妨先看一个大家最熟悉的 HelloWorld 小程序实例，了解一下 JavaScript 的简单编写方法。

【例 4.1】"Hello World" JavaScript 示例。

源程序：helloworld.html

```
<html>
```

```
<head>
<title>HelloWorld</title>
<script type="text/JavaScript">
        alert("这是第一个HelloWorld");
</script>
</head>
<body>
<scripttype="text/JavaScript">
        alert("这是第二个HelloWorld");
</script>
</body>
</html>
```

图 4-1 显示的是上述 HTML 文档在浏览器中显示的结果，左侧的警告框是第一次弹出的警告框，右侧的则是在第二次弹出的。

图 4-1　helloworld.html 浏览效果图

示例讲解： 在代码中我们不难看出，JavaScript 代码是写在 HTML 中的 <script> 标签之内的，而 <script> 标签是添加在 <head> 标签或者 <body> 标签内的。并且，JavaScript 的解析次序和 HTML 的解析次序完全相同，都是按照书写次序解析并且执行的。

事实上，JavaScript 的编写分为内部关联和外部关联。内部关联的编写即上文提到的两个位置。而外部关联就需要在外部文件中编写 JavaScript 代码，通过 src 属性将外部文件引用到 HTML 中。

【例 4.2】引用外部 JavaScript 文件。

源程序：helloworld.html

```
<html>
<head>
<title>引用外部脚本文件</title>
```

```
<script type="text/JavaScript"language="JavaScript"src="HelloWorld.js">
</script>
</head>
<body>
</body>
</html>
```

示例讲解：HTML 引用的外部文件是一个以 .js 为文件后缀的 JavaScript 文件，在这一文件中，我们不需要使用 <script> 标签，而是直接编写 JavaScript 代码。

<script> 标签在 JavaScript 中具有非常重要的地位，在 HTML 标准中规定了 script 元素拥有 5 种属性，如表 4-1 所示：

表 4-1 script 元素的属性

属性	属性说明
charset	脚本的字符集
defer	先装载后解析
language	脚本语言
src	外部脚本文件的地址
type	脚本类型

script 元素中的 language、src 和 type 属性是使用最多的 3 种属性。其中 language 和 type 属性都相对比较简单，在这里不做赘述。src 的属性值为外部脚本文件的 URL。该 URL 既可以是绝对地址，也可以是相对地址。一般情况下，为了方便脚本代码的管理、简化 HTML 文档中的代码、提高安全性，同时加快网页的加载速度，程序员都会更多地选择引用外部脚本文件的方式将 JavaScript 代码插入 HTML 页面中。

4.1.6 开启浏览器对于 JavaScript 的支持

相信一些人在运行上面的例子时会出现这样的问题：代码书写没有错误，但是在打开浏览器运行的时候却什么也不显示。事实上，虽然市场上大多数的主流浏览器都支持 JavaScript，但是并不代表浏览器已经默认开启了 JavaScript 的支持。出于安全方面的考虑，浏览器在运行 JavaScript 代码前都会向用户询问是否开启对于 JavaScript 的支持。那么应该如何设置，才能使浏览器完全支持 JavaScript 呢？

在本书中，我们将以 IE 浏览器为例，向大家介绍如何开启 IE 浏览器对于 JavaScript 的支持。具体的方法如下：

1）打开一个 IE 浏览器窗口。

2）选择菜单栏中的"工具"→"Internet 选项"，在弹出的对话框中选择"安全"标签。

3）在新弹出的窗体中，选定"Internet"图标，然后选择自定义级别。

4）在"安全设置-Internet 区域"对话框中找到"脚本"栏目，在这个栏目下面有"Java 小程序脚本""活动脚本""允许对剪贴板进行编程访问""启用 XSS 筛选器""允许网站使用脚本窗口提示获得信息"和"允许状态栏通过脚本更新"六个不同的选项。这些选项都是用于控制是否开启对 JavaScript 的支持或对 JavaScript 的某些功能的支持，可以将这 6 个选项都设为"启用"。

5）设置完毕后单击"确认"按钮完成设置操作。虽然我们通过以上操作已经开启了浏览器对于 JavaScript 的支持，但是在本地计算机的文件并不属于以上设置的范畴。在运行本地计算机中或光盘中包含 JavaScript 的文件时，可能会发出安全提示。

我们通过开启"允许阻止内容"可以暂时获得 JavaScript 在浏览器中的支持。但是每次执行 JavaScript 程序的时候都会遇到相同的情况，为了避免这一现象的发生，我们可以进行如下设置：

1）打开一个 IE 浏览器窗口。

2）选择菜单栏中的"工具"→"Internet 选项"，在弹出的对话框中选择"高级"标签。

3）在"高级"选项卡中，选中"允许活动内容在我的计算机上的文件中运行"和"允许来自 CD 的活动内容在我的计算机上运行"复选框。

4）单击"确定"按钮完成操作。

4.1.7 JavaScript 的注释

任何一种语言都会支持注释语言，JavaScript 也不例外。在 JavaScript 语言中，与其他语言一样，分为单行注释和多行注释。

（1）单行注释

JavaScript 的单行注释语法如下：

```
// 被注释的语句
```

（2）多行注释

JavaScript 的多行注释语法如下：

```
/*
被注释的语句
*/
```

以上两种注释方法都是我们比较常用的注释方法，添加注释可以有效地帮助编程者理清程序的结构，便于日后的使用和修改。

4.2 JavaScript 语言基础

在上一小节中，我们对 JavaScript 的基本情况做了简单的介绍，相信读者对于 JavaScript 已经有了一定的了解，并且产生了兴趣。在本节，我们会对 JavaScript 的基本语法知识一一进行讲解。本节将分别介绍 JavaScript 的数据类型、变量、运算符以及结构语句。

4.2.1 JavaScript 的数据类型

数据类型是对数据的一种抽象描述。在计算机中，不同的数据需要的存储空间也是不同的，因此对数据按照类型进行合理分类，有助于程序对于存储空间的分配。

1. 基本数据类型

（1）字符串型

字符串型是一种用于表示文本的数据类型，由 Unicode 字符、数字、标点符号等组成的一个有序序列。与其他语言不同的是，JavaScript 中没有字符类型 char，也就是说，在 JavaScript 中，无论变量定义长短，都需要用字符串型作为数据类型，即使只表示一个字符。

（2）数字型

JavaScript 的数字型是非常特殊的，因为它并不区分整型和浮点型。无论是什么数字，都统一采用浮点型表示。除了有效数字之外，JavaScript 还使用另外两个常量来表示两个特殊的数值。Infinity 是表示无限大的意思；相反的，-Infinity 就是无限小的意思。另一个特殊常量是 NaN，NaN 是 Not a number 的简写，即不是数字的意思。通常在数值运算中出现错误时，就会返回 NaN，用于说明处理结果不是一个有效的数据。

（3）布尔型

布尔型是一种表示对错的数据类型，它只有两种数值：true 和 false。其中 true 表示真，false 表示假。布尔数据类型经常用在数值比较的结果返回值，或者在程序语句中作为一种条件，对循环语句进行控制。

2. 复合数据类型

（1）数组

数组即数据的集合，这些数据可以是字符串型、数字型或者布尔型，甚至也可以是其他复合型。在数组中需要明确两个概念，即数组元素和数组下标。

数组元素：放在数组中的数据称为数组的元素。

数组下标：在数组中，将每个元素都进行了编号，这个编号称为数组的下标。

数组的定义方法如下：

```
数组名 [下标值]
```

通过这种方式我们可以对数组内指定下标的元素进行设置和读取。如：

```
Array[0];
Array[1]=100;
```

在上面这段代码中我们定义了数组 Array 的第一个元素，并对数组的第二个元素赋予了数值 100。我们可以看出，数组的编号是从 0 开始的，而非从 1 开始。

（2）对象

对象也是一些数据的集合，这一点与数组相似。但是对象具有不同于数组的两个概念，即属性和方法。

对象的属性：对象为其中的每个数据都进行了命名。这些被命名的数据称为对象的属性，可以通过对象的属性名来存取数据。

对象的方法：这是对象区别于数组的一项功能。在对象中包括一些可以实现某些功能的函数。这些函数称为对象的方法。在 JavaScript 中可以通过对象的方法名来调用这些函数。

存取对象的属性值和调用对象的方法需要用到"."来作为存取运算符。具体的操作如以下代码所示：

```
对象名.属性名
对象名.方法名()
```

下面我们看一段代码，了解一下对象的具体使用情况。

```
Document.fgColor="#FFFF00";
document.write("调用 document 对象中的 write 方法")
```

上面这段代码中，document 是 JavaScript 中已经存在的一个对象，在以后的学习中我们还会接触到更多 JavaScript 自带的对象。

3. 其他数据类型

（1）函数

函数是一段可以执行的 JavaScript 代码块。这个代码块可以被看作一个整体，在程序的其他位置通过调用函数反复使用。其实，在很多的程序语言中，函数并不是一种数据类型，但是 JavaScript 中的函数不同是一种数据类型。因此 JavaScript 的函数可以被存储在变量、数组或对象中，也可以将函数作为参数传递。

（2）null

null 是一种非常特殊的数据类型，它是"空"的意思。null 代表没有值，它不属于之前提到的任何一种数据类型，而是一种完全独立的数据类型。需要注意的是 null 和 0 的区别，null 是空，而 0 是一个数字，是数字型数据。null 也不能代表空字符串，因为 null 不是字符型，不能表示空字符串。

除此之外，我们还须注意，JavaScript 是一种严格区分大小写的语言，因此 NULL、Null 和 null 是不同的，只有 null 表示空的意思。

（3）undefined

undefined 表示"未定义"。在程序中，有四种情况会返回 undefined 分别是：定义了一个变量，但是还没有为变量赋值；使用了一个未定义的变量；引用了一个不存在的对象属性；引用了一个不存在的数组元素。

4.2.2 数据类型的转换

在编写程序的过程中常常需要将已有的数据类型进行转换，以便用作其他用途。例如数字型变量要和字符串型变量中的数字进行相加，就需要将字符串中的字符转换成数字型。在 JavaScript 中，数据类型的转换分为隐式转换和显式转换两种。

1. 隐式转换

所谓隐式数据类型的转换就是自动转换。即在程序处理代码时，参与运算的数据类型不一致，就会尽可能地将数据类型转换成一致的，这种转换是不需要程序员人为干涉的。

但是，并不是在任何情况下都可以进行隐式转换，这需要符合一定的规则，这条规则就是：将数据类型转换成当前环境中所需要的类型。

事实上，隐式转换并没有太多的规则可言，在此我们总结了几种常见的规则：

1）数字和空字符串相加，数字将转换成字符串。例如：100+""=100"。
2）数字进行两次非操作（!），数字将转换成布尔值。例如：!!100=true。
3）字符串减去数字，字符串型将转换成数字型。例如："100"-2=98。
4）字符串型进行两次非操作（!），字符串型转换成布尔值。例如：!!"true"=true。
5）布尔值减去 0，布尔值将转换成数字。例如：true-1=0。
6）布尔值加上空字符串，布尔值转换成字符串型。例如：true+""="true"。

2. 显式转换

可以看出，隐式转换并不能帮助我们解决所有的数据类型问题，所以推荐使用显式转换。使用显式转换数据可以明确地转换数据类型，代码的可读性比较强，结构也相对严谨。显式转换数据类型有以下几种方法：

1）使用 String（value）可以将 value 转换成字符串型。
2）使用 parseInt（value）、parseFloat（value）和 Number（value）可以将 value 转换成数字型。
3）使用 Boolean（value）可以将 value 转换成布尔型。

4.2.3 JavaScript 的变量

数据分为常量和变量，JavaScript 也不例外。在程序运行过程中保持不变的数据叫作常量，而通过自定义的数据就是变量。变量主要用来存取数据，变量的使用具有严格的规则，在本小节将做出具体介绍。

1. 变量声明和初始化

JavaScript 中的变量声明是使用 var 关键字来声明的。变量的初始化可以在变量声明的时候给出，如：

```
var num = 100;
```

对于 var 关键字的使用是非常灵活的，可以使用一个 var 关键字同时定义两个或者多个变量，并且它们的数据类型也可以是不同的。还可以只声明而不初始化。

```
var num = 100, name = "James";
var a;
```

值得一提的是，JavaScript 是一门弱变量语言。变量的类型是在程序运行中动态变化的，它可以被定义为任何类型的数据。

2. 变量的作用域

变量的作用域是变量在被声明之后，允许其被访问或者该变量起作用的范围。根据作用域不同，变量分为全局变量和局部变量。

全局变量是指变量直接定义在 JavaScript 脚本之中，它的作用范围是整个脚本。

局部变量是指变量定义在函数之内，它的作用范围仅限于函数体之内。

4.2.4 JavaScript 的结构语句

在 JavaScript 中，程序是按照一定的顺序执行的。在正常情况下，程序按照语句的先后顺序来执行。不过在有些时候，需要对程序的运行顺序做出调整，这时就需要使用结构语句来调整代码的运行顺序。结构语句分为条件语句、循环语句和跳转语句。

条件语句是要求指定程序执行某段语句的语句，循环语句是指定执行某段语句的语句，跳转语句是指定发生突然跳转的语句。

1. 条件语句

（1）if 条件语句

if 条件语句由关键字 if、逻辑表达式以及位于其后的程序块组成。逻辑表达式的结果必须是布尔型，即 true 或 false。若条件为 true，则执行程序块中的语句；若条件是 false，则跳过其后的程序块，继续执行之后的语句。

其语法结构如下：

```
if(条件)
{
    语句块1；
}
else{
    语句块2；
}
```

（2）switch 条件语句

除了 if 条件语句，JavaScript 还存在一种 switch 条件语句，它与 if 语句类似，都是对一个条件进行判断，针对判断结果给出相应的反应。但是 if 语句在进行多次判断时，对于每一个分支都必须要检测一次变量值，比较耗费运算资源。而 switch 语句在这一点上优于 if 语句。

switch 语句的语法结构如下：

```
switch(x){
    case 值1；
        语句块1；
        break;
    case 值2；
语句块2；
        break;
    case 值3
```

```
        语句块 3;
        break;
……
default:
    默认语句块;
}
```

在上面的结构中，x 可以有多种表示形式，它可以是一个表达式，也可以是一个变量，但是 x 必须是可以枚举的。当 JavaScript 运行这段代码的时候，会将 x 值与 case 后面的值进行比较，只有 x 值与 case 后面的值相等时才会执行所在 case 段的语句块，并跳出 switch 语句块，如果以上比较都不相等，则执行默认的语句块，并跳出 switch 语句块。

使用 switch 语句需要注意以下三点：

① 可以省略 default 语句。但是如果 x 值与所有的 case 后的值都不相等，则不会执行任何一个 switch 语句中的语句块。

② case 语句后面的 break 不可以省略。break 语句的作用是跳出整个 switch 语句。使用了 break 语句后，当检查到某一个 case 后的值与 x 相同时，程序不会跳出 switch 语句，而会继续执行其他语句。

③ default 语句后面的 break 语句可以省略。

2. 循环语句

循环语句，顾名思义就只让一段语句循环执行的结构语句。JavaScript 中的循环语句分为 for 语句、while 语句、do…while 语句、for…in 语句和 for each…in 语句。

（1）for 语句

for 语句是循环语句中最为常用的一种语句，其语法如下所示：

```
for(变量初始化表达式;条件判断表达式;变量更新表达式)
{
    语句块;
}
```

for 语句的执行过程如下：

① 对变量进行初始化，一般初始化一个变量，当然也可以初始化多个。这些变量通常用来控制循环的次数。

② 判断条件表达式。将变量代入表达式进行判断，如果返回值为 true，则执行 for 语句下面的语句块，并且进行变量的更新，即进入步骤③；如果返回值是 false，则结束 for 语句的循环。

③ 更新变量，对变量的值进行有规律地更新，以便控制 for 语句的循环次数。

for 语句是一个非常简单快捷的语句，它可以将很复杂的内容用非常简短的语句表达出来。

（2）while 语句

while 循环语句也是我们常用的一种循环语句，它与 for 循环语句十分相似。但是从语法结构上看,While 语句要比 for 语句简单一点。while 语句只有一个条件判断表达式,只要该表达式返回值为 true,就会一直执行循环体。

其语法结构如下所示:

```
while(条件表达式)
{
语句块;
}
```

JavaScript 执行 while 语句的步骤如下:

① 判断条件表达式的返回值,如果是 true,则执行步骤②,否则执行步骤③。

② 执行语句块中的语句,执行完毕后,返回执行步骤①。

③ 跳出 while 循环。

(3) do…while 语句

do…while 语句是对 while 语句的一种拓展,在 do…while 语句中,先执行循环体中的语句,再进行判断条件表达式的返回值是否为 true。其具体的语法格式如下:

```
do{
    语句块;
}
while(条件判断表达式)
```

(4) for…in 语句

for…in 语句可以遍历对象中的所有属性和数组中的所有元素。因此可以使用 for…in 语句将对象中的所有属性或者数组中的所有元素逐个输出。其语法结构如下所示:

```
for(变量 in 对象)
{
    语句块;
}
for(数组下标 in 数组)
{
    语句块;
}
```

使用 for…in 语句需要注意以下几点:

① for…in 语句不但可以遍历对象的属性,还可以遍历对象的方法。

② 在使用 for…in 语句进行遍历的时候,对象的大多数内置属性和所有的内置方法将不会被遍历。

③ 如果对象的内置属性或者内置方法被覆盖,那么这些属性和方法将被遍历出来。

(5) for each…in 语句

for each…in 语句是 JavaScript 1.6 之后才新加进来的一种语句,所以目前许多浏览器还不支持该语句,例如 IE 6.7.8 就不能很好地支持该功能。

for each…in 语句和 for…in 语句最大的区别就在于:for…in 语句将对象的属性名和

方法名或者数组的下标值赋给变量,而 for each…in 语句是将对象的属性值和数组元素的值赋值给变量。

for each…in 语句的语法结构如下所示:

```
for each(变量 in 对象)
{
    语句块;
}
for each(下标 in 数组)
{
    语句块;
}
```

3. 跳转语句

跳转语句的作用是非常规地从一个循环体中跳转出来,因此,跳转语句通常是使用在循环体中的。JavaScript 中的跳转语句分为 label 语句、break 语句和 continue 语句三种。

(1) label 语句

其实,label 语句并不能算作是独立的跳转语句,它的作用是在程序中做一个标识,通常情况下,label 语句与 break 语句搭配使用。如例 4.3 所示。

【例 4.3】label 语句。

源程序:for_in.html

```
<html>
<head>
<title>label 语句 </title>
<scripttype="text/JavaScript"language="JavaScript">
var obj = { name: " 张三 ", age: 20, student: true };
var arr = new Array(" 张三 ", 20, true);
label1:
for (var x in obj) {
        document.write(x + " 的值为: " + obj[x] + "<br/>");
    }
    document.write("<br/>");
label2:
for (var x in arr) {
        document.write("arr[" + x + "] 的值为:" + arr[x] + "<br/>");
    }
</script>
</head>
<body>
</body>
</html>
```

单单是做出以上修改,并不会对运行结果有任何的改变。因此需要借助其他的跳转语句执行跳转。

（2）break 语句

break 语句是 JavaScript 中最为常用的一种跳转语句，在介绍 switch 语句的时候就用到了 break 语句。break 语句不仅可以在 switch 语句中使用，还可以在其他任何语句中使用。

【例 4.4】break 语句。

源程序：break.html

```
<html>
<head>
<title>break 语句</title>
<scripttype="text/JavaScript"language="JavaScript">
for (var I = 1; I > 0; i++) {
if (I > 3) {
break;
        }
        document.write(I + "的平方等于：" + I * I + "<br/>");
        }
</script>
</head>
<body>
</body>
</html>
```

示例讲解：这是一个非常简单的 break 语句实例，如果没有 break 语句，那么这个循环将无限地延伸下去，没有终止。因此我们做出一个判断，当 i 循环至 3 的时候就不再继续，而是跳出循环体。运行的结果如图 4-2 所示。

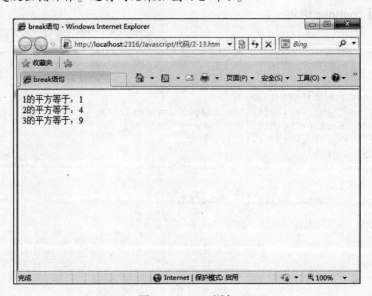

图 4-2 break 语句

在之前介绍 label 语句的时候我们提到，label 语句通常与其他的跳转语句搭配使用，那么在 break 语句中如何使用 label 语句呢？

【例 4.5】label 语句和 break 语句。

源程序：label_break.html

```
<html>
<head>
<title>label 语句和 break 语句</title>
<scripttype="text/JavaScript"language="JavaScript">
        label1:
for (var I = 1; I > 0; i++) {
if (I > 3) {
break label1;
            }
            document.write(I + "的平方等于: " + I * I + "<br/>");
        }
</script>
</head>
<body>
</body>
</html>
```

正如之前介绍的，label 语句的作用是在程序中做一个标识，这样就可以准确地跳转出我们想要跳转的循环，而不会因为循环体的嵌套而使跳转混乱。

（3）continue 语句

continue 语句与 break 语句一样，可以跳出循环体，但是它们的不同之处在于：continue 语句只能跳转出当前的循环，而不结束循环。break 则是完全跳出循环体，不再进行循环。我们不妨来看一个例子具体理解一下。

【例 4.6】continue 语句。

源程序：continue.html

```
<html>
<head>
<title>continue 语句</title>
<scripttype="text/JavaScript"language="JavaScript">
        document.write("10 以内的奇数: "+"<br/>");
for (var I = 1; I <= 10; i++) {
if (I % 2 == 0) {
continue;
            }
            document.write(I + "<br/>");
        }
</script>
</head>
<body>
</body>
</html>
```

示例讲解：这是一个使用 continue 语句筛选出 10 以内奇数的一段程序，可以看到只有 i 为偶数的时候才不执行循环体内的语句，而其他情况下并不受影响。

4. 异常处理语句

（1）什么是异常

通常我们理解的异常是指程序员在书写的过程中产生的错误，而这种错误往往在调试程序的时候就会被纠正过来。除此之外，还有可能产生一种错误，例如，在用户与服务器交互的时候，程序要求输入两个数字，而用户输入的是两个字母，这时 JavaScript 就会报错。而这种错误是程序员不能控制的。在 JavaScript 中我们通常这样定义，程序内部的语法错误或者逻辑错误称为错误，而运行环境或者用户输入了不可预知的数据时产生的错误称为异常。

在 JavaScript 产生错误或者异常的时候，会将产生的错误或者异常信息提交给浏览器，并通过浏览器显示给用户，这一过程叫作抛出（throw）异常。JavaScript 中也允许通过语句获取 JavaScript 抛出的异常，这一过程叫作捕捉（catch）异常。在捕捉之后，我们可以对这些异常做一些相应的处理。

（2）异常对象

在 JavaScript 中为不同的异常创建了不同的对象，通过这些对象可以获得异常的详细信息，并处理这些异常。JavaScript 的异常对象有以下几种，请看表 4-2。

表 4-2　JavaScript 中的异常对象

对象	说明
Error	普通异常
EvalError	使用 eval() 时产生的异常，通常是因为参数错误而产生的
RangeError	当数字超出合法范围时产生的异常
ReferenceError	在读取未定义变量时产生的异常
SyntaxError	在语法错误时产生的异常
TypeError	在数据类型错误时产生的异常
URIError	在为 URI 编码或解码时产生的异常

（3）try…catch…finally 异常处理语句

try…catch…finally 语句是 JavaScript 中最为常见的异常处理语句，它的语法结构如下所示：

```
try
{
    // 要检查是否有异常的语句
}
catch(err)
{
    // 发生异常时运行的语句
}
finally
{
    // 一定会被执行的语句
}
```

首先让我们一起看一个例子。

【例 4.7】try…catch…finally 异常处理语句。

源程序：try_catch_finally.html

```
<html>
<head>
<title>try…catch…finally 异常处理语句</title>
<scripttype="text/JavaScript"language="JavaScript">
var x = prompt("请输入一个 0 到 10 之间的数字：", "");
try {
if (x > 10) {
throw"Err1";
        }
elseif (x < 0) {
throw"Err2";
        }
    }
catch (er) {
if (er == "Err1") {
           alert("这个数字太大了！");
        }
if (er == "Err2") {
           alert("这个数字太小了！");
        }
    }
</script>
</head>
<body>
</body>
</html>
```

示例讲解：在这个例子中我们首先使用 prompt() 函数使浏览器弹出一个如图 4-3 所示的对话框。当我们输入的数字为"14"的时候，单击"确定"按钮，就会显示出如图 4-4 所示的警告。在 try 语句部分我们进行了异常的检测，当发现数字大于 10 之后，抛出名为 Err1 的异常。注意，此处使用了抛出语句 throw。当发生异常后，执行 catch 语句部分，由浏览器发出"这个数字太大了"的警告。熟练地使用异常处理语句可以帮助编程者快速地找出错误、完善代码，希望读者认真体会，熟练运用。

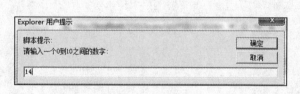

图 4-3　输入对话框

图 4-4　警告框

4.3　JavaScript 语法提高

通过基础部分的学习，相信读者已经可以独立完成一些简单的程序，但是这些功能还远远不是 JavaScript 的全部。在本章，我们将对函数和对象进行详细的讲解，帮助读者使用 JavaScript 实现更多的功能。

4.3.1 JavaScript 函数

一般来说，可以将函数看作一段具有某种功能的代码块，编程者可以通过调用函数名来实现这些功能。函数的种类有很多，如自定义函数、系统函数、全局函数、构造函数等。

1. 定义函数

定义一个函数的方法中最常见的是通过 function 语句来定义，其语法结构如下所示：

```
function(参数1，参数2……)
{
函数体；
}
```

除此之外，还可以使用函数直接量和 new 运算符进行定义，但由于这两种方法并不常见，使用起来不便编程者理清程序结构，因此不在这里详细介绍，读者可以自行学习体会。

2. 调用函数

调用函数的最直接方法就是通过函数名进行调用，具体使用方法请看例 4.8。

【例 4.8】调用函数。

源程序：function.html

```html
<html>
<head>
<title>调用函数</title>
<scripttype="text/JavaScript"language="JavaScript">
function sum(x, y) {
          document.write("两个数的积为: " + x * y+"<br/>");
        }
        document.write("对于没有函数返回值的函数，使用直接调用的方法: "+ "<br/>");
        sum(2, 3);
function num(x, y) {
return x * y;
        }
        document.write("对于含有函数返回值的函数，可以在表达式中调用函数: " + "<br/>");
var str = document.write("两个数的积为: " + num(2,3));
</script>
</head>
<body>
</body>
</html>
```

在上面这个例子中，我们介绍了两个调用函数的方法，分别为没有返回值的函数和含有返回值的函数。其运行的结果如图 4-5 所示。事实上，调用函数的方式多种多样，只要符合语法要求就可以调用函数。读者可以根据代码书写的习惯选择调用的方式。

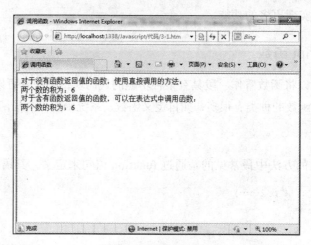

图 4-5　调用函数

3. JavaScript 的全局函数

全局函数又称系统函数，是可以在 JavaScript 中任何位置使用的函数。而且这些函数是 JavaScript 中已经存在的函数，无需自己定义，可以直接调用。JavaScript 中常用的全局函数如表 4-3 所示。

表 4-3　JavaScript 中常用的全局函数

函数	说明
eval（字符串）	执行字符串中的代码
isFinite（数字）	判断数字是否为有限大小的数字
IsNaN（参数）	判断括号中的参数是否为 NaN
Boolean（参数）	将参数转换成布尔值
Number（参数）	将参数转换成数字
String（参数）	将参数转换成字符串
Object（参数）	将参数转换成对象
parseFloat（参数）	将参数转换成浮点型数字
parseInt（参数，整型类型）	将参数转换成指定类型的整数
escape（字符串）	将字符串进行编码
unescape（字符串）	将已编码的字符串进行解码
encodeURI（URI）	将 URI 进行编码
decodeURI（URI）	将已编码的 URI 进行解码
encodeURIComponent（URI 组件）	将 URI 组件进行编码
decodeURIComponent（URI 组件）	将已编码的 URI 组件进行解码

4.3.2　JavaScript 对象

在之前的章节中已经简单地介绍了对象的概念，本节将要着重介绍 JavaScript 的内置对象，深入了解这些对象将有助于实现更多的功能，并且减少代码量。

1. 对象的属性和方法

在介绍变量的那一章中，我们介绍了对象属性和方法的定义方法。在这里介绍其在编程中的具体使用方法。

【例 4.9】对象属性和方法的使用。

源程序：object.html

```
<html>
<head>
<title> 对象属性和方法的使用 </title>
<script type="text/JavaScript"language="JavaScript">
var person = {
            name: "Jack",
            birth: "1990 - 01 - 02",
            sex: "男 D",
            print: function () {
                document.write(" 姓名: " + person.name + "<br/>");
                document.write(" 生日: " + person.birth + "<br/>");
                document.write(" 性别: " + person.sex + "<br/>");
            }
        }
</script>
</head>
<body>
<inputtype="button"value=" 打印信息 "onclick="person.print()"/>
</body>
</html>
```

示例讲解：在这个例子中，我们声明了一个叫作"person"的对象，在这个对象中含有三个属性和一个方法。三个属性分别是"name"、"birth"、"sex"，方法名为"print"，其功能是打印出 person 对象中的信息。并且我们在 HTML 中添加了一个按钮，并将该按钮的点击事件定为 person 对象的 print 方法。这样，我们运行该程序之后将看到如图 4-6 所示的界面，点击按钮出现如图 4-7 所示的结果。

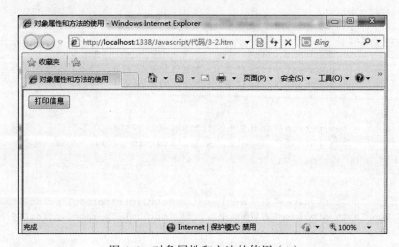

图 4-6　对象属性和方法的使用（1）

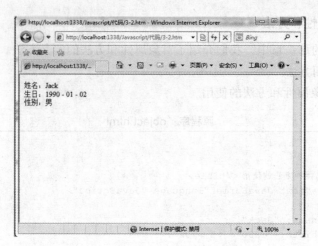

图 4-7 对象属性和方法的使用（2）

2. 构造函数

在上一小节中介绍了对象的属性和方法，但是经常会遇到这样的情况，例如需要定义多个 person 对象解决多人的信息。是否有一种方法可以只进行一次定义，即可多次使用对象呢？在 JavaScript 中，可以使用构造函数解决这一问题。

构造函数也是一种函数，只不过这种函数可以创建成一个对象。

【例 4.10】构造函数。

源程序：constructor.html

```
<html>
<head>
<title>构造函数</title>
<scripttype="text/JavaScript"language="JavaScript">
function person(name, sex, birth) {
this.name = name;
this.sex = sex;
this.birth = birth;
this.print = print;
function print() {
            document.write("姓名: " + this.name + "<br/>");
            document.write("生日: " + this.birth + "<br/>");
            document.write("性别: " + this.sex + "<br/>");
        }
    }
var person1 = new person("Jack"," 男 ","1990-01-02");
var person2 = new person("Elena", " 女 ", "1991-10-22");
</script>
</head>
<body>
<inputtype="button"value=" 打印第一个人的信息 "onclick="person1.print()"/>
<inputtype="button"value=" 打印第二个人的信息 "onclick="person2.print()"/>
</body>
</html>
```

示例讲解：在这个例子中我们定义了一个构造函数 person，并添加了三个参数，当我们对这个对象进行实例化的时候，就需要为其三个属性赋值。这样就做到了定义一个构造函数，但是可以实例化成带有不同属性的对象。运行之后的效果如图 4-8 所示。

需要注意的是，在这个例子中我们频繁使用了 this 运算符。为什么要使用 this 呢？这是为了避免在名称上造成歧义，从而避免 JavaScript 在运行时出现错误。在这个例子中，this 指代的是 person，如果我们将所有的 this 改为 person，这个程序中的按钮将会失效。而如果我们只将 print 函数中的 this 改成 person，就会出现如图 4-9 所示的错误。

很明显，实例化的两个 person 对象虽然对其各自的属性都进行了赋值，但是由于 print 函数中运行的是 person.name，而实例化后的对象应为 person1，因此出现了歧义。由此可见，使用 this 运算符可以有效地避免程序中的歧义现象。

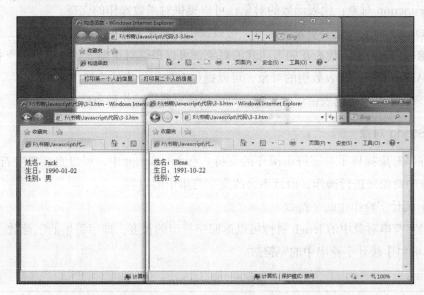

图 4-8　构造函数

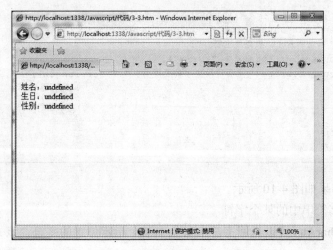

图 4-9　错误使用的构造函数

3. 核心对象

所谓核心对象，即 JavaScript 的内置对象。这些对象无需程序员自定义，可以直接使用。并且都是全局对象，可以在 JavaScript 代码的任何位置使用。

JavaScript 的核心对象主要包括以下几种：

1）String 对象：代表字符串的对象，可以提供对字符串操作的支持。
2）Number 对象：代表数字的对象，可以提供对数字操作的支持。
3）Boolean 对象：代表布尔值的对象，可以提供对布尔值操作的支持。
4）Date 对象：代表日期和时间的对象，可以提供对日期和时间操作的支持。
5）Math 对象：代表数学计算的对象，可以提供对数学计算操作的支持。
6）Function 对象：代表函数的对象，可以提供对函数操作的支持。
7）Object 对象：代表对象的对象，可以提供对对象操作的支持。
8）RegExp 对象：代表正则表达式的对象，可以提供对正则表达式操作的支持。
9）Array 对象：代表数组的对象，可以提供对数组操作的支持。
10）Error 对象：代表错误的对象，可以提供对错误操作的支持。

4. String 对象

字符串对象提供了对字符串操作的支持。在 JavaScript 中，可以直接将字符串变量看成字符串对象来进行操作，而且不会改变字符串中的内容。

（1）统计字符串中的字符数

使用字符串对象中的 lengh 属性可以返回字符串的长度，即字符串的字符数。

【例 4.11】统计字符串中的字符数。

源程序：lengh.html

```
<html>
<head>
<title>统计字符串中的字符数</title>
<scripttype="text/JavaScript"language="JavaScript">
var str = "床前明月光，疑是地上霜。";
        document.write(str + "<br/>");
        document.write("上面这段文字的长度为: " + str.length);
</script>
</head>
<body>
</body>
</html>
```

运行后的结果如图 4-10 所示。

（2）返回字符串中的某个字符

使用方法 charAt() 可以返回字符串对象中某个指定位置的字符，该方法使用起来相当简单。

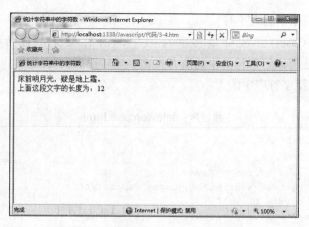

图 4-10　统计字符串中的字符数

【例 4.12】返回字符串中的某个字符。

源程序：charat.html

```
<html>
<head>
<title>返回字符串中的某个字符</title>
<scripttype="text/JavaScript"language="JavaScript">
var str = "床前明月光，疑是地上霜。";
        document.write("这句诗的是：" + str + "<br/>");
        document.write("这句诗的后半句是：" + " ");
for (i = 6; i < str.length; i++) {
            document.write(str.charAt(i));
        }
</script>
</head>
<body>
</body>
</html>
```

运行效果如图 4-11 所示，运用该方法准确地找出了 str 字符串中的后半句话。

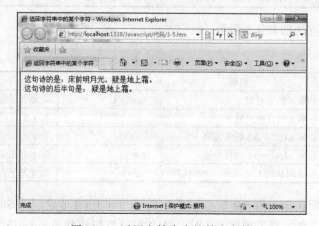

图 4-11　返回字符串中的某个字符

（3）转换字符串中的大小写

使用 toLowerCase() 方法可以将字符串中的所有英文字母转换成小写的,而 toUpperCase() 方法可以将字符串中的所有英文字母转换成大写的。

【例 4.13】转换字符串中的大小写。

源程序:tolowercase.html

```
<html>
<head>
<title> 转换字符串中的大小写 </title>
<scripttype="text/JavaScript"language="JavaScript">
var str = "I hava a Dream!";
        document.write(str.toLowerCase() + "<br/>");
        document.write(str.toUpperCase() + "<br/>");
</script>
</head>
<body>
</body>
</html>
```

除此之外,String 对象还有许多其他方法,读者可以查询相关资料了解其全部的方法和属性。

5. Math 对象

Math 对象和其他的对象有所不同,因为它没有构造函数,所以不能实例化一个 Math 对象。Math 对象的属性如表 4-4 所示。

表 4-4 Math 对象的属性

属性名	说明	属性名	说明
E	自然对数的底数,常量 e	LOG2E	以 2 为底的 e 的对数
LN10	10 的自然对数	PI	圆周率
LN2	2 的自然对数	SQRT1_2	1/2 的平方根
LOG10E	以 10 为底的 e 的对数	SQRT2	2 的平方根

Math 对象的方法如表 4-5 所示。

表 4-5 Math 对象的方法

方法名	说明	方法名	说明
abs(x)	取 x 的绝对值	round(x)	取最近的整数
log(x)	取 x 的自然对数	sin(x)	取 x 的正弦值
max(x1,x2,…,xn)	取 x1,x2…,xn 的最大值	cos(x)	取 x 的余弦值
min(x1,x2,…,xn)	取 x1,x2…,xn 的最小值	tan(x)	取 x 的正切值
random()	返回 0 到 1 之间的一个随机数	sqrt(x)	取 x 的平方根

以上分别介绍了 JavaScript 核心对象中的两个常用的对象,即 String 对象和 Math 对象。对于其他对象的相关属性和方法,读者可以自行查找 JavaScript 的官方文件进行

学习，了解更多的属性和方法。在接下来的实战演练中，将会再介绍几种实用的对象方法。

4.4 JavaScript 实战演习

多级联动菜单在表单界面中非常常见，通常都需要使用非常繁琐的后台代码进行控制才能做到这一效果，这为服务器增加了许多负担。使用 JavaScript 完成多级联动将有效减轻服务器的负担，有效做到"前台的事情前台做，后台的事情后台做"。

在本例中，我们将完成一个三级联动菜单。这里将用到数组、DOM 对象中的方法以及其他相关的语法知识。首先，采用数组作为存储数据的容器。当然在实际的项目开发中，需要从后台数据库中导入数据，导入的方法有很多。推荐读者自学有关 Ajax 的知识，这将有助于学习数据的相关处理方法。

1. 使用数组存储数据

在本例中，我们将采用数组的方式存储菜单数据，首先建立三个数组，分别代表省、市和区。即如下代码：

```
var pMenu ;         // 省菜单
var cMenu ;         // 市菜单
var aMenu ;         // 区菜单
```

然后我们需要为这些变量赋值，使其变为数组，并且分门别类地存储数据。具体的代码如下所示：

```
var pMenu = ["北京", "吉林", "河北", "黑龙江"];
var cMenu = [["北京市"], ["吉林市", "长春市"], ["石家庄", "唐山", "保定"], ["哈尔滨", "齐齐哈尔", "大庆"]];
var aMenu = [[["海淀区", "朝阳区", "西城区"]], [["龙潭区", "丰满区", "永吉县"], ["绿园区", "宽城区", "南关区"]], [["长安区", "桥东区", "桥西区"], ["路北区", "路南区"], ["北市区", "南市区", "新市区"]], [["南岗区", "道里区", "道外区"], ["建华区", "龙沙区", "铁锋区"], ["龙凤区", "萨尔图区", "让胡路区"]]];
```

在变量 pMenu 中，我们设置了四个省。在 cMenu 中我们针对上面的四个省定义了一个多维数组，分别存储了各自省内的几个市区名字。随后，我们在 aMenu 中针对上面列出的市名，给出相应的区名。这是一个三维数组，请读者仔细观察这个数组的结构，体会它们的对应关系。

2. 在 HTML 中插入菜单

在 HTML 中插入菜单需要使用到 DOM 对象中的方法，之前提到的 document.write() 就是 DOM 对象中的一个方法。实际上，在 JavaScript 中对于 DOM 对象的处理方法和属性有很多，在这里不再赘述，仅介绍一种相对简单的方法作为参考。代码如下所示：

```
var oDiv = document.all.div1;
```

```
var opMenu = document.createElement("<select name='province'>");
var ocMenu = document.createElement("<select name='city'>");
var oaMenu = document.createElement("<select name='area'>");

oDiv.appendChild(opMenu);
oDiv.appendChild(ocMenu);
oDiv.appendChild(oaMenu);
```

在 HTML 的 \<body\> 标签中还需要添加一个标签,即 `<div id="div1"></div>`。这样我们就在 HTML 页中建立了一个三级菜单。但是这个菜单还没有联动的效果。

3. 创建联动函数

要想让三个菜单联系在一起,具有联动的效果,就需要为其设定每次显示的数据。请先看代码:

```
function createMainOptions() {
for (var i = 0; i < pMenu.length; i++) {
        opMenu.options[i] = new Option(pMenu[i]);
    }
}
function createSubOptions(j) {
    ocMenu.length = 0;
for (var i = 0; i < cMenu[j].length; i++) {
        ocMenu.options[i] = new Option(cMenu[j][i]);
    }
}
function createSub2Options(j, k) {
    oaMenu.length = 0;
for (var i = 0; i < aMenu[j][k].length; i++) {
        oaMenu.options[i] = new Option(aMenu[j][k][i]);
    }
}

opMenu.onchange = function () {
    createSubOptions(this.selectedIndex);
createSub2Options(this.selectedIndex, ocMenu.selectedIndex);
};
ocMenu.onchange = function () {
    createSub2Options(opMenu.selectedIndex, this.selectedIndex);
};
```

上面这段代码其实并不难理解,不妨举一个例子。第一个函数将省菜单中的所有信息都添加到了第一个菜单中,当在第一个菜单中选择"吉林省"的时候,将得到一个参数,即吉林省在其数组中的下标值,也就是第二个函数所需要的参数 j。首先令市菜单的长度为零,清空里面原有的选项,然后使用 for 语句找到市对应的第二个数组。后面的方法同理可得。

需要注意的是,当检索区选项的时候,需要用到两个参数,一个是省对应的下标,一个是市对应的下标。

4. 三级联动菜单实现效果

【例 4.14】 三级联动菜单。

源程序：demo_1.html

```html
<html>
<head>
<title>三级联动菜单</title>
</head>
<body>
<div id="div1"> </div>
<script type="text/JavaScript" language="JavaScript" defer="defer">
var pMenu = ["北京", "吉林", "河北", "黑龙江"];
var cMenu = [["北京市"], ["吉林市", "长春市"], ["石家庄", "唐山", "保定"], ["哈尔滨", "齐齐哈尔", "大庆"]];
var aMenu = [[["海淀区", "朝阳区", "西城区"]], [["龙潭区", "丰满区", "永吉县"], ["绿园区", "宽城区", "南关区"]], [["长安区", "桥东区", "桥西区"], ["路北区", "路南区"], ["北市区", "南市区", "新市区"]], [["南岗区", "道里区", "道外区"], ["建华区", "龙沙区", "铁锋区"], ["龙凤区", "萨尔图区", "让胡路区"]]];

var oDiv = document.all.div1;
var opMenu = document.createElement("<select name='province'>");
var ocMenu = document.createElement("<select name='city'>");
var oaMenu = document.createElement("<select name='area'>");

        oDiv.appendChild(opMenu);
        oDiv.appendChild(ocMenu);
        oDiv.appendChild(oaMenu);
        createMainOptions();
        createSubOptions(0);
        createSub2Options(0, 0);

        opMenu.onchange = function () {
            createSubOptions(this.selectedIndex);
            createSub2Options(this.selectedIndex, ocMenu.selectedIndex);
        };
        ocMenu.onchange = function () {
            createSub2Options(opMenu.selectedIndex, this.selectedIndex);
        };

function createMainOptions() {
    for (var i = 0; i < pMenu.length; i++) {
            opMenu.options[i] = new Option(pMenu[i]);
        }
    }
function createSubOptions(j) {
        ocMenu.length = 0;
    for (var i = 0; i < cMenu[j].length; i++) {
            ocMenu.options[i] = new Option(cMenu[j][i]);
        }
    }
function createSub2Options(j, k) {
        oaMenu.length = 0;
```

```
        for (var i = 0; i < aMenu[j][k].length; i++) {
                oaMenu.options[i] = new Option(aMenu[j][k][i]);
            }
        }
        opMenu[1].selected = true;
        opMenu.fireEvent("onchange");
</script>
</body>
</html>
```

运行效果如图 4-12 所示：

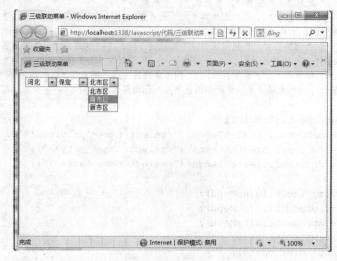

图 4-12 三级联动菜单效果图

本章小结

本章对 JavaScript 的概念、基本语法和一些高级功能进行了介绍，使读者对 JavaScript 有了较深的认识和理解，最后通过两个小型实例展示了 JavaScript 的功能。通过对本章内容的学习，可以使网站的设计变得更加符合用户的需求，页面变得更加丰富多彩。基于 JavaScript 语言，程序开发者还设计出了许多 JavaScript 类语言，如 JQuery、ExtJS、Dojo 等。这些语言是封装好的 JavaScript 语言，可以让编程变得更加简单。读者可以根据自身需要，选择学习这些 JavaScript 类语言。

习题

一、填空题

1. JavaScript 的外部关联需要 <script> 标签中通过属性_____将外部文件引用到 HTML 中。

2. 在 JavaScript 的数字类型中，_____是表示"不是数字"的意思。
3. 使用函数_____可以将变量的值转换成字符串型。
4. 全局变量是指变量直接定义在_____之中，它的作用范围是_____。
5. break 语句的作用是_____逻辑语句。
6. 在 JavaScript 的函数中，可以在任何位置使用，且是 JavaScript 中已经存在的，无需编者自己定义的函数称为_____。
7. _____对象代表数学计算的对象，可以提供对数学计算操作的支持。
8. Math 对象中，用于返回 0 到 1 之间的一个随机数的函数是_____。
9. 在我们使用一个对象之前，首先要进行的是_____。
10. 使用 this 运算符是为了避免造成_____。

二、选择题

1. 下列数据类型中，表示表示复合数据类型的是（ ）。
   A. 字符串型　　　　B. 数字型　　　　C. 布尔型　　　　D. 数组
2. 下面的函数中（ ）可以将变量转换成布尔型。
   A. String()　　　　B. parseInt()　　　C. Number()　　　D. Boolean()
3. 下面（ ）不属于跳转语句。
   A. label 语句　　　B. break 语句　　　C. catch 语句　　　D. continue 语句
4. 下列（ ）表示数组对象。
   A. Function 对象　　B. Array 对象　　　C. Error 对象　　　D. RegExp 对象
5. 使用（ ）方法可以将字符串中的所有英文字母转换成小写的。
   A. charAt()　　　　B. toLowerCase()　　C. toUpperCase()　　D. round(x)

三、简答题

1. 请简略说明如何开启 IE 浏览器对 JavaScript 的支持。
2. 请列举出三种以上的常见隐式转换的规则。
3. 请说明 Error、EvalError、RangeError、TypeError、URIError 五种异常错误之间的区别。

第 5 章 C# 语言概述

C# 语言是一种由 C 和 C++ 衍生出来的一种语言,它具有非常强大的功能,可以满足大部分的编程需要。C# 语言是 ASP.NET 编程的主要语言,是学习 Web 程序设计的重点知识。本章主要介绍 C# 语言基于 ASP.NET 的编程概念、语法和基本用途,使读者对 C# 语言有一定的了解,并充分运用到 Web 程序设计当中。

5.1 C# 基本语法

5.1.1 什么是 C#

C# 语言是 Microsoft 公司为 .NET 专门量身定制的一种面向对象的编程语言。C# 的全称是 C Sharp。它是一种安全稳定、简单优雅的语言,是由 C 和 C++ 衍生出来的。因为 C# 综合了 VB 的可视化操作、C++ 的高运行效率和其强大的操作能力、创新的语言特性、便捷的面向组件编程的支持,使得它可以成为 .NET 开发的首选语言。

C# 与 .NET Framework 有着密不可分的联系,C# 类型即是 .NET Framework 所提供的类型,并且直接使用 .NET Framework 所提供的基础类库。在语言风格上,C# 看起来与 Java 有着惊人的相似,它包括诸如单一继承、接口、与 Java 几乎相同的语法和编译成中间代码再运行的过程。但是 C# 和 Java 也存在着明显的不同,就是它与 COM(组件对象模型)是直接集成的。这一系列的特点都使得 C# 变得非常适用于 Web 应用程序的开发和系统程序的开发。

总结说来,C# 具有以下几个典型的特点:

1)C# 代码在 .NET Framework 提供的环境下直接运行,但是不允许直接操作内存,这使得程序的安全性得到了提高。C# 中不常用到指针,使得编程难度得到了降低。如果一定要使用,就必须添加 unsafe 修饰符,且在编译时使用 /unsafe 参数。

2)C# 可以创建非常强大的应用程序。C# 的垃圾回收将自动回收不再使用的对象所占用的内存;异常处理提供了结构化和可拓展的错误检测和恢复方法;类型安全的设计避免了读取未初始化的变量、数组索引超出边界等情形。

3)统一的类型系统。所有 C# 类型都继承于唯一的根类型 Object。

4)支持组件编程。C# 可以通过编辑属性、方法和时间来提供编程模型,使得编程过程变得集成化和简单化。

5.1.2 入门知识

1. 编程规范

任何一种语言都有各自的注释方式,注释可以有效地帮助编程者理解代码,在输入大量的代码时,可以起到一定的提示作用。

C#的注释方式和其他的许多语言是相同的,均分为单行注释和多行注释。

(1) 单行注释

C#的单行注释语法如下:

```
// 被注释的语句
```

(2) 多行注释

C#的多行注释语法如下:

```
/*
被注释的语句
*/
```

【例 5.1】C#的注释。

源程序:annotation.aspx.cs

```
public class Person
{
private string name;    // 定义成员变量
private int age;

//<summary>
// 属性示例(XML 注释方法)
//</summary>
public string _name
    {
        get
        {
            return name;
        }
        /*set
        {
            name = value;
        }*/
    }
}
```

我们建议编程者在编写代码的过程中要尽量使用注释,这样将有助于使程序变得更加有条理,同时也方便其他人阅读,在后期维护和修改时将带来很大的帮助。

2. 常量与变量

所谓常量,顾名思义就是在编译过程中其值始终保持不变的某个量值。在声明常量时，需要使用关键字 const 作为修饰，同时必须初始化。使用常量的好处主要是：常量可以将含义不明确的数字或者字符串用简单的名称代替，便于使用和阅读；常量使得程序更易于修改。

常量的访问修饰符有 public、internal、protected internal 和 private 等。有关修饰符的介绍我们将在后面的小节向读者详细说明。

其用法如下所示：

```
public const string name="Jack";
```

这里定义了一个名为 name，值为 Jack 的常量。

变量，表示其值在程序运行的过程当中是可以变化的，而且同样必须先声明才能使用。变量的修饰符有 public、internal、protected、protected internal、private、static、readonly。需要注意的是，局部变量不能使用以上所说的修饰符，只有在声明全局变量的时候才需要用到这些修饰符限制其访问范围。变量的使用方法请看例 5.2。

【例 5.2】C# 的变量。

源程序：variable.aspx.cs

```
public partial class _2_2 : System.Web.UI.Page
{
private string Name1 = "Jack";       //声明全局变量
protected void Page_Load(object sender, EventArgs e)
    {
        Name1 = "David";       //修改全局变量
        Label1.Text = " 全局变量: "+Name1;
        string Name2 = "Elena";      // 声明局部变量
        Label2.Text = " 局部变量: " + Name2;
    }
}
```

示例讲解： 在本例中分别定义了两个变量，其中 Name1 是全局变量，它可以在 _2_2 这个类中的任何部分出现并且使用，而 Name2 是局部变量，它只能在 Page_Load 方法下使用。

3. 修饰符

在前面的小节中我们提到了修饰符，那么什么是修饰符呢？

修饰符是用来设置变量的访问级别的，在变量声明中只能使用其中一种修饰符。修饰符可以根据用途分为三种：访问修饰符、静态修饰符和只读修饰符。访问修饰符的作用范围如表 5-1 所示。

表 5-1　C# 变量的访问修饰符

修饰符	作用范围	修饰符	作用范围
public	访问不受限制，任何地方都可访问	protected internal	在当前的程序或派生类中能被访问
internal	在当前程序中能被访问	private	在所属的类中能被访问
protected	在所属的类或派生类中能被访问		

static 声明的变量称为静态变量，又称静态字段。对于类中的静态字段，在使用时即使创建了多个类的实例，都仅对应一个实例副本。访问静态字段时只能通过类直接访问，而不能通过类的实例来访问。

而只读修饰符即 readonly，它修饰的变量称为只读变量，这种变量被初始化之后，在程序运行中不能修改它的值。

5.1.3 数据类型

C# 的数据类型分类与其他语言有所不同，它分为值类型和引用类型两种。值类型的变量直接包含它们的数据，而引用类型存储对它们数据的引用。两者的差别在于：对于值类型，一个变量的操作不会影响另一个变量；而对于引用类型，对一个类型的操作可能会影响到同对象内的另一个变量。

1. 值类型

值类型分为简单类型、结构类型和枚举类型。其特点是：基于值类型的变量直接包含值。将一个值类型变量赋给另一个值类型变量时，将会直接通过赋值的方法赋给另一个值变量。

（1）简单类型

1）整数类型

整数类型的值均为整数，在整数的基础上 C# 又将其细分为多种具体的数据类型。在具体的编程时，应该选择合适的数据类型，避免造成存储资源的浪费。各种整数类型的相关信息如表 5-2 所示。

表 5-2 数据的整数类型

类别	位数	类型	范围
有符号整型	8	sbyte	$-128 \sim 127$
	16	short	$-32768 \sim 32767$
	32	int	$-2147483648 \sim 2147483647$
	64	long	$-9223372036854775808 \sim 9223372036854775807$
无符号整型	8	byte	$0 \sim 255$
	16	ushort	$0 \sim 65535$
	32	uint	$0 \sim 4294967295$
	64	ulong	$0 \sim 18446744073709551615$

2）布尔类型

布尔型就是表示"真"和"假"的一种数据类型，常用在条件语句的判断上，其值分别为 true 和 false。

3）字符类型

C# 的字符型采用的是 Unicode 字符集标准，每个字符长度为 16 位，用关键字 char 表示字符类型。由于在使用字符类型时，一些符号和代码相混，容易造成误解，因此某些符号在作为字符类型的值时需要进行转义。转义关系如表 5-3 所示。

表 5-3 转义符

转义符	对应的字符含义	转义符	对应的字符含义
\'	单引号	\a	感叹号
\"	双引号	\n	换行
\\	反斜杠	\r	回车
\0	空字符	\b	退格

注意，在声明字符类型的变量时，其值一定要用引号括起来，否则编译出错。正确的声明方式如下所示：

```
char str = "字符类型 \a";
```

4）实数类型

实数类型主要分为 float 单精度类型、double 双精度类型以及十进制的 decimal 类型。其具体的关系对应如表 5-4 所示。

其中，float 和 double 类型经常用于科学计算，而 decimal 经常用于金融计算。需要注意的是，在使用 float 类型时，需要在数据后添加 F 或者 f，decimal 类型须添加 M 或者 m，否则编译器将按照 double 类型处理。如下所示：

表 5-4 实数类型

类型	位数	类型	范围
浮点型	32	float	7 位精度
	64	double	15 位精度
小数	128	decimal	28 位精度

```
float Num = 12.6f;
```

（2）结构类型

结构类型就是将一系列相关的变量组织在一起形成一个单一实体，结构体内的每一个变量都称为结构变量。声明结构类型需使用 struct 关键字。声明方式如下：

```
public struct PersonInfo
{
public string Name;
public string Age;
public string Sex;
}
PersonInfo StudentStruct;    // StudentStruct 是一个 PersonInfo 结构类型的变量
```

之后可以使用"结构变量名.成员变量名"的结构调用结构类型变量中的成员变量，如：

```
StudentStruct.Name = "Jack";
```

（3）枚举类型

枚举类型需要使用关键字 enum 声明，它是一组由命名常量组成的类型。枚举类型中的第一个值默认为 0，后面的值依次加 1 递增，可以直接为元素赋值改变其初始值，且不用声明元素的数据类型。

【例 5.3】 枚举类型。

源程序：enum.aspx.cs

```
public partial class 2_3 : System.Web.UI.Page
{
enum Student
{
StudentStruct = 1,小丽,小明
}
protected void Page_Load(object sender, EventArgs e)
{
Student test = Student.小丽;
int i = (int)Student.小丽;
Response.Write("test的值为: " + test + "</br>");
Response.Write("i的值为: " + i);
}
}
```

运行的结构如图 5-1 所示。

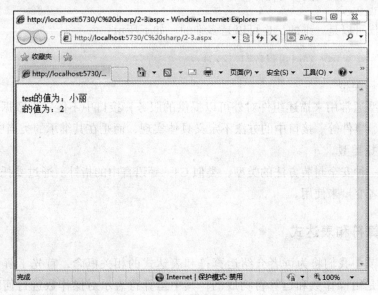

图 5-1　枚举类型

2. 引用类型

C#的引用类型主要包括 class 类型、数组类型、接口类型和委托类型。引用类型的变量存储对实际数据的引用。

（1）class 类型

class 类型中包含数据和函数（方法和属性等）两个成员，声明时需要使用 class 关键字。class 类型主要分为 object 类型和 string 类型。

object 类型实际上就是 System.Object 类的别名。C#中的所有类型，无论是预定义

类型、自定义类型还是引用类型和值类型，都是直接或者间接地继承自 System.Object 类。因此，任何类型的数据均可以转化成 object 类型。

string 类型的本质其实是一个字符数组。在声明 string 类型的时候，其值要求放在一对双引号之间，并且特殊符号需要转义。它与字符类型的区别就在于，string 类型可以通过使用 [] 运算符访问字符串中的任何一个字符。如下所示：

```
string str = "abcdefg";
char x = str[3];      //x 的值为 d
```

如上面的内容所示，string 类型的索引值是从 0 开始的，也就是说索引值为 3 时，实际上读取的是 str 变量中的第 4 个值。

（2）数组类型

数组是一组数据类型相同的元素集合。访问数组中的元素，可以使用"数组名[下标]"的方式获取，下标的标号从 0 开始。如下所示：

```
string[] str1;
int[] num = new int[]{1,2,3};
```

数组不仅可以是一维的，也可以是多维的。如下所示：

```
int[,] num = new int[,]{{1,2},{2,3}};
```

（3）接口类型

接口类型通常用来描述组件对外可以提供的服务，接口中不能定义数据，只能定义方法、属性、事件等。接口中的方法不定义具体实现，而是在其继承的类当中实现。

（4）委托类型

委托是一种安全封装方法的类型，类似 C++ 等语言中的指针。通过委托可以将方法作为参数或者变量来使用。

5.1.4 运算符和表达式

在本小节中我们将为读者介绍运算符和表达式的相关概念，首先了解什么是表达式。表达式是由操作数和运算符构成的，其中运算符表示对操作数进行何种运算，如 +、-、*、/ 等。正如我们平时进行运算一样，每个运算符都有其各自的优先级，程序的运行会严格按照运算符的优先级顺序进行。

表 5-5 列出了 C# 的常用运算符，并按照优先级从高至低排列。

表 5-5　C# 常用运算符

类别	表达式	说明
基本	x.m	成员访问
	x(…)	方法和委托调用
	x[…]	数组和索引器访问
	x++	后增量

(续)

类别	表达式	说明
基本	x--	后减量
	new T(…)	创建对象和委托
	new T[…]	创建数组
	typeof(T)	返回 T 的数据类型
一元	-x	求相反数
	!x	逻辑求反
	~ x	按位求反
	++x	前增量
	--x	前减量
	(T)x	显式数据类型转换
乘除	x*y	乘法
	x/y	除法
	x%y	求余
加减	x+y	加法、字符串串联、委托组合
	x-y	减法、委托解除
移位	x<<y	左移
	x>>y	右移
关系和类型检测	x<y	小于
	x>y	大于
	x<=y	小于等于
	x>=y	大于等于
	x is T	若 x 属于 T 类型，则返回 true，否则返回 false
	x as T	返回转换为类型 T 的 x，若不能转换则返回 null
相等	x==y	等于
	x!=y	不等于
逻辑关系	x&y	整型按位 AND，布尔逻辑 AND
	x^y	整型按位 XOR，布尔逻辑 XOR
	x|y	整型按位 OR，布尔逻辑 OR
条件关系	x&&y	当 x 返回 true 时再执行 y，否则不执行
	x||y	当 x 返回 false 时再执行 y，否则不执行
	x?y:z	如果 x 为 true，则执行 y，如果为 false，则执行 z
赋值	x=y	赋值
	x op = y	op 可以表示为：+、-、*、/、%、<<、>>、&、^、|

5.2　C# 结构语句

C# 语言与其他语言一样，提供了全面的结构语句。结构语句主要分为条件语句、循环语句和异常处理语句，其中条件语句有 if 语句和 switch 语句；循环语句有 for 语句、foreach 语句、while 语句和 do...while 语句；异常处理语句则包含 throw 语句和 try...catch...finally 语句。

5.2.1 条件语句

1. if 语句

if 语句的语法结构如下：

```
if(条件表达式)
{
    // 执行语句
}
```

或者按以下的语法结构：

```
if(条件表达式)
{
    // 执行语句 1
}
else
{
    // 执行语句 2
}
```

当遇到 if 条件语句时，首先计算条件表达式，如果该式返回值为 true，则执行 if 后的执行语句；如果返回值为 false，则跳过 if 后面的执行语句，执行 else 后面的执行语句或者没有 else 语句时则继续后面的程序。

【例 5.4】if 语句。

源程序：if.aspx

```
<%@Page Language="C#" AutoEventWireup="true" CodeFile="if.aspx.cs" Inherits="_if"%>

<!DOCTYPE html PUBLIC"-//W3C//DTD XHTML 1.0 Transitional//EN""http://www.w3.org/TR/xhtml1/DTD/xhtml1-transitional.dtd">

<html xmlns="http://www.w3.org/1999/xhtml">
<head runat="server">
<title>if 条件语句</title>
</head>
<body>
<form id="form1" runat="server">
<div>
<ASP:Label ID="user" runat="server" Text="用户名："></ASP:Label>
<ASP:TextBox ID="txt_user" runat="server"></ASP:TextBox>
<br/>
<ASP:Label ID="pwd" runat="server" Text=" 密     码："></ASP:Label>
<ASP:TextBox ID="txt_pwd" runat="server"></ASP:TextBox>
<br/>
<ASP:Button ID="btnSubmit" runat="server" Text=" 确定 " onclick=" btnSubmit_Click"/>
</div>
</form>
```

```
</body>
</html>
```

源程序：if.aspx.cs

```
using System;
using System.Collections.Generic;
using System.Linq;
using System.Web;
using System.Web.UI;
using System.Web.UI.WebControls;

public partial class_if : System.Web.UI.Page
{
protected void Page_Load(object sender, EventArgs e)
{

}
protected void btnSubmit_Click(object sender, EventArgs e)
{
if (txt_user.Text == "123")
{
if (txt_pwd.Text == "123")
{
Response.Write(" 登录成功！ ");
}
else
{
Response.Write(" 密码错误！ ");
}
}
else
{
Response.Write(" 用户名不存在！ ");
}
}
}
```

运行的效果如图 5-2 所示：

2. switch 语句

switch 语句的语法结构如下：

```
switch (控制表达式)
{
case 常量1:
    // 执行语句1
    break;
case 常量2:
    // 执行语句2
    break;
……
```

```
default:
    // 执行语句 n
    break;
}
```

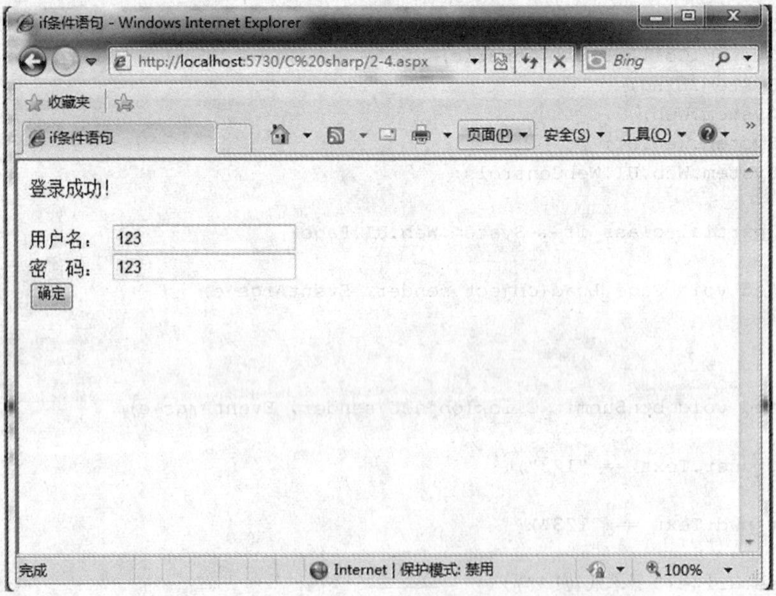

图 5-2 if 语句

遇到 switch 语句的时候，首先计算控制表达式。将表达式的结果与下面 case 后的每一个常量进行比较，当结果与某个常量值匹配，则执行该 case 下面的执行语句；若不存在匹配项，则执行 default 下面的语句。

【例 5.5】switch 语句。

源程序：switch.aspx.cs

```
using System;
using System.Collections.Generic;
using System.Linq;
using System.Web;
using System.Web.UI;
using System.Web.UI.WebControls;

public partial class_switch : System.Web.UI.Page
{
protected void Page_Load(object sender, EventArgs e)
{
DateTime Today = DateTime.Today;
switch (Today.DayOfWeek.ToString())
{
case"Monday":
Response.Write(" 星期一 ");
break;
case"Tuesday":
```

```
Response.Write("星期二");
break;
case"Wednesday":
Response.Write("星期三");
break;
case"Thursday":
Response.Write("星期四");
break;
case"Friday":
Response.Write("星期五");
break;
default:
Response.Write("今天是周末哦！");
break;
}
}
}
```

运行的效果如图 5-3 所示。

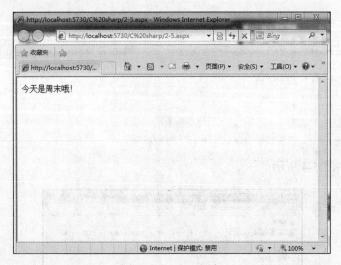

图 5-3　switch 语句

5.2.2　循环语句

1. for 语句

for 语句是适用于已知循环字数的循环体，其语法结构如下所示：

```
for(循环变量初始值；条件判断表达式；循环控制表达式)
{
    // 循环体语句
}
```

当我们的程序遇到 for 循环语句时，首先初始化循环变量，并要为其赋值。之后判断条件表达式的结果,如果为 true 则执行循环体内的语句,否则跳出 for 循环。最后按照循环控制表达式改变循环变量的值,再进行条件判断,直至跳出循环。

下面请看一个关于 for 循环输出乘法口诀表的例子。

【例 5.6】for 语句。

源程序:for.aspx.cs

```
using System;
using System.Collections.Generic;
using System.Linq;
using System.Web;
using System.Web.UI;
using System.Web.UI.WebControls;

public partial class _for : System.Web.UI.Page
{
protected void Page_Load(object sender, EventArgs e)
{
for (inti = 1; i<= 9; i++)
{
for (int k = 1; k <= i; k++)
{
Response.Write(i + "*" + k + "=" + i * k + "    ");
}
Response.Write("</br>");
}
}
}
```

运行效果如图 5-4 所示。

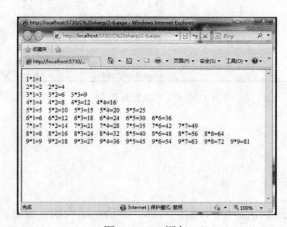

图 5-4 for 语句

2. foreach 语句

foreach 语句常用于枚举数组、集合中的每个元素,但是不能改变集合中各元素的值。其语法结构如下所示:

C# 语言概述

```
foreach(数据类型  循环变量  in  集合)
{
    // 循环体语句
}
```

下面请看一个 foreach 语句的具体实例来理解其运行的原理。

【例 5.7】foreach 语句。

源程序：foreach.aspx.cs

```
using System;
using System.Collections.Generic;
using System.Linq;
using System.Web;
using System.Web.UI;
using System.Web.UI.WebControls;

public partial class _foreach : System.Web.UI.Page
{
protected void Page_Load(object sender, EventArgs e)
{
string[] students = { "小明", "小丽", "小华" };
foreach (string x in students)
{
Response.Write("姓名: " + x + "</br>");
}
}
}
```

运行的效果如图 5-5 所示。

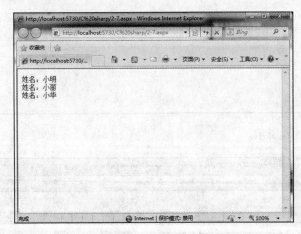

图 5-5 foreach 语句

3. while 语句

while 语句是根据条件表达式判断循环的次数，其循环的次数可能是未知的，也可以是已知的。其语法结构具体如下：

```
while(条件表达式)
{
    // 循环体语句
}
```

当遇到 while 语句的时候，首先计算条件表达式的结果，当条件表达式的结果为 true，则执行循环体中的语句，随后再进行条件表达式的判断。如果为 false 则跳出循环体，继续下面的程序。

【例 5.8】while 语句。

源程序：while.aspx.cs

```
using System;
using System.Collections.Generic;
using System.Linq;
using System.Web;
using System.Web.UI;
using System.Web.UI.WebControls;

public partial class _while : System.Web.UI.Page
{
protected void Page_Load(object sender, EventArgs e)
{
int i = 1;
int k = 1;
int n = 0;
Response.Write(i + "    ");
Response.Write(k + "    ");
while (i + k < 1000)
{
n = k + i;
Response.Write(n + "    ");
i = k;
k = n;
}
}
}
```

运行效果如图 5-6 所示。

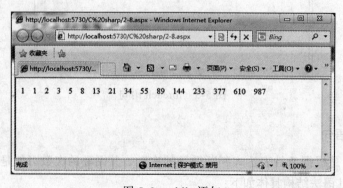

图 5-6　while 语句

示例讲解：该示例使用了 while 语句输出 1000 以下的斐波那契数列，由于 1000 以内的斐波那契数的个数是未知的，并且在这个循环体中存在多个变量，因此选用 while 语句比较合适。在编程过程中，选择适当的语句结构将有助于加强代码的逻辑性，减少代码量，使人更易理解。

4. do...while 语句

do...while 实际上是 while 语句的一种变形，其语法结构如下所示：

```
do
{
    //循环体语句
}
while(条件表达式)
```

我们从结构中便可看出，do...while 语句和 while 语句的区别就在于条件表达式的判断先后，但我们遇到 do...while 语句的时候，首先执行循环体的语句，然后再进行判断条件表达式的值，当其值为 true 时，返回执行 do 部分的循环体语句；当条件表达式为 false 时，则跳出循环语句。因此，do...while 语句无论在什么情况下都会执行至少一次循环体语句。

【例 5.9】do...while 语句。

源程序：do_while.aspx.cs

```
using System;
using System.Collections.Generic;
using System.Linq;
using System.Web;
using System.Web.UI;
using System.Web.UI.WebControls;

public partial class _2_9 : System.Web.UI.Page
{
protected void Page_Load(object sender, EventArgs e)
{
int i = 0;
do
{
i++;
Response.Write(" 第 " + i + " 次执行循环语句！ " + "</br>");
}
while (i<= 10);
}
}
```

运行的效果如图 5-7 所示。

如图 5-7 所示，实际运行的次数要比我们想象的多一次。读者在使用该语句时应当注意它与 while 语句的区别。

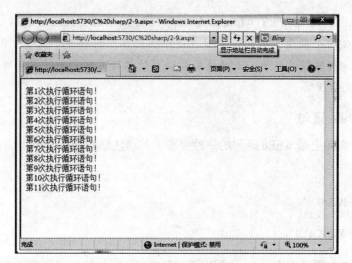

图 5-7 do...while 语句

5.2.3 异常处理语句

在运行程序的过程中经常会发生许多异常，使得操作无法正常进行，例如所输入的内容与实际的数据类型不符、数组索引越界等。异常处理语句则可以将这些异常进行处理，如捕捉异常、处理异常或者修改发生异常时返回的信息等。异常处理常使用的语句有 throw 语句和 try...catch...finally 语句。

1. throw 语句

throw 语句用于抛出异常错误信息。throw 语句经常使用在其他的语句体中，如 if 语句、try...catch...finally 语句等。

【例 5.10】异常处理语句。

源程序：exception.aspx.cs

```
using System;
using System.Collections.Generic;
using System.Linq;
using System.Web;
using System.Web.UI;
using System.Web.UI.WebControls;

public partial class _exception : System.Web.UI.Page
{
    protected void Page_Load(object sender, EventArgs e)
    {
        string user = "test_user";
        if (user.Length> 7)
        {
            throw new Exception("用户名超出指定长度！");
        }
        else
```

```
{
Response.Write(" 欢迎登录！ ");
}
}
}
```

运行效果如图 5-8 所示。

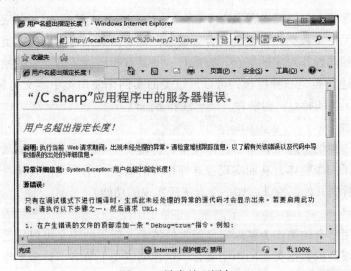

图 5-8 异常处理语句

程序给出的错误信息是"用户名超出指定长度！",这刚好是设置的错误。

2. try…catch…finally 语句

在 try...catch...finally 语句中，try 语句负责异常的捕捉，处理异常的代码放在 catch 部分，而在 finally 部分的代码无论是否发生异常都会被执行。其中 catch 部分可以存在多个，而 finally 语句也可以省略。其语法结构如下所示：

```
try
{
    // 可能出错的语句块
}
catch(异常声明 1)
{
    // 异常捕捉后做的处理
}
catch(异常声明 2)
{
    // 异常捕捉后做的处理
}
……
finally
{
    // 一定被执行的语句块
}
```

5.3 自定义 C# 类

5.3.1 类概述

1. 什么是类

在之前的章节中我们就提到了许多 C# 类，如 Object 类等。.NET 的底层结构全部是由类实现的，无论是数据类型还是集合等概念，都是由类创建实现的。类是一组具有相同数据结构和相同操作对象的集合。类是对一些具有相同性质的对象的抽象，是对对象共同特征的描述。类是一种模板，可以通过类的实例化使用类中定义的属性、方法等。类的定义决定了类的特点：封装性、继承性和多态性。

（1）封装性

封装性是一种信息隐藏技术，它体现于类的说明。封装使类的相关属性和方法的生成过程封装成了一个整体，从而实现独立性很强的模块。用户无法具体看到封装类内部的特征，只能看到其外部特征，如一个方法所实现的功能。

（2）继承性

继承是使用已有的类作为基础定义新类的技术。新类的定义可以是已有类所声明的数据类型和新增加的数据类型的声明集合。这在创建类上节省了许多工作，将具有共同特性的多个类通过继承的方法减少了代码的重复。

（3）多态性

类的多态性是面向对象程序设计中的一个重要特性。多态性是指具有继承关系的不同类拥有相同的方法名，当调用不同类的方法时，尽管方法名相同，但是实现的功能是不一样的。

2. 类的声明

在使用类之前一定要进行声明，声明类需要使用关键字 class 实现，声明的语法结构如下所示：

```
修饰符 class 类名
{
    // 类的成员变量或者成员函数
}
```

3. 类的修饰符

类常用的修饰符有访问修饰符、abstract、static、partial、sealed。访问修饰符我们已经在前面的变量部分介绍过了，下面具体说明其余四个修饰符的含义。请看表 5-6。

表 5-6 类的修饰符

修饰符	描述
abstract	声明为抽象类，不受访问限制，但是不能被实例化，并且该类的成员必须通过继承类实现

(续)

修饰符	描述
static	声明为静态类，这种类不能使用 new 关键字创建类的实例，但是可以直接访问类中的数据和方法
partial	声明为部分类，使用该修饰符可以将类的定义拆分到多个源文件中，每个源文件中包含这个类的一部分。但是在编译过程中，程序会自动将其组合成一个类
sealed	声明为密封类，不允许被继承，可以被实例化

5.3.2 类的基本构成

1. 属性

类的属性可以获取类中的私有字段内容，并且对其进行修改。这一点体现了类的封装性，不去直接修改类中的字段，而是通过属性作为访问器修改类。访问器有 get 和 set 两种，分别用来获取和设置属性值。如果该属性只含有 get 访问器，则说明该属性为只读属性。

2. 方法

方法是类的一个重要特征，方法反映了对象的行为。通过调用类的方法，可以实现一些逻辑动作。方法常用的修饰符有访问修饰符和 void 等。void 修饰符指定方法不能返回值。

方法的声明方法如下：

```
访问修饰符 返回值类型 方法名（参数 1.参数 2.……）
{
    //方法语句
}
```

3. 构造函数

每个类中都有自己的构造函数，构造函数是在使用 new 关键字实例化一个对象时，首先调用的函数方法。如果在定义类的时候没有给出构造函数，编译器会自动提供一个默认的构造函数。构造函数主要的任务是完成类的初始化工作，因此最好不要做初始化以外的定义，也不要显式调用构造函数。

使用构造函数需要注意以下几点问题：

1) 构造函数需要与类同名。
2) 构造函数没有返回值，可以有参数，也可以没有。
3) 构造函数多数是 public 类型的，如果被声明为 private 类型，则该类不能被实例化。

5.3.3 类的继承

类的继承可以在定义新类的时候重用现有类的数据类型和类方法，避免重复定义。继承以基类为基础，通过向基类添加新成员创建派生类。基类又被称为超类或者父类，派生类也可以称为子类。

类的继承符合以下规则:

1)继承是可传递的。例如,类 C 继承类 B,类 B 继承类 A,那么类 C 也继承类 A。

2)派生类是对基类的扩展,但是不能去除已经继承的成员定义。

3)构造函数不能被继承。除此之外的其他成员都会被继承,基类中的成员访问方式只限定派生类能否访问它们。

4)派生类可以通过定义与基类相同的成员名覆盖已有的成员。但是这不影响基类中的成员,它们依然存在于基类中,只是在派生类中将不可以再被使用。

下面我们就具体创建一个自定义类,通过实例了解类的概念。

【例 5.11】自定义类。

源程序:class.aspx.cs

```
using System;
using System.Collections.Generic;
using System.Linq;
using System.Web;
using System.Web.UI;
using System.Web.UI.WebControls;

public partial class _class : System.Web.UI.Page
{
protected void Page_Load(object sender, EventArgs e)
{
// 创建 Telephone 类的 phone 对象
Telephone phone = newTelephone(" 欢迎使用本电话 ");
// 输出初始信息
Response.Write(phone.Text + "</br>");
// 调用 phone 对象的 call 方法,进行第一次拨号。
phone.call("123456");
Response.Write(" 第一次拨号: " + "</br>" + " 拨号结果: " + phone.Text + "</br>");
if (phone.Able == true)
{
Response.Write(" 号码为: " + phone.PhoneNumber + "</br>");
}
// 第二次拨号
phone.call("123456789");
Response.Write(" 第二次拨号: " + "</br>" + " 拨号结果: " + phone.Text + "</br>");
if (phone.Able == true)
{
Response.Write(" 号码为: " + phone.PhoneNumber + "</br>");
}
}
}
public class Telephone
{
// 定义构造函数
public Telephone(string text)
{
this.Text = text;
}
```

```csharp
//定义类的属性
private string _Text;
private string _PhoneNumber;
private bool _Able;
public string Text
{
get
{
return _Text;
}
set
{
this._Text = value;
}
}

public string PhoneNumber
{
get
{
return _PhoneNumber;
}
set
{
this._PhoneNumber = value;
}
}
public bool Able
{
get
{
return _Able;
}
set
{
this._Able = value;
}
}
//定义类的方法
public void call(string number)
{
if (number.Length< 7)
{
this.Able = true;
this.Text = "拨号成功！ ";
this.PhoneNumber = number;
}
else
{
this.Able = false;
this.Text = "号码不符合规范！ ";
}
}
}
```

运行的结果如图 5-9 所示。

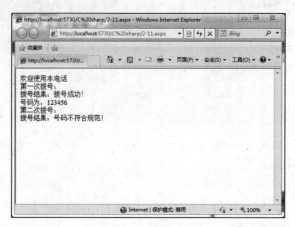

图 5-9　自定义类

示例讲解：在上面这个实例中，我们创建了一个名为 Telephone 的类，该类具有三个属性，分别是 _Text、_PhoneNumber、_Able，创建了一个名为 call 的方法，实现电话的简易拨号功能。该实例比较详细地涵盖了类的常用概念，但是对于类的使用还远不止这些，需要我们在日后的学习当中不断探索。

本章小结

本章主要讲述了 C# 的基本语法、循环语句和自定义 C# 类。这些知识对 ASP.NET 的学习至关重要。通过本章的学习，可以通过后台代码的编写实现简单的网站系统功能，独立实现网站的设计和中期的代码书写及制作。但是，C# 语言的知识还远不止这些，要想使用 C# 语言设计出较为完善的网站系统，需要向更深层次学习。熟练使用 C# 语言，对 ASP.NET 的学习将有很大的帮助。

习题

一、填空题

1. 当在 C# 中需要使用指针时，必须用到_____修饰符。
2. 命名空间_____提供了使用 LINQ 查询的类和接口，如包含标准查询运算符的 Queryable 类。
3. 使用修饰符_____可以使这个变量在所属的类或派生类中能被访问。
4. 布尔类型的值包括_____和_____。
5. 感叹号的转义符是_____。
6. C# 中的所有类型，都是直接或者间接地继承自_____类。
7. 当我们未知循环次数时最好选用_____和_____结构语句。
8. 在 C# 中，异常处理语句包含_____语句和_____语句。

9. 在异常处理语句中，一定被执行的语句应该写在_____语句块中。
10. 基类又被称为_____或者_____，派生类也可以称为_____。

二、选择题

1. 下列数据类型属于值类型的是（　　）。
   A. class　　　　　B. short　　　　　C. public　　　　　D. enum
2. 下列（　　）在循环过程中至少执行一次。
   A. for 语句　　　　B. foreach 语句　　C. while 语句　　　D. do...while 语句
3. 下列（　　）不属于引用类型。
   A. class 类型　　　B. 数组类型　　　　C. 接口类型　　　　D. 布尔类型
4. 下列（　　）修饰符可以将类声明为抽象类。
   A. abstract　　　　B. static　　　　　C. partial　　　　　D. sealed
5. 下列（　　）不属于类的特点。
   A. 多态性　　　　　B. 继承性　　　　　C. 完整性　　　　　D. 封装性

三、简答题

1. 请说明变量与常量的区别，以及它们各自的声明方法。
2. 请分别指出访问修饰符 private、protected internal、protected、internal、public 各自的含义。
3. 请说出类的继承需要注意哪些规则？

第 6 章 ASP.NET 服务器控件

ASP.NET 服务器控件是 ASP.NET 网页上的对象，当请求网页时，这些对象将运行并向浏览器呈现标记，这些标记通常是 HTML 标记。通过学习本章，要理解 ASP.NET 4 页面事件处理过程；了解 HTML 服务器控件；掌握 Web 服务器标准控件，并能熟悉运用；掌握各种验证控件的使用。

6.1 ASP.NET 页面事件

ASP.NET 页面运行时将经历一个生命周期，在生命周期中将执行一系列处理过程。具体步骤包括初始化、实例化控件、还原和维护状态、运行事件处理程序代码以及呈现页面。了解页面生命周期可以使用户能在生命周期的适合阶段编写代码以达到预期效果。在页面生命周期的每个阶段，页面将引发可运行的代码进行事件的处理。表 6-1 列出了常用的页面生命周期事件。

表 6-1 ASP.NET 页面周期事件

事件	默认方法	用途
PreInit	Page_PreInit	通过 IsPostBack 属性检查是否第一次处理该页；创建动态控件；动态设置主题属性；设置或读取配置文件属性值
Init	Page_Init	读取或初始化控件属性
PreLoad	Page_PreLoad	在 Load 事件前对页或控件执行处理
Load	Page_Load	获取或设置控件属性并建立数据库连接
控件事件	一般为 _click 或 _change	处理特定控件事件，如 Button 的 Click 事件

上述事件处理的先后顺序为 PreInit、Init、PreLoad、Load、控件事件，如图 6-1 所示。可通过一个示例，验证这几个事件的发生顺序。新建 Web 页面 event.aspx，在 .aspx.cs 文件中输入以下代码，运行即可验证。

【例 6.1】页面事件处理顺序示例。

源程序：event.acpx.cs

```
protected void Page_PreInit(object sender, EventArgs e)
    {
        Response.Write("Page_PreInit<BR/>");
    }
protected void Page_Init(object sender, EventArgs e)
    {
        Response.Write("Page_Init<BR/>");
    }
```

```
protected void Page_PreLoad(object sender, EventArgs e)
    {
        Response.Write(" Page_PreLoad<BR/>");
    }
protected void Page_Load(object sender, EventArgs e)
    {
        Response.Write("Page_Load<BR/>");
    }
```

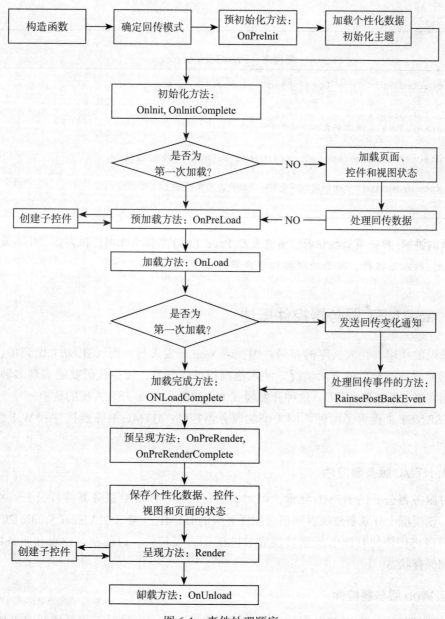

图 6-1 事件处理顺序

控件事件触发时，会引起页面回发，Page_Load 事件会在控件事件前执行。如果想在执行控件事件代码时不执行 Page_Load 事件代码,可以通过判断属性 IsPostBack 实现,在用户第一次浏览页面上,IsPostBack 属性值返回值 false,否则返回 true。如下代码演示了 IsPostBack 的使用:

【例 6.2】IsPostBack 使用示例。

源程序:PostBack.aspx

```
<div><ASP:Button ID="Button1" runat="server" Text="Button" onclick="Button1_Click"/>
</div>
```

源程序:PostBack.aspx.cs

```
protected void Page_Load(object sender, EventArgs e)
{
if(!IsPostBack )
Response.Write("页面第一次加载! ");
}
protected void Button1_Click(object sender, EventArgs e)
{
Response.Write("页面回发,不是第一次加载,只执行Click事件! ");
}
```

示例讲解: 单击页面按钮时,首先处理 Page_Load 事件中代码,但因为"!IsPostBack"为 false,所以不执行,接着处理按钮单击事件。

6.2 ASP.NET 服务器控件概述

繁琐的代码、让人头疼的布局,困扰着 Web 开发人员。而 ASP.NET 做到了在开发阶段就能看到运行后的页面情况,使用拖曳控件式开发,较少代码就能实现多种功能,使页面实现"所见即所得"。这种开发模式大大减轻了 Web 开发人员的负担。

ASP.NET 4 提供了两种不同类型的服务器控件:HTML 服务器控件和 Web 服务器控件。

1. HTML 服务器控件

对服务器公开的 HTML 元素,可对其进行编程。HTML 服务器控件公开一个对象模型,该模型十分紧密地映射到相应控件对应的 HTML 元素。在 Visual Studio 2010 中,用户可以将传统的 HTML 元素转换成 HTML 服务器控件,以便在客户端和服务器之间传递和保存状态。

2. Web 服务器控件

这些控件比 HTML 服务器控件具有更多内置功能,工作时不与具体的 HTML 元素对应。在构造由 Web 服务器控件组成的 Web 窗体页时,可以描述页面元素的功能、外观、操作方式和行为等，然后由 ASP.NET 确定如何输出页面。这将是接下来讲述的重点。

在使用 ASP.NET 时，就会看出最有用的是 Web 服务器控件，这并不是说 HTML 服务器控件没有用，它们也提供了很多功能，其中一些功能 Web 服务器控件并不具备。那么，哪种控件比较好？答案取决于应用的场合和想要获得的结果。表 6-2 总结了使用 HTML 服务器控件和 Web 服务器控件的场合。

表 6-2 ASP.NET 服务器控件类型

控件类型	使用场合
HTML 服务器控件	• 把传统的 ASP 3.0 Web 页面转换为 ASP.NET Web 页面，且转换速度要求比较高时，可使用该类型控件。把 HTML 元素转换为 HTML 服务器控件比转换成 Web 服务器控件简单得多 • 比较喜欢 HTML 类型的编程模型时 • 希望显式地控制为浏览器生成的代码时
Web 服务器控件	• 需要更丰富的功能集来执行复杂的页面请求时 • 开发多浏览器类型查看的 Web 页面，且根据不同类型使用不同代码时 • 比较喜欢 Visual Basic 类型的编程模型时

在决定使用哪种控件方面，并没有什么硬性规则。如果要完成特定的任务，而当前使用的控件类型无法完成，可以尝试使用另一种控件类型，也可以混合匹配这些控件类型。

ASP.NET 为开发人员提供了大量丰富的服务器控件，能基本解决常见的需求。Visual Studio 2010 为方便用户查找使用，将它们分类显示在工具箱中，如表 6-3 所示。

表 6-3 服务器控件分类

分类	含义
标准	标准服务器控件，包括按钮、文本框等界面元素
数据	用于连接访问数据库、显示数据等
验证	验证用户输入的数据是否符合要求
导航	用于网站的导航，如网页导航条、菜单等
登录	用于网站的用户注册、用户管理等
WebParts	包含各种 Web 部件，用于网站入口、定制网页显示等
AJAX Extensions	用于只更新页面的局部信息而不往返整个页面
报表	水晶报表的 Web 部件
HTML	常用传统的 HTML 元素

当然，工具箱只是列举了常用控件，用户可以通过右键菜单中的"选择项"来添加控件，或通过"删除选项卡"来移除控件。

6.3 HTML 服务器控件

HTML 服务器控件属于 HTML 元素，它包含多种属性，使其可以在服务器代码中进行编程。默认情况下,服务器上无法使用 ASP.NET 网页中的 HTML 元素,必须由客户端提交到服务器,然后从 Request 中得到相应元素的值。但 ASP.NET 允许用户提取 HTML 元素,通过少量的工作把它们转换成服务器端控件。之后,就可以使用它们控制在 ASP.NET 页面中实现元素的行为和操作。

在 Visual Studio 2010 的工具箱中包含了一个 HTML 元素列表,在 Document 窗口中,可以把这些 HTML 元素中任何一个从工具箱拖放到 ASP.NET 页面的设计或源视图上,通过添加属性 runat="server" 来转换为 HTML 服务器控件。在分析过程中,ASP.NET 页框架将创建包含 runat="server" 属性的所有元素的实例。若要在代码中以成员的形式引用该控件,还应为其分配 id 属性。

下面介绍如何将传统的 HTML 元素转化为 HTML 服务器控件,并在服务器脚本中使用。

新建页面,把 "Intput(Text)" 从工具箱 HTML 列表中拖放到页面标记 <div></div> 区域。则有:

```
<input id="Text1" type="text"/>
```

将其修改为:

```
<input id="Text1" type="text" runat="server"/>
```

在 .aspx 后台代码 .aspx.cs 中填写如下代码:

```
protected void Page_Load(object sender, EventArgs e)
    {
if(!IsPostBack)
Text1.Value = " 转化成HTML服务器控件 ";
    }
```

示例讲解:if(!IsPostBack) 是通过判断是否回传,来检测页面是否第一次加载,因为除了第一次加载外,以后所有的提交都是回传。IsPostBack 是页面属性,如果是第一次加载,则为 false,否则为 true。可以看到,可以使用 input 元素的 id 属性直接访问其 value 属性。

6.4　Web 服务器标准控件

这里的标准控件是指工具箱中"标准"列表中的控件,是最常用的组件,功能比较强大,不是与特定的 HTML 元素明确关联,而是与某些要生成的功能紧密相关。构造 Web 服务器控件类似语法如下:

```
<ASP: 控件类型名  属性集   runat="server" id=" 指定 ID"></ASP: 控件类型名 >
```

这里的属性集与传统的 HTML 属性集不一样,虽然在名称和功能上可能有一定的重合,但它们是 Web 控件的属性,在运行 ASP.NET 网页时,Web 服务器控件使用适当的 HTML 标记或属性在页面中呈现,这取决于对该控件属性的设置以及对方法、事件的调用。

ASP.NET 服务器控件

属性、方法和事件是控件使用者与控件交互的接口。所谓属性，即控件的性质，如长、宽、颜色、字体大小等；事件就是可能会发生在控件上的事情，也可以说我们对控件所做的操作，如单击；而方法是指控件所固有完成某种任务的功能，在我们需要时调用。

标准服务器控件的类型都集中在 System.Web.UI.WebControls 命名空间下，继承自 WebControl 类，有一些常用的公共属性，如表 6-4 所示。

表 6-4 Web 服务器标准控件的共有属性表

成员	解释
AccessKey	控件的键盘快捷键。指定用户在按 <Alt> 键同时可按下的单个字母或数字
Attributes	控件上的未由公共属性定义的但仍须呈现的附加属性集合
BackColor	控件背景色
BorderColor	控件边框颜色
BorderWidth	控件边框宽度
BorderStyle	控件边框样式
CssClass	分配给控件的级联样式表类
Style	作为控件的外部标记上的 CSS 样式属性呈现的文本属性集合
Enabled	是否启用控件，默认值为 true
Font	控件的字体属性
Height	控件高度
ID	控件的编程标示符
Text	控件上显示的文本
ToolTip	当鼠标悬停在控件上时显示的文本
Visible	控件是否在 Web 页面上显示
Width	控件固定宽度

下面将对各个控件进行讲解。

6.4.1 Label 控件

Label 控件用于在浏览器上显示文本，可以在服务器端代码中动态地修改文本。通过 Text 属性指定控件显示的内容。定义语法如下：

```
<ASP:Label ID="Label1" runat="server" Text="Label"></ASP:Label>
```

Label 控件还有一个额外的功能，通过设置属性 AssociatedControlID，可给窗体中的项添加热键功能。如使用 <Alt+N> 组合键激活窗体上的文本框。

6.4.2 TextBox 控件

TextBox 控件用于显示数据或输入数据，是网页中最常见的控件之一。定义的语法如下：

```
<ASP:TextBox ID="TextBox1" runat="server"></ASP:TextBox>
```

其常用的属性、方法和事件如表 6-5 所示。

表 6-5 TextBox 控件常用属性、方法、事件表

属性、方法和事件	解释
TextMode 属性	值 SingleLine 表示单行文本框；值 Password 表示密码框，将显示特殊字符，如 *；值 MultiLine 表示多行文本框
AutoPostBack 属性	值 true 表示当文本框内容改变且把焦点移出文本框时，触发 TextChanged 事件，引起页面往返处理
MaxLength 属性	设置文本框中最多允许的字符数。值为 0 时表示不限制
ReadOnly 属性	用于指示能否更改 TextBox 控件的内容
AutoCompleteType 属性	标注能自动完成的类型，如 Email 表示自动完成邮件列表
Focus() 方法	设置文本框焦点
TextChangd 事件	当改变文本框中内容且焦点离开文本框后触发

6.4.3 Button、LinkButton 和 ImageButton 控件

按钮控件可使用户将页面数据发送到服务器并触发页面上的事件，开发人员可在事件处理程序中加入自定义动作，比如与数据库交互。ASP.NET 提供了 Button、LinkButton 和 ImageButton 三种按钮控件，它们之间功能相同，只是外观上有区别。Button 呈现传统按钮外观；LinkButton 呈现超链接外观；ImageButton 呈现图形外观，其图像由 ImageUrl 属性指定。定义的语法如下：

```
<ASP:Button ID="Button1" runat="server" Text="Button"/>
<ASP:LinkButton ID="LinkButton1" runat="server">LinkButton</ASP:LinkButton>
<ASP:ImageButton ID="ImageButton1" runat="server" ImageUrl=""/>
```

常用的属性和事件如表 6-6 所示。

表 6-6 按钮控件常用属性和事件

属性和事件	解释
PostBackUrl 属性	单击按钮时发送到的 URL
OnClientClick 属性	设置在引发控件的 Click 事件时所执行的客户端脚本
Click 事件	当单击按钮时被触发，执行服务器端代码

6.4.4 DropDownList 控件

DropDownList 控件又称下拉框，使用户能够从预定义的列表中选择项，不支持多重选择模式。定义的语法如下：

```
<ASP:DropDownList ID="DropDownList1" runat="server"></ASP:DropDownList>
```

常用的属性、方法和事件如表 6-7 所示。

表 6-7 DropDownList 控件常用属性、方法和事件

属性、方法和事件	解释
DataSource 属性	使用的数据源
DataTextField 属性	对应数据源中一个字段，字段内容被显示在下拉列表中
DataValueField 属性	对应数据源中一个字段，指定下拉列表中每个选项的值

(续)

属性、方法和事件	解释
Items 属性	列表中所有选项的，经常使用 Items.Add() 方法添加项，Clear() 方法删除所有项
SelectedItem 属性	当前选定项
SelectedValue 属性	当前选定项的属性值
DataBind() 方法	绑定数据源
SelectedIndexChanged 事件	当选择下拉列表中的一项后被触发

为 DropDownList 添加项的方式有三种。一种方法是通过属性 DataSource 设置数据源，再通过 DataBind() 方法显示数据。这种方法通常与数据库相连，实际工程项目中使用最多。

另一种方法是在属性窗口中直接对属性 Items 进行设置，如图 6-2 所示。

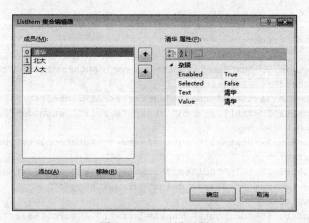

图 6-2 Items 设置图

在图 6-2 中，设置成员的属性 Selected 为 true 可使该成员成为 DropDownList 的默认项，设置完 Items 属性后 Visual Studio 2010 自动生成如下代码：

```
<ASP:DropDownList ID="DropDownList1" runat="server">
    <ASP:ListItem> 清华 </ASP:ListItem>
    <ASP:ListItem> 北大 </ASP:ListItem>
    <ASP:ListItem> 人大 </ASP:ListItem>
</ASP:DropDownList>
```

第三种方法是利用 DropDownList 对象的 Items.Add() 方法添加项，如：

```
DropDownList1.Items.Add(newListItem(" 复旦 ","fudan"));
```

【例 6.3】Label、TextBox、Button、DropDownList 综合应用。

如图 6-3 所示，页面载入时，焦点自动定位在账户右边的文本框中；当输入账户名且焦点移出文本框时，触发 TextChanged 事件，判断用户名是否可用；"密码"右边的文本框显示为密码框；"邮箱"右边文本框具有自动完成功能；在"生日"右边下拉框中，当改变年或月时，相应每月的天数会随之而变；单击"确定"按钮注册前会弹出确认对话框；单击"确定"按钮后，提示注册成功，并获取账户名以显示。

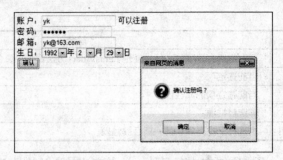

图 6-3 实例 Controls.aspx 浏览效果图

源程序：Controls.aspx 部分代码

```
<%@Page Language="C#" AutoEventWireup="true" CodeFile="Default3.aspx.cs"
Inherits="chap6"%>
…(略)
<form id="form1" runat="server">
<div>
账户：<ASP:TextBox ID="txtName" runat="server" AutoPostBack="True" ontextchanged
="txtName_TextChanged"></ASP:TextBox>
    <ASP:Label ID="lblValidate" runat="server"></ASP:Label><br/>
密码：<ASP:TextBox ID="txtPassword" runat="server" TextMode="Password">
</ASP:TextBox><br/>
邮箱：<ASP:TextBox ID="txtMail" runat="server" AutoCompleteType="Email">
</ASP:TextBox><br/>
生日：<ASP:DropDownList ID="ddlYear" runat="server" AutoPostBack="True"
onselectedindexchanged="ddlYear_SelectedIndexChanged">
</ASP:DropDownList>年
    <ASP:DropDownList ID="ddlMonth" runat="server" AutoPostBack="True"
onselectedindexchanged="ddlMonth_SelectedIndexChanged">
</ASP:DropDownList>月
    <ASP:DropDownList ID="ddlDay" runat="server">
</ASP:DropDownList>日 <br/>
    <ASP:Button ID="btnSubmit" runat="server" Text=" 确认 "onclick="btnSubmit_Click"
onclientclick="return confirm(' 确认注册吗？ ')"/><br/>
    <ASP:Label ID="lblInfo" runat="server"></ASP:Label>
</div>
</form>
…(略)
```

源程序：Controls.aspx.cs

```
Public partial class chap_6 : System.Web.UI.Page
{
    protected void Page_Load(object sender, EventArgs e)
    {
        // 页面第一次载入时向各下拉列表填充值
        if(!IsPostBack)
        {
            // 焦点定位在账户右边的文本框里
txtName.Focus();
BindYear();
```

```csharp
        BindMonth();
        BindDay();
    }
    protected void BindYear()
    {
        // 清空年份下拉列表中项
        ddlYear.Items.Clear();
        int startYear = DateTime.Now.Year - 30;
        int currentYear = DateTime.Now.Year;
        // 向年份下拉列表中添加项
        for (int i = startYear; i <= currentYear; i++)
        {
            ddlYear.Items.Add(newListItem(i.ToString()));
        }
        // 设置年份下拉列表默认项
        ddlYear.SelectedValue = currentYear.ToString();
    }
    protected void BindMonth()
    {
        ddlMonth.Items.Clear();
        // 向月份下拉列表中添加项
        for (int i = 1; i <= 12; i++)
        {
            ddlMonth.Items.Add(i.ToString());
        }
    }
    protected void BindDay()
    {
        ddlDay.Items.Clear();
        // 获取年、月份下拉列表选中值
        string year = ddlYear.SelectedValue;
        string month = ddlMonth.SelectedValue;
        // 获取相应年月对应的天数
        int days = DateTime.DaysInMonth(int.Parse(year), int.Parse(month));
        // 向日期下拉列表中添加项
        for (int i = 1; i <= days; i++)
        {
            ddlDay.Items.Add(i.ToString());
        }
    }
    protected void txtName_TextChanged(object sender, EventArgs e)
    {
        if (txtName.Text == "yangk")
        {
            lblValidate.Text = "用户名已存在！";
        }
        else
        {
            lblValidate.Text = "可以注册";
        }
    }
    protected void ddlYear_SelectedIndexChanged(object sender, EventArgs e)
    {
```

```
    BindDay();
}
    protected void ddlMonth_SelectedIndexChanged(object sender, EventArgs e)
{
    BindDay();
}
    protected void btnSubmit_Click(object sender, EventArgs e)
{
    lblInfo.Text = "注册成功!" + "<br/>" + "您的用户名为: " + txtName.Text;
}
}
```

操作步骤:

1) 添加新项 Controls.aspx,增加两个 Label 控件,三个 TextBox 控件,三个 DropDownList 控件,一个 Button 控件,界面设计如图 6-4 所示,属性设置如上面源代码所示。

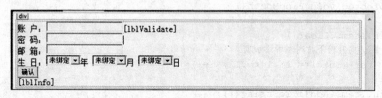

图 6-4　Controls.aspx 界面设计图

2) 打开 Controls.aspx.cs,在其中输入上示对应内容。

3) 浏览 Controls.aspx 呈现如图 6-3 所示,输入信息进行测试。

6.4.5　ListBox 控件

ListBox 服务器控件的功能类似于 DropDownList 控件,它也是一个数据集合。但 ListBox 控件的操作不同于 DropDownList 控件,它可以为终端用户显示集合中的更多内容,并且允许用户在集合中选择多项,而 DropDownList 控件不可能做到这一点。定义的语法如下:

```
<ASP:ListBox ID="ListBox1" runat="server"></ASP:ListBox>
```

其属性、方法和事件等与 DropDownList 控件类似,但多了一个属性 SelectionMode,其值为 Multiple 时,将允许用户在列表框中选择多项(按住 <Ctrl> 或 <Shift> 键)。

在页面中输入以下代码,可以实现列表框多选,浏览效果如图 6-5 所示:

图 6-5　列表框浏览图

【例 6.4】 ListBox 控件使用示例。

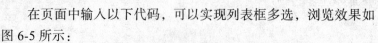

源程序: ListBox.aspx

```
<div>
    <ASP:ListBox ID="ListBox1" runat="server" SelectionMode="Multiple">
```

```
            <ASP:ListItem>香蕉</ASP:ListItem>
            <ASP:ListItem>苹果</ASP:ListItem>
            <ASP:ListItem>梨</ASP:ListItem>
    </ASP:ListBox>
</div>
```

6.4.6 CheckBox 和 CheckBoxList 控件

CheckBox（复选框）与 CheckBoxList（复选框组）控件的作用十分相似，都是向用户提供多选输入数据的控件。用户可以在控件提供的多个选项中选择一个或多个，被选中的对象带有一个"√"标记。判断 CheckBox 是否选中的属性是 Checked，而 CheckBoxList 作为集合控件，判断列表项是否选中的属性是成员的 Selected 属性。如下代码展示了 CheckBoxList 的使用，浏览效果如图 6-6 所示。

图 6-6 复选框浏览图

【例 6.5】CheckBoxList 控件使用示例。

源程序：CheckBoxList.aspx

```
<div>
    <ASP:CheckBoxList ID="CheckBoxList1" runat="server">
        <ASP:ListItem>电影</ASP:ListItem>
        <ASP:ListItem>音乐</ASP:ListItem>
        <ASP:ListItem>游戏</ASP:ListItem>
        <ASP:ListItem>阅读</ASP:ListItem>
    </ASP:CheckBoxList>
</div>
```

6.4.7 RadioButton 和 RadioButtonList 控件

RadioButton（单选按钮控件）和 RadioButtonList（单选按钮组控件）常用于在多项选择中只能选择一项的场合（如性别）。单个 RadioButton 只能提供一个单选按钮，没有什么意义，可以将多个 RadioButton 形成一组，设置相同的组名。定义 RadioButton 的语法如下：

```
<ASP:RadioButton ID="RadioButton1" runat="server" GroupName="组名"/>
<ASP:RadioButton ID="RadioButton2" runat="server" GroupName="组名"/>
```

Radio Button 控件常用属性和事件如表 6-8 所示。

表 6-8 RadioButton 控件的常用属性和事件

属性和事件	解释
GroupName 属性	用于设置控件所属组名称，在同一组内只能有一个控件处于选中状态
Check 属性	表示 RadioButton 是否处于选中状态
Text 属性	用于设置显示在单选按钮旁边的说明文字
CheckedChanged 事件	单击 RadioButton 控件时触发

定义 RadioButton 的语法如下：

```
<ASP:RadioButtonList ID="RadioButtonList1" runat="server">
    <ASP:ListItem>男</ASP:ListItem>
    <ASP:ListItem>女</ASP:ListItem>
</ASP:RadioButtonList>
```

与 RadioButton 不同的是，获取 RadioButtonList 选中项使用属性 SelectedItem。

6.4.8 Image 和 ImageMap 控件

Image 控件和 ImageMap 控件都是用于图片显示的控件。图片源文件可以使用 ImageUrl 属性指定。利用 ImageMap 控件创建的图像，可包含任意数目的、用户可以单击的区域，这些区域称为"作用点"。每一个作用点都可以是一个单独的超链接或回发事件。ImageMap 控件与其他网页编辑工具（如 Dreamware）提供的"热点地图"功能类似。

ImageMap 控件主要由以下两个部分组成：

1）显示于控件中的图像。它可以是任何标准 Web 图形格式的图形，如 .gif、.jpg 或 .png 文件，该图像构成用户操作界面。

2）隐藏在图像中的作用点集合。每个作用点控件都是一个不同的 Web 元素。作用点区域通过属性 HotSpot 设置，划分的区域有圆形 CircleHotSpot、长方形 RectangleHotSpot 和任意多边形 PolygonHotSpot，每个区域通过属性 NavigateUrl 确定要链接的 URL。

两者定义语法分别如下：

Image 控件：

```
<ASP:Image ID="Image1" runat="server" ImageUrl=""/>
```

ImageMap 控件：

```
<ASP:ImageMap ID="ImageMap1" runat="server" ImageUrl="">
    <ASP:RectangleHotSpot Bottom="27" NavigateUrl=http://www.baidu.com Right="70"/>
    <ASP:RectangleHotSpot Bottom="27" Left="71" NavigateUrl="http://www.google.com" Right="140"/>
</ASP:ImageMap>
```

【例 6.6】利用 ImageMap 设计网站导航条。

如图 6-7 所示，导航条是一张图片，设置好热点区域后，单击不同区域将链接到不同网页。

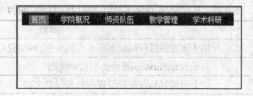

图 6-7 导航条

源程序：ImageMap.aspx 部分代码

```
<div>
    <ASP:ImageMap ID="ImageMap1" runat="server" ImageUrl="~/chap6/Image/ImageMap.png">
        <ASP:RectangleHotSpot Bottom="26" NavigateUrl="http://www.irm.cn/index.PHP" Right="70" AlternateText="首页"/>
        <ASP:RectangleHotSpot Bottom="26" Left="72" NavigateUrl=http://www.irm.cn/about/index.html Right="141" AlternateText="概况"/>
        <ASP:RectangleHotSpot Bottom="26" Left="143" NavigateUrl=http://www.irm.cn/teachers/index.html Right="214" AlternateText="师资"/>
        <ASP:RectangleHotSpot Bottom="26" Left="216" NavigateUrl=http://www.irm.cn/teaching/index.html Right="287" AlternateText="教学"/>
        <ASP:RectangleHotSpot Bottom="26" Left="289" NavigateUrl=http://www.irm.cn/academic_research/index.html Right="360" AlternateText="科研"/>
    </ASP:ImageMap>
</div>
```

6.4.9　HyperLink 控件

HyperLink 控件用于在网页上创建超链接，可以与数据源绑定。定义语法如下：

```
<ASP:HyperLink ID="HyperLink1"runat="server"NavigateUrl=""Target="_blank">HyperLink </ASP:HyperLink>
```

其常用属性如表 6-9 所示。

表 6-9　HyperLink 控件的常用属性

属性	解释
Text 属性	设置显示在控件中的文本
ImageUrl 属性	设置控件显示的图片。优先级比 Text 高，若找不到图片则显示 Text 内容
NavigateUrl 属性	单击控件上跳转到的超链接地址
Target 属性设置	目标框架，值为框架名表示在指定的框架中显示链接页；值为 _blank 表示在一个新窗口中显示链接页；值为 _self 表示在原窗口显示链接页

如下代码演示根据日期动态设置链接字和链接地址，并在新窗口显示链接页。

【例 6.7】HyperLink 控件使用示例。

源程序：HyperLink.aspx

```
<div>
    <ASP:HyperLink ID="HyperLink1" runat="server" Target="_blank"></ASP:HyperLink>
</div>
```

源程序：HyperLink.aspx.cs

```
protected void Page_Load(object sender, EventArgs e)
{
if (DateTime.Now.DayOfWeek == DayOfWeek.Monday)
{
```

```
            HyperLink1.Text = "今天是周一";
            HyperLink1.NavigateUrl = "http://www.baidu.com";
        }
        else
        {
            HyperLink1.Text = "今天不是周一";
            HyperLink1.NavigateUrl = "http://www.google.com";
        }
    }
```

6.4.10 Table 控件

Table 控件的主要功能是控制页面上元素的布局，可以根据不同的用户响应，动态生成表格的结构。Table 控件与 TableCell、TableRow 配合，用于创建表格，声明一个表格并允许程序员以编程方式对其进行操作。定义语法如下：

```
<ASP:Table ID="Table1" runat="server">
    <ASP:TableRow runat="server">
        <ASP:TableCell runat="server"></ASP:TableCell>
    </ASP:TableRow>
</ASP:Table>
```

常用属性、方法如表 6-10 所示。

表 6-10 Table 控件的常用属性和方法

属性和方法	解释
Rows 属性	用于获取表行的集合
Cells 属性	表行中单元格的集合
Count 属性	表示 Rows 集合元素个数（行数）或 Cells 集合元素个数（列数）
Add() 方法	添加一个新的 TableRow 对象（即添加新行）或 TableCell 对象（插入单元格）
Remove() 方法	移除一个 TableRow 对象或 TableCell 对象
Clear() 方法	清除表中所有行或行中所有单元格
GridLines 属性	指定 Table 控件中显示的格线样式，Both 表示同时显示水平边框和垂直边框
Controls 属性	用于向 TableCell 添加控件

6.4.11 Panel 和 PlaceHolder 控件

Panel 和 PlaceHolder 都是容器控件，可以封装一组操纵或布置 ASP.NET 页面的控件。Panel 服务器控件在 Web 窗体页内提供了一种容器控件，可以将它用作静态文本和其他控件的父级。Panel 控件适用于：

1）分组行为。通过将一组控件放入一个面板，然后操作该面板，可以将这组控件作为一个单元进行管理。例如，可以通过设置面板的 Visible 属性来隐藏或显示该面板中的一组控件。

2）生成动态控件。Panel 控件为用户在运行时创建的控件提供了一个方便的容器。

3）外观。Panel 控件支持 BackColor 和 BorderWidth 等外观属性，可以设置这些属性来为页面上的局部区域创建独特的外观。

注意：对 RadioButton 之类的控件进行分组时，并不要求使用 Panel 控件。

PlaceHolder 控件就是一个占位符，可以将空容器控件放置到页内，然后在运行时动态添加、移除或依次通过子元素。该控件只呈现其子元素，它不具有自己的基于 HTML 的输出。

两个控件的区别在于，Panel 输出客户端脚本 <div ID="panel1" style="display:none;"> 这样的 HTML 代码，而 PlaceHolder 仅仅在服务器端起分组的作用。所以在页面中的控件有进行分组的情况下，客户端的脚本需要对分组进行简单的显示/隐藏、改变颜色等操作，则应该使用 Panel 控件，否则应该使用 PlaceHolder 控件。

下面以一个实例，说明 Panel 控件的使用，要求通过容器控件 Panel，实现常见信息收集。浏览效果如图 6-8、图 6-9、图 6-10 所示。

【例 6.8】Panel 控件使用示例。

图 6-8　第一步

图 6-9　第二步

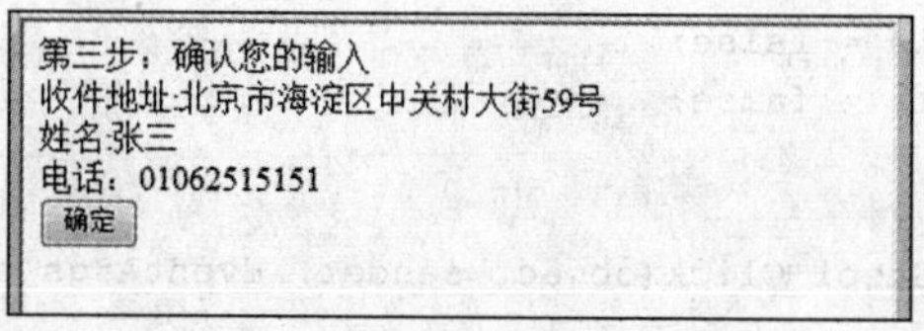

图 6-10　显示结果

操作步骤如下所示：

1）在解决方案中适当位置右击，选择"添加新项"，新建"Web 窗体"，命名为 Panel.aspx。

2）从工具箱中拖放三个 Panel 控件到设计页面，控件 ID 分别设置为 pnlStep1、pnlStep2、pnlStep3。

3）在第一个 Panel 控件中添加一个 TextBox 控件、一个 Button 控件；在第二个 Panel 控件中添加两个 TextBox 控件、一个 Button 控件；在第三个 Panel 控件中添加一个 Label 控件、一个 Button 控件，属性设置见下面源代码，效果如图 6-11 所示。

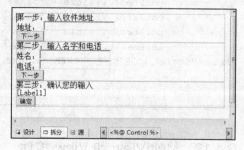
图 6-11　页面设置图

4）打开 .aspx.cs 文件，分别编辑页面加载事件和按钮事件，源代码如下。

源程序：Panel.aspx 部分代码

```
<%@Control Language="C#" AutoEventWireup="true" CodeFile="WebUserControl.ascx.cs"
           Inherits="chap6_Panel"%>
    <ASP:Panel ID="pnlStep1" runat="server"> 第一步：输入收件地址 <br/>
        地址：<ASP:TextBox ID="tbAdress" runat="server"></ASP:TextBox><br/>
    <ASP:Button ID="btnStep1" runat="server" Text=" 下一步 " onclick="btnStep1_Click"/>
        </ASP:Panel>
    <ASP:Panel ID="pnlStep2" runat="server"> 第二步：输入名字和电话 <br/>
        姓名：<ASP:TextBox ID="tbName" runat="server"></ASP:TextBox><br/>
        电话：<ASP:TextBox ID="tbPhone" runat="server"></ASP:TextBox><br/>
    <ASP:Button ID="btnStep2" runat="server" Text=" 下一步 " onclick="btnStep2_Click"/>
        </ASP:Panel>
    <ASP:Panel ID="pnlStep3" runat="server"> 第三步：确认您的输入 <br/>
        <ASP:Label ID="lblResult" runat="server"></ASP:Label><br/>
        <ASP:Button ID="btnStep3" runat="server" Text=" 确定 "/>
        </ASP:Panel>
```

源程序：Panel.aspx.cs 部分代码

```
Public partial class chap6_Panel : System.Web.UI.Page
{
Protected void Page_Load(object sender, EventArgs e)
{
        if (!IsPostBack)
{
    pnlStep1.Visible = true;
    pnlStep2.Visible = false;
    pnlStep3.Visible = false;
}
}
Protected void btnStep1_Click(object sender, EventArgs e)
{
    pnlStep1.Visible = false;
    pnlStep2.Visible = true;
    pnlStep3.Visible = false;
}
Protected void btnStep2_Click(object sender, EventArgs e)
{
        pnlStep1.Visible = false;
        pnlStep2.Visible = false;
        pnlStep3.Visible = true;
        lblResult.Text = " 收件地址 " + tbAdress.Text + "<br/>" + " 姓名 " + tbName.Text + "<br/>" +" 电话：" + tbPhone.Text;
    }
    }
```

6.4.12 MultiView 和 View 控件

MultiView 和 View 控件能够打开或关闭 ASP.NET 页面的不同部分，即激活或禁用 MultiView 控件中的一系列 View 控件，类似于 Panel 的可见性。MultiView 控件是一组

View 控件的容器。使用它可定义一组 View 控件，其中每个 View 控件又是其他控件的容器控件。定义语法如下：

```
<ASP:MultiView ID="MultiView1" runat="server">
    <ASP:View ID="View1" runat="server"></ASP:View>
    <ASP:View ID="View2" runat="server"></ASP:View>
</ASP:MultiView>
```

常用属性、方法和事件如表 6-11 所示。

表 6-11　MultiView 控件的常用属性、方法和事件

属性、方法和事件	解释
ActiveViewIndex 属性	用于获取或设置当前被激活显示的 View 控件索引值。默认值为 –1，表示没有 View 控件被激活
SetActiveView 方法	用于激活显示特定的 View 控件
ActiveViewChanged 事件	当视图切换时被激发

在 MultiView 控件中，一次只能将一个 View 控件定义为活动视图。如果某个 View 控件定义为活动视图，它所包含的子控件则会呈现到客户端。如果要切换视图，需在每个 View 中添加 Button 型控件。将按钮或链接按钮的 CommandName 属性设置为与所需导航行为对应的命令名字段的值，这些命令名字段如下：PreviousView（显示下一个 View）、NextView（显示上一个 View）、SwitchViewByID（切换到指定 ID 的 View）或 SwitchViewByIndex（切换到指定索引号的 View）。

6.4.13　Wizard 控件

Wizard 控件，即用户向导控件，可以建立一系列显示给终端用户的步骤，常用于显示信息或收集信息。定义语法如下：

```
<ASP:Wizard ID="Wizard1" runat="server">
    <WizardSteps>
        <ASP:WizardStep ID="WizardStep1" runat="server" Title="Step 1"></ASP:WizardStep>
        <ASP:WizardStep ID="WizardStep2" runat="server" Title="Step 2"></ASP:WizardStep>
    </WizardSteps>
</ASP:Wizard>
```

Wizard 控件由侧栏、标题、向导步骤集合、导航按钮四部分组成。其中，侧栏包含所有向导步骤的列表，标题为每个步骤提供相同的标题信息，向导步骤集合是核心，导航按钮实现步骤间跳转。导航按钮的呈现形式与每个 WizardStep 的属性 StepType 有关。值 Start 表示显示"下一步"按钮，值 Step 表示显示"上一步"和"下一步"按钮，值 Finish 表示显示"上一步"和"完成"按钮，值 Complete 表示不显示任何按钮，而值 Auto 则表示由系统根据步骤在集合中的顺序显示相关的按钮。

Wizard 控件常用的属性和事件如表 6-12 所示。

表 6-12　Wizard 控件的常用属性和事件

属性和事件	解释
ActiveStepIndex 属性	决定当前显示的步骤
AllowReturn 属性	是否允许用户访问以前的步骤，值 false 表示不允许
FinishButtonClick 事件	单击"完成"按钮时触发
NextButtonClick 事件	单击"下一步"按钮时触发
SiderBarButtonClick 事件	单击侧栏步骤时触发

【例 6.9】RadioButtonList、Wizard、Table 综合应用。

如图 6-12、图 6-13、图 6-14 所示，实现了一个简易的利用 Wizard 进行用户注册。在注册完成页面，要求动态添加表格，以显示所收集的信息。

图 6-12　浏览效果图（一）

图 6-13　浏览效果图（二）

图 6-14　浏览效果图（三）

源程序：Controls2.aspx 部分代码

```
<%@PageLanguage="C#" AutoEventWireup="true" CodeFile="Default9.aspx.cs"
Inherits="chap6_Controls2"%>
…(略)
<formid="form1" runat="server">
    <div>
        <ASP:Wizard ID="Wizard1" runat="server"
            onfinishbuttonclick="Wizard1_FinishButtonClick" ActiveStepIndex="2"
            onnextbuttonclick="Wizard1_NextButtonClick">
            <WizardSteps>
                <ASP:WizardStep ID="WizardStep1" runat="server" Title="账户信息"
                    StepType="Start">
                    用户名：<ASP:TextBox ID="textName" runat="server"></ASP:TextBox><br/>
                    密码：<ASP:TextBox ID="textPassword" runat="server" TextMode="Password">
                    </ASP:TextBox>
                </ASP:WizardStep>
                <ASP:WizardStep ID="WizardStep2" runat="server" Title="您的信息" StepType="Step">
                    姓名：<ASP:TextBox ID="TextBox1" runat="server"></ASP:TextBox><br/>
                    <ASP:RadioButtonList ID="RadioButtonList1" runat="server">
                        <ASP:ListItem>男</ASP:ListItem>
                        <ASP:ListItem>女</ASP:ListItem>
                    </ASP:RadioButtonList><br/>
```

```
                              电话: <ASP:TextBox ID="textPhone" runat="server"></
ASP:TextBox>
                    </ASP:WizardStep>
                    <ASP:WizardStep runat="server" StepType="Finish" Title=" 注册完成 ">
                        <ASP:Table ID="tblInfo" runat="server" GridLines="Both">
                            <ASP:TableRow runat="server">
                                <ASP:TableCell runat="server">用户名 </ASP:TableCell>
                                <ASP:TableCell runat="server">性别 </ASP:TableCell>
                                <ASP:TableCell runat="server">电话 </ASP:TableCell>
                            </ASP:TableRow></ASP:Table>
                    </ASP:WizardStep>
                </WizardSteps>
                <HeaderTemplate>用户注册 </HeaderTemplate>
            </ASP:Wizard>
        </div>
    </form>
…(略)
```

源程序：Controls2.aspx.cs

```
using System;
…(略)
Public partial class exercise_Controls2: System.Web.UI.Page
    {
        Protected void Page_Load(object sender, EventArgs e)
    {
    }

        Protected void Wizard1_FinishButtonClick(object sender, WizardNavigation
EventArgs e)
    {
    }

        Protected void Wizard1_NextButtonClick(object sender, WizardNavigation
EventArgs e)
    {
            if (Wizard1.ActiveStepIndex == 1)
    {
                // 建立一个行对象
                TableRow row = newTableRow();
                // 建立单元格对象
                TableCell cellName = newTableCell();
                TableCell cellSex = newTableCell();
                TableCell cellPhone = newTableCell();
                // 设置单元格属性 Text
    cellName.Text = textName.Text;
    cellSex.Text =RadioButtonList1.SelectedValue;
    cellPhone.Text = textPhone.Text;
                // 添加各单元格对象到行对象
    row.Cells.Add(cellName);
    row.Cells.Add(cellSex);
    row.Cells.Add(cellPhone);
                // 添加行对象到表格对象
```

```
    tblInfo.Rows.Add(row);
    }
  }
}
```

6.4.14 FileUpload 控件

FileUpload 控件显示一个文本框控件和一个浏览按钮，使用户可以选择客户端上的文件并将它上载到 Web 服务器。用户通过在控件的文本框中输入本地计算机上文件的完整路径（例如，D:TestFile.txt）来指定要上载的文件。用户也可以通过单击"浏览"按钮，然后在"选择文件"对话框中定位文件来选择文件。

用户选择要上载的文件后，FileUpload 控件不会自动将该文件保存到服务器。必须通过另一个事件，如提供一个按钮，用户单击它即可上载文件。为保存指定文件所写的代码应调用 SaveAs() 方法，该方法将文件内容保存到服务器上的指定路径，如在单击按钮的事件中调用：

```
FileUpload1.SaveAs("D:\\Uploads\\"+FileUpload1.FileName);
```

在文件上传的过程中，文件数据作为页面请求的一部分，上传并缓存到服务器的内存中，然后再写入服务器的物理硬盘中。

有三个方面需要注意：

（1）确认是否包含文件

在调用 SaveAs 方法将文件保存到服务器之前，使用 HasFile 属性来验证 FileUpload 控件确实包含文件。若 HasFile 返回 true，则调用 SaveAs 方法；如果它返回 false，则向用户显示消息，指示控件不包含文件。

（2）文件上传大小限制

默认情况下，上传文件大小限制为 4096 KB (4 MB)。可以通过设置 httpRuntime 元素的 maxRequestLength 属性来允许上传更大的文件。若要增加整个应用程序所允许的最大文件大小，请设置 Web.config 文件中的 maxRequestLength 属性。若要增加指定页所允许的最大文件大小，请设置 Web.config 中 location 元素内的 maxRequestLength 属性。

（3）上传文件夹的写入权限

应用程序可以通过两种方式获得写访问权限。可以将要保存上载文件的目录的写访问权限显式授予运行应用程序所使用的帐户，也可以提高为 ASP.NET 应用程序授予的信任级别。若要使应用程序获得执行目录的写访问权限，必须将 ASPNetHostingPermission 对象授予应用程序并将其信任级别设置为 ASPNetHostingPermissionLevel.Medium 值。提高信任级别可提高应用程序对服务器资源的访问权限。请注意，该方法并不安全，因为如果怀有恶意的用户控制了应用程序，也能以更高的信任级别运行应用程序。最好的做法就是在仅具有运行该应用程序所需的最低特权的用户上下文中运行 ASP.NET 应用程序。

FileUpload 控件的常用属性如表 6-13 所示。

表 6-13 FileUpload 控件的常用属性

属性	解释
FileBytes	获取上传文件的字节数组
FileContent	获取指定上传文件的 Stream 对象
FileName	获取上传文件在客户端的文件名称
HasFile	获取一个布尔值,表示 FileUpload 控件是否已经包含一个文件
PostedFile	获取一个与上传文件相关的 HttpPostedFile 对象,使用该对象可以获取上传文件的相关属性

6.5 Web 服务器验证控件

数据输入是程序处理的开始步骤,而不合理的数据输入是导致程序异常的主要因素之一,所以在程序执行处理前验证数据有效性是软件开发过程中必不可少的步骤。在 Web 页面中验证用户输入通常使用客户端验证,以便减少服务器压力和提高用户体验度,但这加大了开发难度。本节介绍 ASP.NET 中提供的验证控件,以方便开发人员进行数据验证。

在 ASP.NET 页面中使用验证控件和使用其他服务器控件一样,向页面添加验证控件即可启用对用户输入的验证,每个验证控件都与页面上其他输入控件相关联。当用户向服务器提交页面之后,服务器将逐个调用验证控件来检查用户输入。如果检测到验证错误,则给出错误提示,且该页面将自行设置为无效状态,无法提交给服务器。通过判断页面的属性 IsValid 值确定页面上的空间是否都通过了验证,true 表示所有控件都通过了验证。ASP.NET 4 中的 6 个验证控件及功能如表 6-14 所示。

表 6-14 ASP.NET 验证控件

验证控件	解释
RequireFieldValidator	必须输入数据,不允许为空
CompareValidator	使用比较运算符比较用户的输入和另一项,如比较两次密码输入是否一致
RangeValidator	根据一个数字范围或字母范围检查用户的输入
RegularExpressionValidator	输入匹配正则表达式,可用于检查电子邮件地址和电话号码
CustomValidator	使用定制的验证逻辑检查用户的输入
ValidationSummary	在页面的一个特定位置显示验证控件所有的错误消息

除 ValidationSummary 控件外,其他 5 个控件有一些共同的实用属性,如表 6-15 所示。

表 6-15 验证控件的共同属性

属性	解释
ControlToValidate	指定要验证控件的 ID
Display	指定验证控件在页面上显示的方式。值 Static 表示验证控件始终占用页面控件;值 Dynamic 表示只有显示错误信息时才占用页面空间;值 None 表示验证的错误信息都在 ValidationSummary 中显示
EnableClientScript	设置是否启用客户端验证,验证用的 JavaScript 代码由系统产生
ErrorMessage	设置在 ValidationSummary 中显示的错误信息,若 Text 为空会替代它
SetFocusOnError	当验证无效时,是否将焦点定位在被验证控件中

(续)

属性	解释
Text	设置验证控件显示的信息
ValidationGroup	设置验证控件的分组名
CausesValidation	设置是否启用验证过程,值 false 表示不执行验证过程

若要对一个控件设置多个规则,可通过多个验证控件共同作用,此时验证控件的属性 ControlToValidate 指向同一个控件;若要对同一个页面上不同的控件提供分组验证功能,可以通过将同一组的控件 ValidationGroup 属性设置为相同的组名来实现。

6.5.1 RequireFieldValidator 控件

RequireFieldValidator 控件用于对必须要提供的信息进行检验,如注册用户时的账户名和密码。定义语法如下:

```
<ASP:RequiredFieldValidator ID="RequiredFieldValidator1" runat="server" ErrorMessage="不能为空">
</ASP:RequiredFieldValidator>
```

最常见的错误提示信息是红色"*"。

除公有属性外,RequireFieldValidator 控件还有一个特殊的属性 InitialValue,用于指定被验证的控件初始文本,且只有在被验证的控件输入值与初始文本不同时,验证才能通过。

6.5.2 CompareValidator 控件

CompareValidator 控件可以比较两个控件的值,也可以比较控件的值与指定的常量。定义语法如下:

```
<ASP:CompareValidator ID="CompareValidator1" runat="server"
ControlToCompare="TextBox1" ControlToValidate="TextBox2"
ErrorMessage="CompareValidator">
</ASP:CompareValidator>
```

除公有属性外,CompareValidator 控件常用属性如表 6-16 所示。

表 6-16 CompareValidator 控件常用属性

属性	解释
ControlToCompare	指定与被验证控件比较的控件 ID
Operator	设置比较时使用的操作符。值包括 Equal、NotEqual、GreaterThan、GreaterThanEqual、LessThan、LessThanEqual、DataTypeCheck
Type	设置比较值时使用的数据类型
ValueToCompare	指定与验证控件比较的值

注意:属性 ControlToCompare 与属性 ValueToCompare 只能选择一个,即要么是与控件比较,要么是与常量值比较。

6.5.3 RangeValidator 控件

RangeValidator 控件可以确定用户输入是否介于特定的取值范围内，例如在两个数字、两个日期或两个字母字符之间。可以将取值范围上下限以属性 MaximumValue 和 MinimumValue 指定，还必须指定控件要验证的值的数据类型，如用户输入无法转换为指定的数据类型，则验证也失败。定义语法如下：

```
<ASP:RangeValidator ID="RangeValidator1" runat="server"
ControlToValidate="TextBox1" ErrorMessage=" 请输入 1-100 之间的整数 "
MaximumValue="100" MinimumValue="1" Type="Integer">
</ASP:RangeValidator>
```

值类型 Type 一般有如表 6-17 所示的几种情况：

表 6-17　验证值类型 Type 常见情况

类型	解释	类型	解释
String	字符串数据类型	Date	日期数据类型
Integer	32 位有符号整数数据类型	Currency	货币数据类型
Double	双精度浮点数数据类型		

6.5.4 RegularExpressionValidator 控件

RegularExpressionValidator 控件可以使用正则表达式来检查用户输入是否匹配预定义的模式，如电话号码、电子邮件地址等。通过属性 ValidationExpression 来指定正则表达式。定义语法如下：

```
<ASP:RegularExpressionValidator ID="RegularExpressionValidator1" runat="server"
ControlToValidate="TextBox1" ValidationExpression=" 正则表达式 " ErrorMessage="RegularExpressionValidator">
</ASP:RegularExpressionValidator>
```

表 6-18 列出了几个常用的正则表达式。

表 6-18　常用正则表达式

功能	表达式
Internet URL	http(s)?://([\w-]+\.)+[\w-]+(/[\w-./?%&=]*)?
电子邮件地址	\w+([-+.']\w+)*@\w+([-.]\w+)*\.\w+([-.]\w+)*
电话号码	(\(\d{3}\)|\d{3}-)?\d{8}
身份证号	\d{17}[\d|X]|\d{15}
邮政编码	\d{6}

6.5.5 CustomValidator 控件

前面介绍了几种验证控件，在许多情况下这些验证控件能满足所需的验证规则。但有时，我们需要的功能它们都没提供，需要自定义验证函数，再通过 CustomValidator 控件调用，可以进行客户端验证、服务器验证或混合验证。

6.5.6 ValidationSummary 控件

ValidationSummary 控件是一个报告控件,用于汇总页面上所有的验证错误,即汇总其他验证控件的属性 ErrorMessage 值,而不是把这些验证错误留给各个验证控件。

除公有属性外,其常用属性如表 6-19 所示。

表 6-19 ValidationSummary 控件常用属性

属性	解释
DisplayMode	指定了显示信息的格式
ShowMessageBox	指定是否在一个弹出的消息框中显示错误信息
ShowSummary	指定是否启用错误信息汇总

【例 6.10】验证控件综合应用。

如图 6-15 和图 6-16 所示,用于输入姓名的文本框使用了 RequireFieldValidator 控件,并且不能与初始值相同;密码和确认的文本框使用了 CompareValidator 控件验证两次输入的信息是否一致;用于输入年龄的文本框使用了 RangeValidator 控件,验证年龄为整数型且在 4～100 之间;用于输入邮箱的文本框使用了 RegularExpressionValidator 控件,保证邮箱的格式正确。放置的 ValidationSummary 控件,用于汇总错误信息。

图 6-15 浏览效果(一)

图 6-16 浏览效果(二)

源程序:Validator.aspx 部分代码

```
<%@Page Language="C#" AutoEventWireup="true" CodeFile="Validator.aspx.cs"
    Inherits="chap6_Validator"%>
…(略)
<form id="form1" runat="server">
<div>
    姓名:<ASP:TextBox ID="txtName" runat="server">输入您的姓名</ASP:TextBox>
    <ASP:RequiredFieldValidator ID="rfvName" runat="server"
        ControlToValidate="txtName" ErrorMessage=" 请输入您的姓名 "></ASP:RequiredFieldValidator>
    <ASP:RequiredFieldValidator ID="RequiredFieldValidator1" runat="server"
        ControlToValidate="txtName" InitialValue=" 输入您的姓名 "
        ErrorMessage=" 不能与初始值同 ">
    </ASP:RequiredFieldValidator><br/>
    密码:<ASP:TextBox ID="txtPassword" runat="server"
        TextMode="Password"></ASP:TextBox>
    <ASP:RequiredFieldValidator ID="rfvPassword" runat="server"
        ControlToValidate="txtPassword">*</ASP:RequiredFieldValidator><br/>
```

```
确认： <ASP:TextBox ID="txtPassword1" runat="server" TextMode="Password">
    </ASP:TextBox>
<ASP:CompareValidator ID="cvPassword" runat="server"
    ErrorMessage=" 密码与确认密码不一致 "
    ControlToCompare="txtPassword1" ControlToValidate="txtPassword">
</ASP:CompareValidator><br/>
年龄： <ASP:TextBox ID="txtAge" runat="server"></ASP:TextBox>
<ASP:RangeValidator ID="rvAge" runat="server" ErrorMessage="请输入真实的年龄 "
    ControlToValidate="txtAge" MaximumValue="100" MinimumValue="4"
        Type="Integer"></ASP:RangeValidator><br/>
邮箱： <ASP:TextBox ID="txtEmail" runat="server"></ASP:TextBox>
<ASP:RegularExpressionValidator ID="revEmail" runat="server"
    ErrorMessage=" 请输入正确的邮箱地址 " ControlToValidate="txtEmail"
    ValidationExpression="\w+([-+.']\w+)*@\w+([-.]\w+)*\.\w+([-.]\w+)*">
</ASP:RegularExpressionValidator><br/>
<ASP:Button ID="btnSubmit" runat="server" Text=" 确定 " onclick="btnSubmit_Click"/>
<ASP:Label ID="lblMsg" runat="server"></ASP:Label></div>
<ASP:ValidationSummary ID="ValidationSummary1" runat="server"
    ShowMessageBox="true" ShowSummary="false"/>
</div></form>
```

源代码：Validator.aspx.cs

```
using System;
…( 略 )
Public partial class chap6_Validator : System.Web.UI.Page
{
    protected void Page_Load(object sender, EventArgs e)
    {
    }
    protected void btnSubmit_Click(object sender, EventArgs e)
    {
lblMsg.Text = "";
            if(Page.IsValid)
    {
lblMsg.Text = " 验证通过 ";
    }
    }
}
```

本章小结

本章主要讲述了 ASP.NET 4 页面事件、HTML 服务器控件、Web 服务器控件和验证控件。理解页面处理流程须弄清楚页面生命周期事件的触发顺序，在实际应用中常通过判断属性 IsPostBack 的值，来决定在页面往返时是否执行相应的代码。ASP.NET 提供了 HTML 服务器控件和 Web 服务器控件，而 Web 服务器控件是构建 Web 窗体的基础，是本章的重点，要熟悉各控件的属性、事件和方法，并熟练掌握各控件的基本用法。在工程项目中，要求输入的数据合乎一定的标准，这就要使用一些验证机制来确保数据的规范性。ASP.NET 4 提供了 6 种验证控件，功能包括输入验证、比较验证、范围验证、正则表达式验证、自定义验证和汇总错误，为达到一定的验证效果，实际使用时可对一个控件使用多个验证控件。

习题

一、填空

1. 判断页面是否第一次载入可通过属性_____实现。
2. ASP.NET 4 服务器控件包括_____、_____。
3. 设置属性_____可以决定控件是否可用。
4. 设置属性_____可以决定控件是否在页面中可见。
5. 将 TextBox 控件作为密码框使用，应设置_____。
6. 当文本框内容改变且把焦点移出文本框时，立即触发 TextChanged 事件，引起页面往返处理，可以通过设置属性_____实现。
7. 通过属性_____可以获得控件 DropDownList 当前选定项的值。
8. 判断页面的属性_____值可确定整个页面的验证是否通过。
9. 在验证控件中，_____控件被称为非空验证控件，常用于文本框的非空验证。

二、选择

1. 下面的页面事件中最先执行的事件是（   ）。
   A. PreInit   B. Init   C. Load   D. 控件事件
2. 单击 Button 类型控件后能执行客户端脚本的属性是（   ）。
   A. OmClick   B. OnClientClick   C. OnCommandClick   D. OnClientCommand
3. 判断 CheckBoxList 的列表项是否选中的属性是（   ）。
   A. Checked   B. Selected   C. Enabled   D. Changed
4. 下面不属于容器控件的是（   ）。
   A. View   B. Panel   C. CheckBox   D. Table
5. 使用 ValidationSummary 控件时需要以对话框的形式来显示错误信息，则需要（   ）。
   A. 设置 ShowSummary 属性为 true
   B. 设置 ShowMessageBox 属性为 false
   C. 设置 ShowSummary 属性为 false
   D. 设置 ShowMessageBox 属性为 true

三、判断

1. 不能在服务器端访问 HTML 服务器控件。（   ）
2. 通过设置成员的属性 Selected 为 true，可使该成员成为 DropDownList 的默认项。（   ）
3. PlaceHolder 控件就是一个占位符，可以动态地插入对象，在后台程序动态操作。（   ）
4. RequireFieldValidator 控件的属性 InitialValue 用于指定被验证的控件初始文本，只有

在被验证的控件输入值与初始文本不同时，验证才能通过。　　　　　　（　　）
5. MultiView 控件不能作为 View 控件的容器。　　　　　　　　　　　　（　　）

四、代码编写

1. 使用 DropDownList 控件制作一组联动的"省–市–县"下拉列表，最后选择县后自动生成一个表格。
2. 利用 Panel 完成用户注册。注册页面需要用户名、密码、性别、电子邮件等，并使用验证控件对输入内容规范性验证。

五、简答

1. 简述 HTML 控件与 Web 服务器控件的主要区别。
2. 具有超链接功能的标准控件主要有哪些？比较各自特点。
3. Web 服务器标准控件中有哪些可以作为容器控件？
4. 简单介绍 Web 服务器验证控件。

第 7 章 母版页、主题和用户控件

创建统一风格和个性化网站，需要用到母版页、主题和用户控件技术。母版页是一个页面模板，使用母版页可以为应用程序创建一致的布局，集中处理页的通用功能；主题包括外观文件、CSS 文件和图片文件等，通过应用主题，可以为网站提供统一的外观；根据需要创建的重复使用的自定义控件，即是用户控件，它是一种复合控件。通过本章的学习，要理解母版页并掌握利用母版页创建一致网页布局的方法；了解主题并掌握建立和使用主题的方法；掌握建立和使用用户控件的方法。

7.1 母版页

目前，大多数 Web 站点在整个应用程序或应用程序的大多数页面中都有一些公共元素，例如页面头标区段公司 Logo、页面导航栏、页面脚标区段版权信息等。一些开发人员简单地把这些公共区段的代码复制并粘贴到每个页面上，这种方法可行但相当麻烦，当需要对这些公共区段进行修改时，就必须在每个页面上重复这个修改，枯燥且效率很低。在引入母版页（Master Page）后，这个问题得以解决。

7.1.1 母版页概述

母版页可以在同一站点的多个页面中共享使用同一内容，用户可以使用母版页建立一个通用的版面布局、在多个页面中显示一些公共的内容。利用母版页可以使站点更容易维护、扩展和修改。如果需要增加类似于站点中其他页面的新页，只需要简单应用同一母版页即可；如果需要更新整个站点的版面设计，只需要修改站点的外观母版页即可。将各网页的非公共部分包含在各内容页中，当用户请求内容页时，这些内容页与母版页合并，以将母版页的布局与内容页的内容组合在一些输出。

母版页代码格式类似于一般的 .aspx 文件，其关键不同点在于母版页以特殊的指令 @Master 识别，替换了一般 .aspx 页面中的 @Page 指令。母版页可以包含一个或多个 ContentPlaceHolder 控件，用来作为内容占位符。常见母版页代码结构为：

```
<%@Master Language="C#" AutoEventWireup="true" CodeFile="MasterPage2.master.cs"
    Inherits="chap7_MasterPage2"%> 略…
<html xmlns="http://www.w3.org/1999/xhtml">
    <head runat="server"><title></title></head>
    <body>
        <form id="form1" runat="server">
            <ASP:ContentPlaceHolder id="ContentPlaceHolder1" runat="server"/>
        </form>
    </body></html>
```

占位符 ContentPlaceHolder 控件的内容由内容页定义，在浏览器中得到的是内容页和母版页合并后的完整页面。

7.1.2 创建母版页

创建一个后缀为 .master 的文件，即是创建了一个母版页，步骤类似于创建一般的页面。下面演示在 Visual Studio 2010 中创建一个名为 MasterPage.master 的母版页。

在网站合适的路径位置右击，选择"添加新项"，在弹出的对话框中选择"母版页"，如图 7-1 所示：

图 7-1 创建母版页

打开 MasterPage.master 页面，可以看到代码中的 ContentPlaceHolder 控件，不要在该控件中写入任何内容，只作为内容页占位符，可以添加多个此控件。在 ContentPlaceHolder 控件之外，可以对页面进行布局、添加公共部分的内容等。在 MasterPage.master 页面相应位置输入以下代码：

源程序：MasterPage.master 部分代码

```
<body>
    <form id="form1" runat="server">
    <div>
        <table width="100%">
            <tr><td colspan="2"> 标题 </td>
            </tr>
            <tr><td width="158px" height="403px"> 菜单 </td>
                <td valign="top" height="403px"> 内容
                    <ASP:ContentBlaceHolder id="ContentPlaceHolder1" runat="server">
                    </ASP:ContentPlaceHolder>
                </td></tr>
        </table>
    </div>
    </form>
</body>
```

点击保存后，母版页效果如图 7-2 所示。

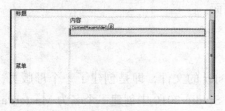

图 7-2 母版页效果图

本例包含了一个 ContentPlaceHolder 控件，也可以添加多个。任何继承该页面的内容页，都可以在该控件区域中放置内容，两者通过 Content PlaceHolderID 来绑定。

7.1.3 创建内容页

内容页是普通的 .aspx 页面，其定义了母版页的占位符控件的内容，包含除母版页外的其他非公共部分。创建内容页有两种方式，第一种方式同添加普通页面一样，从"添加新项"对话框中选择"Web 窗体"，切记选中右下方"选择母版页"复选框，并在接下来的"选择母版页"对话框中，选择要绑定的母版页，如图 7-3、图 7-4 所示：

图 7-3 创建内容页

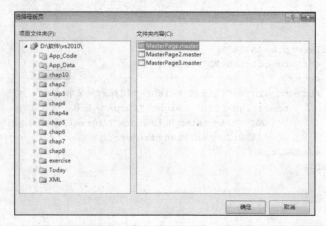

图 7-4 选择母版页

第二种方式较为直接，在母版页的任意位置或者解决方案中母版页处右击，选择"添加内容页"即可。

在内容页相应位置输入以下代码：

源程序：Content1.aspx

```
<ASP:Content ID="Content2" ContentPlaceHolderID="ContentPlaceHolder1" Runat="Server">
    <p> 这里显示的是内容页 </p>
</ASP:Content>
```

浏览效果如图 7-5 所示。

图 7-5　内容页浏览效果图

注意：内容页面的所有内容必须用 Content 控件添加，否则将报错。

7.1.4　母版页的嵌套

在大型站点中，可能存在一个为系统整体设计布局、提供公共部分的总体母版页，而在该站点下的不同子站点，各自可能还需要独特的母版页，这就要用到母版页的嵌套，即在大的母版页中再包含一个小的母版页，称小母版页为子母版页。

与任何母版页一样，子母版页的文件扩展名也是 .master。子母版页通常包含一些 Content 控件，这些控件与父母版页中的内容占位符相对应；而在 Content 控件中包含一些 ContentPlaceHolder 控件作为占位符，以显示内容页提供的内容。

下面以一个简单的母版页嵌套例子说明，浏览效果如图 7-6 所示。

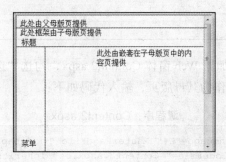

图 7-6　嵌套母版页浏览效果图

【例 7.1】 母版页的嵌套。

操作步骤：

1）在解决方案中添加母版页，命名为 MainMasterPage.master，不勾选"选择母版页"复选框，部分代码如下：

源程序：MainMasterPage.master

```
<body>
    此处由父母版页提供
    <form id="form1" runat="server">
    <div>
        <ASP:ContentPlaceHolder id="ContentPlaceHolder1" runat="server">
        </ASP:ContentPlaceHolder>
    </div>
    </form>
</body>
```

2）在解决方案中添加母版页，命名为 KidMasterPage.master，勾选"选择母版页"复选框，单击"添加"按钮后，选择其父母版页为 MainMasterPage.master，输入以下代码：

源程序：KidMasterPage.master

```
<%@Master Language="C#" MasterPageFile="~/MainMasterPage.master" AutoEventWireup="true" CodeFile="KidMasterPage.master.cs" Inherits="chap7_KidMasterPage"%>
    <ASP:Content ID="Content1" ContentPlaceHolderID="head" Runat="Server">
    </ASP:Content>
    <ASP:Content ID="Content2" ContentPlaceHolderID="ContentPlaceHolder1" Runat="Server">
    此处框架由子母版页提供
    <table width="100%">
        <tr><td colspan="2">标题 </td>
        </tr>
        <tr>
            <td width="158px" height="403px"> 菜单 </td>
            <td valign="top" height="403px">
                <ASP:ContentPlaceHolder id="ContentPlaceHolder2" runat="server">
                </ASP:ContentPlaceHolder>
            </td>
        </tr>
    </table>
</ASP:Content>
```

3）在解决方案中添加新 Web 窗体 Content2.aspx，勾选"选择母版页"复选框，选择 KidMasterPage.master 作为其母版页，输入代码如下：

源程序：Content2.aspx

```
<%@Page Title="" Language="C#" MasterPageFile="~/chap7/KidMasterPage.master" AutoEventWireup="true" CodeFile=" Content2.aspx.cs" Inherits="chap7_Content2"%>
    <ASP:Content ID="Content1" ContentPlaceHolderID="ContentPlaceHolder2"
```

```
Runat="Server">
        此处由嵌套在子母版页中的内容页提供
    </ASP:Content>
```

7.1.5 母版页运行机制

在处理母版页和内容页时有特定的顺序,以将母版页和内容页合并为一个完整的页面。用户在浏览器上请求一个内容页时,处理请求的步骤如下:

1)根据用户输入的内容页的 URL,请求该页。

2)读取页面的 @Page 指令,若其引用了母版页,则读取对应母版页。初次请求这两个页面时,要对页面进行编译。

3)包含更新内容的母版页合并到内容页的控件树中。

4)Content 控件包含的内容均合并到母版页中相对应的 ContentPlaceHolder 中。

5)母版页与内容页合并成一个完整的页面,在浏览器中呈现。

普通用户在访问内容页时,并不会关心母版页与内容页的合并,只是通过输入内容页的 URL,得到了一个完整的页面。但从编程角度看,这两个页用作各自页面控件的独立容器。

从以上讨论可以看出,母版页具有以下优点:

1)使用母版页可以方便地创建一组控件和代码,将结果应用于一组页。

2)使用母版页可以集中处理页的通用功能,以便实现在一个位置改动而对一组页进行更新。

3)通过控制占位符控件的呈现方式,母版页可以实现在细节上控制最终页的布局。

7.2 主题

在建立 Web 应用程序时,通常所有的页面都有类似的外观和操作方式。为保证一致的风格,许多应用程序在设计时,页面的差别都不会很大,所有页面会使用类似的颜色、字体和服务器控件样式。使用 ASP.NET 的主题功能,可以集中指定样式,并应用于 Web 应用程序的所有或部分页面。

主题(Theme)是页面和控件外观属性的集合,组成元素可包括外观文件、级联样式表文件、图像和其他资源。主题至少包含一个外观文件,外观文件的扩展名是 .skin,是各种服务器控件属性设置的集合。

7.2.1 自定义主题

通过 Visual Studio 2010 创建 ASP.NET 主题,步骤如下:

(1)创建文件夹结构

1)在解决方案管理器中,右击要为其创建主题的网站名称,选择"添加 ASP.NET

文件夹",在子菜单项中选择"主题"菜单,系统自动在解决方案下创建 App_Themes 文件夹,并默认包含一个"主题1"文件夹。

2)重命名"主题1"文件夹为"Red";右击 App_Themes 文件夹,选择"添加 ASP.NET 文件夹",在子菜单项中选择"主题"菜单,并重命名为"Green"。

文件夹结构如图 7-7 所示。

(2)创建外观文件

图 7-7 文件夹结构

1)右击 Green 文件夹,选择"添加新项",在菜单中选择"外观文件",创建一个名为"Green.skin"的外观文件。同样,在 Red 文件夹下创建"Red.skin"外观文件。

2)编辑 Green.skin 文件,源代码如下:

```
<ASP:Calendar runat="server" BackColor="#009900">
    <DayHeaderStyle BackColor="#00CC00"/>
    <DayStyle BackColor="#33CC33"/>
    <TitleStyle BackColor="#009900"/>
</ASP:Calendar>
<ASP:Button runat="server" BackColor="#009900"
    Font-Names=" 楷体 " Font-Size="X-Large" ForeColor="White"/>
<ASP:Button runat="server" BackColor="Red" SkinID="RedButton"
    Font-Names=" 宋体 " Font-Size="Large" ForeColor="White"/>
```

注意:

1)可以在一个 Web 页面中,拖放一个日历控件、两个按钮控件,利用可视化的属性设置窗口对控件进行配置,使其有对应的外观,再从该页面中复制控件对应的源代码到 .skin 文件中,并删除控件的 ID 属性。通过此方式,可以避免编写繁琐的代码,并且外观设计效果可见。

2)第二个按钮控件样式中,给出了属性 SkinID,可用于创建特定控件实例的命名外观,只需在对应的 Web 页面控件中指定 SkinID 即可。

除了外观文件,还可以在主题中添加 CSS 文件和图片文件,以实现设置 HTML 元素或 HTML 服务器控件的样式,得到更好的控件外观。创建 CSS 文件,只需右击主题文件夹如 Red,在弹出的菜单中选择"添加新项"→"样式表"模板,重命名后编辑添加 HTML 元素样式。添加图片文件到主题,只需在 App_Themes 文件夹中创建 Image 文件夹,在其中添加合适的图片文件,使用时给出正确的 URL 即可。

7.2.2 使用主题

用户可以对网页或网站应用主题,也可以对单个控件应用主题,应用级不同,主题所影响的范围不同。

1. 对网站应用主题

在网站级设置主题会对站点上的所有页和控件应用样式和外观,但优先级低于对个别页面或控件设置主题。在对应的 Web.config 文件中,将 <pages> 元素设置为全局主题的主题名，如下面代码所示：

```
<configuration>
<system.Web>
<pages theme ="网站级主题名"/>
</system.Web>
</configuration>
```

2. 对网页应用主题

在页面级设置主题会对该页面及所有控件应用样式和外观，但优先级低于对个别控件重写主题。将 @Page 指令的 Theme 或 StyleSheetTheme 属性设置为要使用的主题名称，如下面代码所示：

```
<%@Page Theme="主题名称"%>
```

或者

```
<%@Page StyleSheetTheme="主题名称"%>
```

3. 对单个控件应用命名外观

设置控件的 SkinID 属性时，此主题只应用于该控件，如下面代码所示：

```
<ASP:Button ID="btnRed" SkinID="RedButton" runat="server" Text="红色主题"/>
```

下面通过一个实例，使用上节创建的 Green 主题，浏览效果如图 7-8 所示。

【例 7.2】主题的使用。

操作步骤：

1）在解决方案中创建新 Web 页面，命名为 Theme.aspx。

2）拖放一个 Calendar 控件、两个 Button 控件到页面，Button 控件属性设置如下所示：

图 7-8 主题效果浏览图

```
<ASP:Button ID="btnGreen" runat="server" Text="绿色主题"/>
<ASP:Button ID="btnRed" SkinID="RedButton" runat="server" Text="红色主题"/>
```

3）在 @Page 指令中，添加属性 "Theme="Green""，保存并在浏览器中查看效果。

在某些情况下，网站或网页应用了统一的主题，而控件或已经有了预定义外观，不需要应用统一的主题，此时就可以使用 ASP.NET 4.0 提供的禁用主题功能。禁用页主题，需将 @Page 指令中的 EnableTheming 属性设置为 false；禁用控件主题，需将控件的 EnableTheming 属性设置为 false。

7.2.3 动态主题

除了在页面中提前指定主题外，有时候需要根据用户喜好，自主选择页面的风格，这时就需要通过编程方式来实现主题的切换。下面通过一个实例,来说明动态切换主题的方法。

【例 7.3】动态切换主题。

新建 Web 页面 DTheme.aspx,添加 Calendar 控件、Button 控件、DropDownList 控件各一个,控件属性设置如下源代码所示:

源程序: DTheme.aspx 文件部分代码

```
<div>
<ASP:Calendar ID="Calendar1" runat="server"/>
<ASP:Button ID="Button1" runat="server" Text="Button"/>
<ASP:DropDownList ID="ddlThemes" runat="server" AutoPostBack="True">
<ASP:ListItem Value="0">请选择主题</ASP:ListItem>
<ASP:ListItem>Green</ASP:ListItem>
<ASP:ListItem>Red</ASP:ListItem>
</ASP:DropDownList>
</div>
```

在上一节中,已经在 App_Themes 文件夹中创建了主题 Green 和 Red,这里就可以使用这两个主题来实现动态切换。其中主题 Red 的外观文件 Red.skin 代码如下:

```
<ASP:Calendar runat="server" BackColor="#009900">
    <DayHeaderStyle BackColor="Red"/>
    <DayStyle BackColor="#FF3300"/>
    <TitleStyle BackColor="#CC0000"/>
</ASP:Calendar>
<ASP:Button runat="server" BackColor="Red"
    Font-Names="宋体" Font-Size="Large" ForeColor="White"/>
```

编辑 DTheme.aspx.cs 文件,代码如下:

```
Public partial class chap7_DTheme : System.Web.UI.Page
{
    protected void Page_PreInit(object sender, EventArgs e)
    {
        if (Request["ddlThemes"] != "0")
        {
            Page.Theme = Request["ddlThemes"];
        }
    }
}
```

最后测试网页,浏览效果如图 7-9 所示。

通过下拉框选择主题后,Request["ddlThemes"] 可以获取其选中的值,以改变所应用的主题。从 .aspx.cs 文件代码中可以看到,属性 Page.Theme 值是在 Page_PreInit 事件中设置的,这是因为动态设置主题属性必须在该事件中处理。

图 7-9 动态主题浏览效果图

7.3 用户控件

在设计 Web 应用程序时，除了使用内置的 Web 服务器控件和 HTML 控件外，有时需要一些其未提供的功能，这时候就可以使用用户控件。用户控件是一种能够在其中添加标记和 Web 服务器控件的容器，并为其定义属性和方法。可将用户控件作为一个单元嵌套在页面中，创建的用户控件可在同一个 Web 应用程序中重复使用，大大提高了编程效率。

用户控件类似于 Web 窗体，但用户控件有一些独特的特点以及使用要求：

1）用户控件的文件扩展名为 .ascx。

2）包含 @ Control 指令，该指令对配置及其他属性进行定义。

3）用户控件不能作为独立文件运行，而必须像处理任何控件一样，将它们添加到 ASP.NET 页面中。

4）用户控件中没有 html、body 或 form 元素，这些元素必须位于宿主页中。

创建用户控件一般有以下三种方式：

1）类似于添加 Web 窗体，即 "添加新项" → "Web 用户控件"，拖放控件及编写属性和方法。

2）将单文件 ASP.NET 网页转换为用户控件。

① 重命名控件使其文件扩展名为 .ascx。

② 从该页面中移除 html、body 和 form 元素。

③ 将 @ Page 指令更改为 @ Control 指令。

④ 移除 @ Control 指令中除 Language、AutoEventWireup（如果存在）、CodeFile 和 Inherits 之外的所有特性。

⑤ 在 @ Control 指令中包含 className 特性。这允许将用户控件添加到页面时对其进行强类型化。

3）将代码隐藏 ASP.NET 网页转换为用户控件。

① 重命名 .aspx 文件，使其文件扩展名为 .ascx。

② 根据代码隐藏文件使用的编程语言，重命名代码隐藏文件使其文件扩展名为 .ascx.cs。

③ 打开代码隐藏文件并将该文件继承的类从 Page 更改为 UserControl。

④ 在 .aspx 文件中，执行以下操作：从该页面中移除 html、body 和 form 元素；将 @ Page 指令更改为 @ Control 指令；移除 @ Control 指令中除 Language、AutoEventWireup（如果存在）、CodeFile 和 Inherits 之外的所有特性；在 @ Control 指令中，将 CodeFile 特性更改为指向重命名的代码隐藏文件。

⑤ 在 @ Control 指令中包含 className 特性。这允许将用户控件添加到页面时对其进行强类型化。

7.3.1 创建用户控件

下面以一个实例，说明用户控件的创建，要求实现常见的登录页面，最终应用于

ASP.NET 页面，设计如图 7-10 所示。

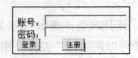

图 7-10　页面设计图

【例 7.4】创建用户控件。

操作步骤：

1）在解决方案中适当位置右击，选择"添加新项"，在弹出的对话框中选择"Web 用户控件"，命名为 WebUserControl.ascx。

2）打开 WebUserControl.ascx 文件，从工具箱中拖放两个 TextBox 控件、两个 Button 控件到设计页面，设计如图 7-10 所示。

3）打开 WebUserControl.ascx.cs 文件，分别编辑页面加载事件和按钮事件，源代码如下：

源程序：WebUserControl.ascx 部分代码

```
<%@Control Language="C#" AutoEventWireup="true" CodeFile="WebUserControl.ascx.cs"
    Inherits="chap7_WebUserControl"%>
账号：<ASP:TextBox ID="TxtBox1" runat="server"></ASP:TextBox><br/>
密码：<ASP:TextBox ID="TextBox2" runat="server"></ASP:TextBox><br/>
 <ASP:Button ID="Button1" runat="server"Text="登  录" onclick=" Button1_
Click"/>  
    <ASP:ButtonID="Button2"runat="server"Text="注  册"onclick=" Button1_
Click"/>
```

源程序：WebUserControl.ascx.cs 部分代码

```
Public partial class chap7_WebUserControl : System.Web.UI.UserControl
{
    Protected void Page_Load(object sender, EventArgs e)
{
}
    protected void Button1 _Click(object sender, EventArgs e)
{
    //在工程项目中，通过在数据库中查询，验证账号和密码
}
    protected void Button2 _Click(object sender, EventArgs e)
{
    //在工程项目中，新用户跳转到注册页面
}
}
```

注意：用户控件不能放在网站的 App_Code 文件夹中，否则，在运行包含该控件的页面时将发生分析错误。

7.3.2　使用用户控件

用户控件是不能独立运行的，必须将其放到 ASP.NET 页面中运行。下面实例说明如

何使用前面创建的用户控件。

【例7.5】用户控件的使用。

操作步骤如下：

1）在解决方案适当位置右击，选择"添加新项"，在弹出的对话框中选择"Web窗体"，命名为UserControl.aspx。

2）打开UserControl.aspx文件，切换到设计视图。从目录中选择WebUserControl.ascx，拖放到UserControl.aspx窗体中。

3）保存并运行网页（可以添加其他控件、属性和方法）。

也可以直接编写源代码实现对用户控件的应用，在UserControl.aspx添加如下代码：

源程序：UserControl.aspx

```
<%@Page Language="C#" AutoEventWireup="true" CodeFile="UserControl.aspx.cs"
    Inherits="chap7_UserControl"%>
<%@Register Src="WebUserControl.ascx" TagName="WebUserControl" TagPrefix="uc1"%>
<!DOCTYPE htmlPUBLIC"-//W3C//DTD XHTML 1.0 Transitional//EN""http://www.
w3.org/TR/xhtml1/DTD/xhtml1-transitional.dtd">
<html xmlns="http://www.w3.org/1999/xhtml">
    <head runat="server">
        <title></title>
    </head>
    <body>
        <form id="form1" runat="server">
            <div>
                <uc1:WebUserControlID="WebUserControl1" runat="server"/>
            </div>
        </form>
    </body>
</html>
```

其中，<%@Register…>创建标记前缀和用户控件之间的关联，以便在页面中引用该控件，<uc1:WebUserControl…>即引用用户控件。在以拖放方式使用用户控件时，这两行代码是自动添加的。

用户控件中的元素是作为整体出现在页面中的，浏览效果和单独的按钮与文本框没有任何区别，但是实现了控件、属性集的重复使用，在一些较复杂的网页设计中，使用用户控件可以提高编程效率。

本章小结

本章主要介绍了ASP.NET 4中的母版页、主题和用户控件，以及利用这些技术创建具有统一风格和个性化网站的方法。母版页为减少重复工作量和简化网站页面设计的维护工作提供了技术支持，主题是利用外观文件、CSS和图片文件来控制页面显示的技术，用户控件在实际工程中常用于统一网页显示风格。熟练掌握这些技术，可以花费较少的精力设计和管理精美的页面。

习题

一、填空

1. 母版页以特殊的指令_____识别，该指令替换了一般 .aspx 页面中的 @Page 指令。
2. 母版页可以包含一个或多个_____控件，用来作为内容占位符。
3. 主题的组成元素包括_____、_____、_____和其他资源。
4. 禁用页主题，需将 @Page 指令中的_____属性设置为 false。
5. 动态设置主题属性必须在_____事件中处理。
6. 用户控件的文件扩展名为_____。

二、选择

1. 可以对页面进行布局的是（　　）。
   A. 主题　　　　　　B. 母版页　　　　　C. 用户控件　　　　D. skin 文件
2. 对（　　）应用主题，需要在 Web.config 文件中设置。
   A. 网站　　　　　　B. 网页　　　　　　C. 控件　　　　　　D. HTML 元素

三、判断

1. 内容页面的所有内容必须用 Content 控件添加，否则将报错。　　　　　　　　（　　）
2. 主题至少包含一个外观文件。　　　　　　　　　　　　　　　　　　　　　　（　　）
3. 控件外观中必须指定 SkinId 值。　　　　　　　　　　　　　　　　　　　　（　　）
4. 同一主题中不允许一个控件类型有重复的 SkinId。　　　　　　　　　　　　　（　　）
5. 用户控件应放在网站的 App_Code 文件夹中，以便于管理。　　　　　　　　　（　　）

四、代码编写

1. 设计一个母版页为上、左、右布局，其中页面上部为网站导航条，下部为版权信息。
2. 设计 4 个主题，分别呈现春、夏、秋、冬风格，并应用于页面，实现动态切换。
3. 设计一个用户控件，用于用户登录，并在页面中使用它。

五、简答

1. 简述母版页的运行机制。
2. 简要说明主题的几种不同应用级的方式。
3. 创建用户控件有哪几种方式？简要叙述。
4. 总结使用母版页的好处。

第8章 状态管理

状态管理是对同一页或不同页的多个请求维护状态和页信息的过程。ASP.NET 提供了客户端和服务器端两种状态管理方式,以帮助用户按页保留数据和在整个应用程序范围内保留数据。通过学习本章,理解客户端状态管理和服务器端状态管理的优缺点;理解各种状态管理方式的适用性和局限性;熟练使用查询字符串、Cookie 和 Session 等实现状态管理。

8.1 状态管理概述

HTTP 协议是"无状态协议",Web 服务器每分钟对上千个用户进行管理的一种方式就是执行所谓的"无状态"链接。只要有一个希望浏览器返回一个页面、图像或其他资源的请求,就发生以下事情:

1)连接到服务器。
2)告诉服务器想要的页面、图像或者其他项。
3)服务器发送请求的资源。
4)服务器切断连接,把用户忘得干干净净。

也就是页面之间在 HTTP 协议下是没有任何关系的,这样就需要通过状态管理来传输页面之间的数据。如在网上购物,用户登录后,在该网站浏览各网页时所做的操作(如添加商品到购物车),需要被网站记录为该用户所为,这时就需要保存用户登录的状态。

ASP.NET 的状态管理分为客户端和服务器端两种,表 8-1、表 8-2 分别给出了这两种方式的一些选项,并列出了它们的优缺点。

表 8-1 客户端状态管理选项

客户端选项	优点	缺点
Cookie	简单、数据持久性	可能会被浏览器拒绝、大小受限
ViewState	对于页面内数据来说非常简单	性能较差、设备限制
隐藏字段	实现简单、广泛的支持	不支持复杂数据类型、不适合数据量大的情况、性能差
ControlState	对于页面内用于控件的数据来说很简单	与 ViewState 类似,但用于需要 ViewState 的控件
QueryString	简单、支持广泛	不能存储大量信息、不适合敏感数据、易被终端用户修改

客户端状态由于数据保存在客户端,所以都不消耗服务器内存资源,但容易泄露数据信息,存在潜在安全风险。

表 8-2 服务器端状态管理选项

服务器端选项	优点	缺点
Application	实现简单、在所用用户中共享	在多个服务器配置中，状态要在每个服务器上存储一次；数据持续性有限；资源要求高
Session	无需 Cookie 支持、数据持久性、可扩展性、实现简单、会话特定的事件	可能会被滥用；无 Cookie 配置更容易受到攻击
数据库	状态可以由 Web 中的任意服务器访问	需要 SQL Server 许可；在对象退出进程时要进行串行化和保存

服务器端状态将消耗服务器端内存资源，但具有较高的安全性。

8.2 查询字符串

查询字符串（QueryString）方式是传统保存状态的方式，也是较常用的方式。使用 QueryString 获得的查询字符串是指跟在 URL 后面的变量及值，以 "?" 与 URL 间隔，不同变量间以 "&" 间隔。一般形如：

http://localhost:2230/vs2010/chap7/Default1.aspx?CategoryId=1&ProductId=3。

在上面的 URL 路径中，查询字符串以问号开始，并包含两个属性：一个名为 CategoryId，值为 1；另一个名为 ProductId，值为 3，两个键值以 & 隔开。下面通过一个实例，说明如何使用 QueryString。

【例 8.1】使用查询字符串。

如图 8-1 和图 8-2 所示，在页面 QS1.aspx 中的文本框中输入要传递的值，单击按钮页面将重定向到 QS2.aspx 并显示传递过来的查询字符串数据信息。

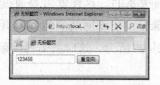
图 8-1 页面传值（一）

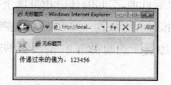
图 8-2 页面传值（二）

源程序：QS1.aspx 部分代码

```
<form id="form1" runat="server">
<div>
    <ASP:TextBox ID="TextBox1" runat="server"></ASP:TextBox>
    <ASP:Button ID="Button1" runat="server" Text="重定向" onclick=" Button1_Click"/>
</div>
</form>
```

源程序：QS1.aspx.cs 部分代码

```
protected void Button1_Click(object sender, EventArgs e)
```

```
        {
            Response.Redirect("QS2.aspx?txtInput="+ txtInput.Text );
        }
```

源程序：QS2.aspx.cs 部分代码

```
protected void Page_Load(object sender, EventArgs e)
    {
        string str = Request.QueryString["txtInput"];
        Label1.Text = "传递过来的值为: "+str;
    }
```

查询字符串提供了一种维护状态信息的方法，这种方法很简单，但使用上有限制，大多数浏览器会将 URL 最大长度限制为 2083 个字符，限制了更多的数据提交，而且查询字符串传递的信息是明文显示的，不能保证数据的安全性。

8.3 Cookie

Cookie 是一些少量的数据，这些数据或者存储在客户端文件系统的文本文件中（安装 Windows 的盘 :\Documents and Settings\< 用户名 >\Cookies 文件夹），或者存储在客户端浏览器会话的内存中。Cookie 包含特定于站点的信息，这些信息是随页输出一起由服务器发送到客户端的。Cookie 可以是临时的（具有特定的过期时间和日期），也可以是永久的。

可以使用 Cookie 来存储有关特定客户端、会话或应用程序的信息。Cookie 保存在客户端设备上，当浏览器请求某页时，客户端会将 Cookie 中的信息连同请求信息一起发送。服务器可以读取 Cookie 并提取它的值。一项常见的用途是存储标记（可能已加密），以指示该用户已经在应用程序中进行了身份验证。

大多数浏览器支持最大为 4096 字节的 Cookie，一般只允许每个站点存储 20 个 Cookie。可以在客户端修改 Cookie 设置和禁用 Cookie，故网站尽量不要太依赖 Cookie。

8.3.1 创建 Cookie

要建立 Cookie，可以先创建 HttpCookie 对象，设置其属性，再调用 Response.Cookies.Add() 方法添加。如下代码创建了一个有效期为 1 天的 Cookie，名为 userInfo。

【例 8.2】Cookie 的创建。

源程序：创建 Cookie

```
HttpCookie cookie = new HttpCookie("userInfo");
    cookie.Values["Name"] = "Tom";
    cookie.Values["passWord"] = "123456";
    cookie.Expires = DateTime.Now.AddDays(1);
    Response.Cookies.Add(cookie);
```

读取 Cookie 值需要使用 Response.Cookies 数据集合，如下代码所示：

```
String str = Response.Cookies["userInfo"]["Name"];
```

因为 Cookie 在用户的计算机中，所以无法直接修改 Cookie 的数据项。修改 Cookie 其实就是相当于创建一个具有新值的 Cookie，覆盖客户端上的原 Cookie。

8.3.2 删除 Cookie

删除 Cookie（即从用户的硬盘中物理移除 Cookie）是修改 Cookie 的一种形式，虽然也是无法直接删除，但可以利用浏览器自动删除到期 Cookie 的特性来删除 Cookie，也就是说创建一个与要删除的 Cookie 同名的新 Cookie，并将该 Cookie 的到期日期设置为早于当前日期的某个日期即可。

若只删除 Cookie 中的某个键值而不是整个 Cookie，比如 passWord，可以调用 Remove 方法。

【例 8.3】删除 Cookie。

源程序：删除 Cookie 键值

```
HttpCookie cookie = Request.Cookies["userInfo"];
    cookie.Values.Remove("passWord");
    cookie.Expires = DateTime.Now.AddDays(1);
    Response.Cookies.Add(cookie);
```

8.3.3 Cookie 的使用

Cookie 最常用的场合就是在用户登录后，指示用户已在应用程序中进行了身份验证。下面通过一个实例，说明 Cookie 的使用。

【例 8.4】Cookie 的使用。

如图 8-3、图 8-4 所示，用户访问 Cookie.aspx 时，若 Cookie 已有用户信息则显示欢迎页面，否则重定向到登录页面，登录页面的按钮事件创建了一个新 Cookie。

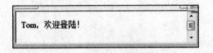

图 8-3　Cookie.aspx 浏览效果图　　　　图 8-4　登录页面

源程序：Cookie.aspx.cs 部分代码

```
protected void Page_Load(object sender, EventArgs e)
    {
        if(Request.Cookies["userInfo"] != null)
        {
            Response.Write(Request.Cookies["userInfo"]["Name"]+", 欢迎登录! ");
        }
        else
        {
```

状态管理

```
            Response.Redirect("Login.aspx");
    }
}
```

源程序：Login.aspx.cs 部分代码

```
protected void Button1_Click(object sender, EventArgs e)
    // 在实际应用程序中，要与数据库中的用户名和密码进行比较
    if (TextBox1.Text == "Tom"&& TextBox2.Text == "123456")
    {
        HttpCookie cookie = new HttpCookie("userInfo");
        cookie.Values["Name"] = "Tom";
        cookie.Expires = DateTime.Now.AddDays(1);
        Response.Cookies.Add(cookie);
        Response.Redirect("Cookie.aspx");
    }
}
```

8.4 Session

Session 也称会话状态，在基于 Web 的项目中应用最多，可以用来维护与当前浏览器实例相关的一些信息。比如，可以把已通过身份验证的登录用户的用户名放在 Session 中，这样就可以通过判断 Session 中的某个键值来确定用户是否已登录。

每个客户端（或者说浏览器实例）拥有的 Session 是独立的，彼此不共享。在用户第一次与 Web 服务器建立连接时，服务器会分发给用户一个 SessionID 作为标识。SessionID 是一个由 24 个字符组成的随机字符串。每次用户提交页面，浏览器都会把这个 SessionID 包含在 HTTP 头中提交给 Web 服务器，这样 Web 服务器就能区分当前请求页面的是哪个客户端。在 ASP.NET 中，提供了两种存储 SessionID 的模式：

1) Cookie。这是默认的模式，若客户端禁止了 Cookie 的使用，Session 也将失效。

2) URL。Cookie 是否开启不影响 Session 使用，缺点是不能再使用绝对链接。

Session 真正的内容与 SessionID 的存储是分开的，打开 Web.Config 文件，设置 SessionState 的属性 mode 时，如图 8-5 所示，可以看到其存储模式也有多种。

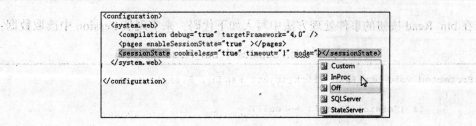

图 8-5 选择存储模式

1) InProc。这是默认的模式，即进程内模式。Session 存储在 IIS 进程中（Web 服务器内存）。

2）StateServer。Session 存储在独立的 Windows 服务进程中（可以不是 Web 服务器）。

3）SQLServer。Session 存储在 SQLServer 数据库的表中（SQLServer 服务器）。

4）Off。相当于禁用 Session。

5）Custom。允许开发人员自定义 Session 如何存储，相当于提供了一个可供编程的开发接口。

前三种存储模式各有优劣。InProc 模式的 Session 直接存储在 Web 服务器 IIS 进程中，速度比较快，是性能最高的一种模式，但每次重新启动 IIS 都会导致 Session 丢失，故不稳定。而利用 StateServer 或 SQLServer 模式，就完全可以把 Session 从 Web 服务器中独立出来，从而减轻 Web 服务器的压力，同时减少 Session 丢失的概率，Session 稳定很多，但性能有所下降。如果希望能持久化保存 Session，SQLServer 是唯一的内置方案。下一小节将介绍这三种 Session 存储模式的使用。

也可以看到，SessionID 存储在客户端（可以是 Cookie 或者 URL），其他都存储在服务器端（可以是 IIS 进程、独立的 Windows 服务进程或者 SQL Server 数据库中）。

8.4.1 Session 的使用

1. 默认 InProc 模式

新建 Web 页面 Session.aspx，拖放两个 Button 按钮，设置如下：

源程序：Session.aspx 部分代码

```
<ASP:Button ID="btn_Write" runat="server" Text=" 写入 " />
<ASP:Button ID="btn_Read" runat="server" Text=" 读取 " />
```

在 btn_Write 按钮的 Click 事件处理方法中，写入一个简单的 Session。

源程序：Session.aspx.cs 中 btn_Write 部分代码

```
Protected void btn_Write_Click(object sender, EventArgs e)
{
    Session["Name"] = "Tom";
}
```

在 btn_Read 按钮的事件处理方法中写入如下代码，来实现从 Session 中读取数据：

源程序：Session.aspx.cs 中 btn_Read 部分代码

```
Protected void btn_Read_Click(object sender, EventArgs e)
    {
        if (Session["Name"] == null)
    {
            Response.Write(" 读取简单字符串失败 <br/>");
    }
        else
    {
            string str = Session["Name"].ToString();
```

```
        Response.Write(str);
    }
}
```

页面浏览效果如图 8-6 所示。

图 8-6 Session 的使用

注意：在每次读取 Session 的值之前，一定要先判断 Session 是否为空，否则很有可能出现"未将对象引用设置到对象的实例"的异常。可以看到，从 Session 中读出的数据都是 object 类型的，需要进行类型转化后才能使用。

2. StateServer 模式

在 Web.config 文件中，将 SessionState 的属性 mode 设置如下所示：

```
<sessionState mode ="StateServer" stateConnectionString="tcp
ip=127.0.0.1:42422"></sessionState>
```

其中，stateConnectionString 表示状态服务器的通信地址，这里设置的是"127.0.0.1"表示本机测试，"42422"是状态服务默认的监听端口。这样设置后，Session 会被保存在 ASPnet_state.exe 状态进程中。但要注意：ASPnet_state 是以 Windows 服务形式运行的，所以要确保 127.0.0.1 对应的机器上该服务已经启动，可以通过"控制面板"→"管理工具"→"服务"操作，找到该服务并启动，如图 8-6 所示。

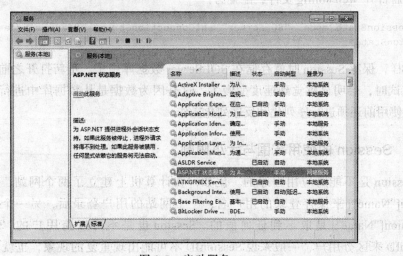

图 8-7 启动服务

设置完成后，再单击上例页面上的"写入"按钮，Session 就存储在状态服务进程中。相比 InProc 模式更稳定。

3. SQLServer 模式

首先进入 VS 命令行模式，输入以下命令：

```
C:WINDOWS\Microsoft.NET\Framework\v4.0.30319>ASPnet_regsql.exe -S JIMMYT61P -E-ssadd。
```

即 "ASPnet_regsql.exe –S 数据库实例名 –E-ssadd"，其中 –E 表示采用信任连接，-ssadd 表示为 SqlServer 服务器添加状态服务的支持。另外，数据库服务器得先启动 SQL Server 代理服务。该命令运行后，将会自动创建一个 ASPState 数据库，同时会在 tempdb 数据库下创建两张表。如图 8-8 所示。

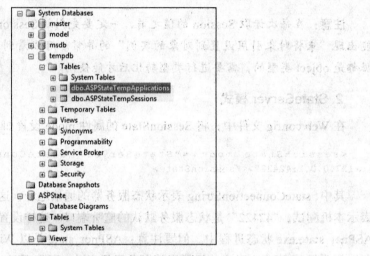

图 8-8 tempdb 数据库中自动创建表

然后打开 Web.config 文件，配置为：

```
<sessionState mode ="SQLServer" sqlConnectionString ="data source=JIMMYT61P">
</sessionState>
```

这样，保存 Session 时就存储在 SQLServer 数据库中了。重新打开之前建立的页面进行测试时，会明显感觉到速度变慢了，这是因为数据是从数据库中进行读取和保存的，且使用前还须进行序列化和反序列化操作。

8.4.2 Session 的使用范围与大小限制

Session 是不能跨应用程序的。比如，在计算机上建立了两个网站，同时都使用 Session["Name"] 来保存登录的用户名，一个网站的用户登录后，另一个网站直接访问 Session["Name"] 是取不到任何值的。Session 也是不可以跨用户的。Session 通过 SessionID 来区分用户，一般来说 SessionID 不可能出现重复的现象，也就是说 Session 一般是不会"串号"的。而每次提交页面的时候都会附加上当前用户的 SessionID，所以 Session 是可以跨页面的，也就是说一个网站中所有的页面都使用同一份 Session。综上所述，Session 状态的使用范围是：使用同一个客户端（浏览器实例）访问同一个应用程序的所有页面。

Session 对于网站和用户是独立的，虽然 Session 的大小没有限制，但是我们不能够滥用 Session。如果使用 InProc 模式的 Session，存储过多的数据会导致 IIS 进程被回收，引发 Session 不断丢失；如果使用 StateServer 存储 Session，那么数据在存入 Session 以前需要进行序列化，序列化会消耗大量的 CPU 资源；如果使用 SQLServer 模式的 Session，数据不但要序列化而且存储在磁盘上，更不适合存储大量数据。

8.4.3 Session 的生命周期

Session 并不是一次创建，永久使用的。在用户第一次访问网站时创建 Session，经过一定的时间 Session 会被销毁。Session 使用一种平滑超时的技术来控制何时销毁。默认情况下，Session 的超时时间（Timeout）是 20 分钟，用户保持连续 20 分钟不访问网站，则 Session 被收回，如果在 20 分钟内用户又访问了一次页面，那么将重新计时。这个超时时间同样也可以通过调整 Web.config 文件进行修改：

```
<sessionState timeout="30"></sessionState>
```

也可以在程序中进行设置：

```
Session.Timeout = "30";
```

一旦 Session 超时，Session 中的数据将被回收，如果再使用 Session 系统，将会分配一个新的 SessionID。Session 是否存在，不仅仅依赖于 Timeout 属性，以下情况都可能引起 Session 丢失：

1) bin 目录中的文件被改写。ASP.NET 有一种机制，为了保证 dll 重新编译之后，系统正常运行，它会重新启动一次网站进程，这时就会导致 Session 丢失，所以如果有 Access 数据库位于 bin 目录，或者有其他文件被系统改写，就会导致 Session 丢失。

2) SessionID 丢失或者无效。本节开始介绍了可以在 URL 中存储 SessionID，如果在 URL 中存储 SessionID，但是使用了绝对地址重定向网站导致 URL 中的 SessionID 丢失，那么原来的 Session 将失效。如果在 Cookie 中存储 SessionID，那么客户端禁用 Cookie 或者 Cookie 达到了 IE 中 Cookie 数量的限制（每个域 20 个），那么 Session 将无效。

3) 如果 Session 使用 InProc 存储模式，那么 IIS 重启将会丢失 Session。同理，如果使用 StateServer 的 Session，服务器重新启动时 Session 也会丢失。一般来说，如果在 IIS 中存储 Session 而且 Session 的 Timeout 设置得比较长，再加上 Session 中存储大量的数据，非常容易发生 Session 丢失的问题。

Session 虽然很方便灵活，但是要用好 Session 还需要不断实践，应根据网站的特点灵活使用各种模式的 Session。如果要立刻让 Session 失效则调用 Session.Abandon()。

8.5 Application

Application 又称应用程序状态，与应用于单个用户的 Session 状态不同，Application

状态是应用于所有用户的。它是一种全局存储机制，可从 Web 应用程序中的所有页面访问，其基本意义是：在服务器内存中存储数量较少又独立于用户请求的数据。由于它的访问速度非常快而且只要应用程序不停止，数据就一直存在，所以常用来存储那些数量较少、不随用户的变化而变化的常用数据。

Application 对象生成后，可以随时往里面保存数据。应用程序状态将数据存储为 Object 数据类型，因此任何对象都可以保存到 Application 中，如：

```
Application["Count"] = 20;// 保存整型数据
Application["Information"] = "Hello!";// 保存字符串
Application["userInfo"] = new Class1 ();// 保存类 Class1 的对象
```

我们通常在 Application_Start 中初始化一些数据，在以后的访问中可以迅速访问和检索，该处理程序在应用程序 Global.asax 文件中，需在添加新项时添加，如图 8-9 所示，选择添加"全局应用程序类"。

图 8-9　添加类

在 Application_Start 中输入要保存的数据项，就会保存到应用程序状态中。因为应用程序状态是全局性质的，其变量可以同时被多个线程访问，所以为了防止无效数据，访问 Application 对象应使用 Application.Lock 和 Application.Unlock 方法以保证只有一个线程写入。如下代码：

```
void Application_Start(object sender, EventArgs e)
{
    // 在应用程序启动时运行的代码
    Application.Lock();
    Application["Information"] = "Hello,RUC!";
    Application.UnLock();
}
```

Application 存储数据时，将数据保存为 Object 数据类型，在检索时必须转换回已知的类型，如下代码所示：

```
if (Application["Information"] != null)
{
    String str = (string)Application["Information"];
}
```

下面我们通过一个实例来说明 Application 的使用。

【例 8.5】Application 的使用。

使用 Application 统计网站访问情况。要求实现不管是否是同一个用户多次单击页面，页面被单击一次，页面单击数就加 1；来了一个用户，用户访问数就加 1，一个用户打开多个页面不会影响这个数字。

操作步骤如下：

1）打开 Global.asax 文件，首先需要在 Application_Start 中初始化两个变量。

源程序：Global.asax 部分代码

```
void Application_Start(object sender, EventArgs e)
{
    // 在应用程序启动时运行的代码
    Application["PageClick"]=0;
    Application["UserVisit"]=0;
}
```

2）用户访问数根据 Session 来判断，因此可以在 Session_Start 中增加这个变量。

源程序：Global.asax 部分代码

```
void Session_Start(object sender, EventArgs e)
{
// 在新会话启动时运行的代码
Application.Lock();
Application["UserVisit"]=(int)Application["UserVisit"]+1;
Application.UnLock();
}
```

3）新建 Web 页面 Application.aspx，打开 .aspx.cs 文件，页面单击数则在 Page_Load 中修改。

源程序：Application.aspx.cs 部分代码

```
protected void Page_Load(object sender, EventArgs e)
{
    if (!IsPostBack)
{
        Application.Lock();
        Application["PageClick"] = (int)Application["PageClick"] + 1;
        Application.UnLock();
        Response.Write(string.Format("页面单击数：{0}<br/>",Application["Pa
            geClick"]));
        Response.Write(string.Format("用户访问数：{0}<br/>", Application
```

```
                ["UserVisit"]));
        }
    }
```

可以看到，Application 的使用方法与 Session 类似。需要注意的是，Application 的作用范围是整个应用程序，可能有很多用户在同一个时间访问 Application 造成并发混乱，因此在修改 Application 的时候需要先锁定 Application，修改完成后再解锁。

由于应用程序已经为两个变量初始化了，所以在这里可以直接使用。初次浏览效果如图 8-10 所示。

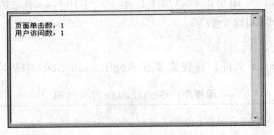

图 8-10　Application 的使用（一）

关闭页面，再重新打开，重复两次。由于前一个用户的 Session 还没有超时，Session_Start 导致用户访问数增长，所以这次用户访问数增加了 2，如图 8-11 所示。

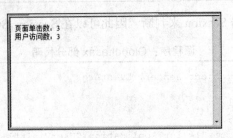

图 8-11　Application 的使用（二）

使用 <Ctrl+N> 组合键打开几个页面，可以发现页面单击数随着页面刷新增长，而用户访问数没有变化，如图 8-12 所示。前面已经介绍过，Session 是每个客户端一份。

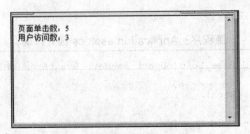

图 8-12　Application 的使用（三）

随着 ASP.NET 的发展，Application 已经变得不是非常重要了。因为 Application 的自我管理功能非常薄弱，它没有类似 Session 的超时机制。也就是说，Application 中的数据只有通过手动删除或者修改才能释放内存,只要应用程序不停止,Application 中的内容就不会消失。故 Application 生命周期是从应用程序开始的时候创建(准确来说是用户第一次请求某 URL 的时候创建),应用程序结束的时候销毁。对 Application 来说,数据总是存储在服务器端,安全性比较高,但不易存储过多数据。

8.6 隐藏域、ViewState 和 ControlState

通过 ASP.NET 中的 HiddenField(隐藏域)控件可以实现状态保存,此控件将呈现为 <input type="hidden" name="hidden" value="...."/>,在页面中,该控件不显示,可以像对待标准控件一样设置和使用其属性(一般为 value)。如图 8-13 在 Visual Studio 2010 设计器中添加一个 HiddenField 控件并设置其属性 value 值。

图 8-13　HiddenField 控件属性设置

赋值后,无论页面回发多少次,HiddenField1 将一直保存隐藏值,可以随时使用:

```
Response.Write(HiddenField1.Value);
```

ViewState(视图状态)与 Session 一样,是一个键/值集合,但显示为一个名为 _VIEWSTATE 的隐藏字段,如下所示:

```
<input type="hidden" name="_VIEWSTATE" id="_VIEWSTATE" value="dfgWGAgfWWuiZGO
ta2ZFe......"/>
```

这就是一个视图状态的实例,它的属性 value 的值显示为乱码,是 Base64 编码的页面状态,保护了数据的安全。使用视图状态保存值可使用如下代码:

```
ViewState["Information"] = "Hello,RUC!";
```

存储在视图状态中的数据类型如下:字符串、整数、布尔值、Array 对象、Arraylist 对象、散列表、自定义类型转换器。

从视图状态中获取值时,要先检查对象是否存在,否则将引发空引用异常,并且需要将值强制转换为适当的类型，如下代码所示隐含调用 ToString() 方法：

```
if (ViewState["Information"] != null)
Response.Write(ViewState["Information"]);
```

视图状态信息将序列化为 XML，然后使用 Base64 编码进行编码，这将生成大量的数据。将页面回发到服务器时，视图状态的内容将作为页面回发信息的一部分发送。如果视图状态包含大量信息，则会影响页的性能。在某些情况下，应当关闭视图状态以移除由数据控件（如 GridView 控件）生成的大量隐藏字段。所以要尽量避免在前台使用视图状态，如果可能的话，可以用 input 控件，这样可以提高网站的性能。

ViewState 是存在页面上的，所以 ViewState 不能跨页面使用，而且每个用户访问到的 ViewState 都是独立的。此外，ViewState 也没有什么生命周期的概念，页面在 ViewState 就在，页面关闭 ViewState 就关闭。

ASP.NET 页框架提供了 ControlState 属性作为在服务器往返过程中存储自定义控件数据的方法，也就是说保持状态的机制需要开发人员自己去完成，而不像 ViewState，它有自己默认的状态保持机制，可以用于存储不应禁用、空间占用有限的重要信息。

其实隐藏域、ViewState 和 ControlState 的原理差不多，它们存储的物理位置都是表单隐藏域，且应用于当前页面（当前控件），对用户独立，三者始终是依附在页面的隐藏域中的。但需要注意不要存储敏感数据，不要存储过大的数据。因为隐藏域、ViewState 和 ControlState 始终参与往返，而且序列化和反序列化会消耗一定资源，因此，存储过大的数据会导致网页加载过慢，浪费服务器带宽。

本章小结

本章探讨了在 ASP.NET 应用程序中管理状态的多种方式，主要包括查询字符串、Cookie、Session 状态、应用程序状态、隐藏域、ViewState 和 ControlState，每种状态管理方式都有自己的优缺点和适用范围。熟练地掌握这几种技巧并选择合适的状态管理方式，就能做出强大的 Web 应用系统。

习题

一、填空

1. 状态管理具有_____和_____两种方式。
2. Cookie 中的数据可以存储在客户端文件系统的文本文件中，位置为_____。
3. 大多数浏览器支持最大为_____字节的 Cookie，一般只允许每个站点存储_____个 Cookie。
4. 在程序中进行设置会话有效时间为 30 分钟的语句是_____。
5. 立刻让 Session 失效则调用_____。
6. Application 存储数据时，保存为_____数据类型，在检索时必须转换为已知的类型。

二、选择

1. 默认情况下，Session 状态的有效时间是（　　）。
   A. 30 分钟　　　　B. 10 分钟　　　　C. 20 分钟　　　　D. 30 秒
2. 使用 QueryString 获得的查询字符串是指跟在 URL 后面的变量及值，以符号（　　）与 URL 间隔。
   A. &　　　　　　B. ?　　　　　　　C. !　　　　　　　D. %
3. Session 状态与 Cookie 状态的最大区别是（　　）。
   A. 类型不同　　　B. 存储位置不同　　C. 生命周期不同　　D. 容量不同

三、判断

1. Session 可以在同一会话的不同网页间共享。　　　　　　　　　　　　　（　　）
2. Session 的所有内容都存储在服务器端。　　　　　　　　　　　　　　　（　　）
3. Application 可由网站所有用户进行更改。　　　　　　　　　　　　　　（　　）
4. ViewState 可以在网站的不同网页间共享。　　　　　　　　　　　　　　（　　）

四、代码编写

1. 设计一个网页，当客户第一次访问时需要注册个人信息，然后把信息保存在 Cookie 中。用户下次访问时，会提示欢迎信息。
2. 设计两个网页，在第一个页面中由用户输入用户名，保存到 Session 中。在第二个页面中读取该 Session 并显示欢迎信息。

五、简答

1. 简述状态管理的客户端方式和服务器端方式的区别及各自的优缺点。
2. 简述 Session 状态与 Cookie 的差异。
3. 区别本章中几种状态管理方式的适用范围和生命周期。

第 9 章 数据访问与数据绑定

在前面几章,我们介绍了如何设计网页和网站,以及动态页面的交互方法。但要处理实际工作中的业务,还需要使得程序能够访问数据库中的数据,实现对数据库的增删改查。ASP.NET 可以利用控件访问数据,在运行时把整个数据集合绑定到控件,无需对数据集合中的每一项重复编写数据访问代码,使数据的提取和显示尽可能简单。通过学习本章,应熟练使用数据源控件;熟悉数据绑定控件的特性并熟练使用;掌握 LINQ 查询语言;熟练使用 LINQ to SQL、LINQ to XML 操作数据的方法。

9.1 数据源控件

ASP.NET 包含一些数据源控件,这些数据源控件允许使用不同类型的数据源,如数据库、XML 文件或中间层业务对象。数据源控件连接到数据源,从中检索数据,并使得其他控件可以绑定到数据源而无需代码。数据源控件还支持修改数据。

ASP.NET 4.0 包含 7 种类型的数据源控件,分别用于特定类型的数据访问。表 9-1 列出了这些内置数据源控件。

表 9-1 内置数据源控件

数据源控件	说明
SqlDataSource 控件	支持绑定到 ADO.NET 数据提供程序(如 SQL Server、Oracle、ODBC、OLEDB)的所有数据源
LinqDataSource 控件	可以使用 LINQ 查询访问不同类型的数据对象
XmlDataSource 控件	对 XML 文档执行特定的数据访问。支持使用 XPath 表达式来实现筛选功能,允许对数据应用 XSLT 转换
SiteMapDataSource 控件	支持绑定到站点地图提供程序的公开层次结构,进行特定的站点地图访问
ObjectDataSource 控件	对业务对象或其他返回数据的类执行特定的数据访问
AccessDataSource 控件	对 Access 数据库执行特定的数据访问
EntityDataSource 控件	访问实体数据模型(EDM)

所有的数据源控件都派生于 Control 类,可以像其他 Web 服务器控件那样使用它们,无须编写代码,就可以进行所有的数据访问和处理。

9.1.1 SqlDataSource 控件

使用 SqlDataSource 控件,可以访问存储在 SQL Server、SQL Server Express、Oracle Server、ODBC 数据源、OLEDB 数据源或 Windows SQL CE 数据库中的数据。通过 SqlDataSource 控件提供的使用向导,用户可以轻松完成配置过程,系统自动生成源代码。下面通过一个实例,说明如何使用 SqlDataSource 控件连接 SQL Server 数据库文件,并显示其中的数据。

首先,在解决方案中新建 Web 窗体,打开工具箱中的"数据"选项卡,拖放 SqlDataSource 控件到页面设计图中。

1)从 SqlDataSource 控件的智能标记中,单击"配置数据源……"启动数据配置向导。

2)在"配置数据源"对话框中,可以从下拉列表中选择已有的数据连接,或者创建新连接,如图 9-1 所示。

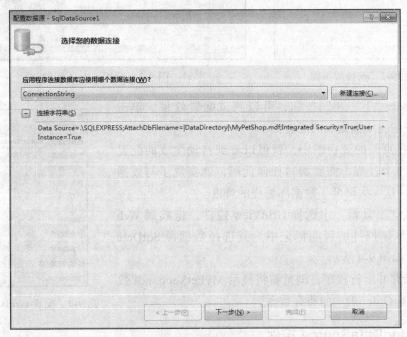

图 9-1 配置数据源

3)单击"新建连接"按钮,在弹出的"添加连接"中,单击"更改"按钮选择"Microsoft SQL Server 数据库文件(SqlClient)",单击"浏览"按钮选择数据库文件,配置如图 9-2 所示。

4)单击"测试连接"按钮以确认连接信息是否正确。单击"确定"按钮返回向导,这时,向导已自动生成了该数据源的连接字符串,单击对话框中的"+"按钮,可以查看连接字符串。

5)单击"下一步"按钮,可以选择是否将连接信息保存在配置文件中,若保存则下次连接时可以直接使用该字符串。

6)单击"下一步"按钮,配置从数据库检索数据的 SELECT 语句。这里选择 Order 表及其所有字段(*),如图 9-3 所示。另外,单击"WHERE"或"ORDER BY"按钮,可以为查询指定用于过滤的 WHERE 子句参数和用于排序的 ORDER BY 参数。目前不需要该功能。

图 9-2 选择数据源

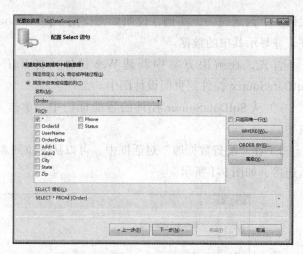
图 9-3 配置 Select 语句

7）单击"下一步"按钮，可以测试配置效果。单击"完成"按钮完成数据源的配置。

这时在页面的源视图中，就可以看到自动生成的配置代码，而整个过程不需要编写任何代码，就实现了与数据源的连接，这大大降低了数据库编程的难度。

8）从"工具箱"中选择 GridView 控件，拖放到 Web 窗体中。从该控件的智能标记中为其选择数据源 SqlDataSource1，如图 9-4 所示。

9）保存并运行程序，浏览器将显示 MyPetShop.mdf 数据库文件中 Order 表中的所有数据。

图 9-4 配置 GridView 控件

9.1.2 LinqDataSource 控件

LinqDataSource 控件的工作方式与 SqlDataSource 控件一样，也是把在控件上设置的属性转换为可以在目标数据对象上执行的查询。通过配置 LinqDataSource 控件连接到 LINQ to SQL 类的上下文对象，以便处理数据的增删改查，然后通过 GridView 实现对数据的各种操作。

1. 创建 LINQ to SQL 类

该例建立数据库 MyPetShop 中表 Product 到对应类的映射，操作步骤如下：

1）在解决方案中添加新项，选择"LINQ to SQL"类模板，映射到关系对象的类名称更改为"ProductDataClass.dbml"，单击"添加"按钮。

2）在弹出的如图 9-5 所示的提示对话框中，单击"是"按钮，则会在解决方案下新建 App_Code 文件夹，并在该文件夹中建立名为"ProductDataClass.dbml"的类。

3）单击"服务器资源管理器"中的"MyPetShop"数据库，选择其中的 Product 表，将其拖放到"对象关系设计器"窗口，如图 9-6 所示。

数据访问与数据绑定   177

图 9-5　提示对话框

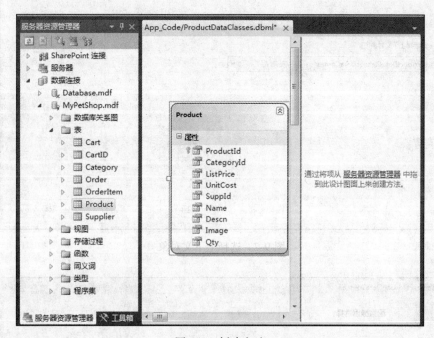

图 9-6　创建方法

4）单击保存，则完成了数据表 Product 中各个字段到数据类 Product 的各个属性的映射。

2. 配置 LinqDataSource 控件并显示数据

操作步骤如下：

1）在解决方案中添加 Web 窗体，从工具箱中的"数据"选项卡中，拖放 LinqDataSource 控件到 Web 页面中。

2）单击 LinqDataSource 控件的智能标记，在菜单中选择"配置数据源"。

3）在弹出的对话框中，选择前面所建立的 ProductDataClassesDataContext，如图 9-7 所示，单击"下一步"按钮。

4）在弹出的对话框中，选择所有字段（*），单击"高级"按钮，启用删除、插入、更新，如图 9-8 所示。单击"完成"按钮，即完成了数据源控件 LinqDataSource 的配置。

5）从工具箱中拖放 GridView 数据显示控件到 Web 页面的设计图中，单击其智能标记，在任务菜单中，选择数据源LinqDataSource1，并分别勾选"启用分页"、"启用排序""启用编辑"、"启用删除"及"启用选定内容"复选框，如图9-9所示。

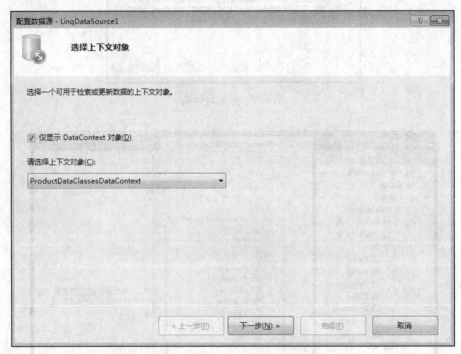

图9-7　选择上下文对象

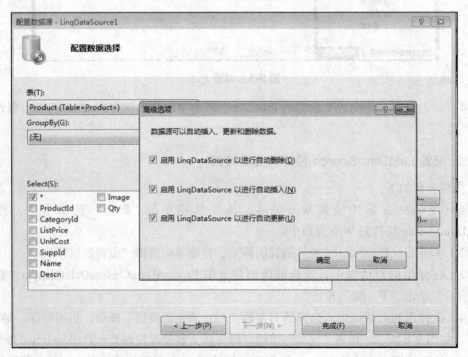

图9-8　配置数据选择

数据访问与数据绑定   179

图 9-9 配置 GridView

6）保存并运行页面，可以在浏览器中显示表 Product 的所有数据，并可以直接进行更新、删除等相关操作。

9.1.3 XmlDataSource 控件

XmlDataSource 控件能够绑定到 XML 提供的层次化数据，通过指定 XML 文件路径并提供一个 XPath 查询，可以有选择地为 GridView 或 DropDownList 控件提供数据。下面通过一个实例说明该控件的使用。

【例 9.1】XmlDataSource 控件的使用。

操作步骤如下：

1）在网站的 App_Data 文件夹中，添加新项 XML 文件，命名为 Books.xml，文件代码如下所示：

源程序：Books.xml

```
<?xml version="1.0" encoding="utf-8" standalone="yes" ?>
<?xml-stylesheet type="text/css"href="Books.css"?>
<!-- 图书信息 -->
<books>
    <group name=" 管理应用类 ">
        <book name= " 信息系统原理第六版 " author=" 张鹏等 " price="69.00"/>
        <book name=" 信息组织与信息构建 " author=" 周晓英 " price="29.80"/>
        <book name=" 概率论与数理统计 " author=" 龙永红 " price="28.30"/>
        <book name=" 当代世界经济与政治 " author=" 李景治 " price="22.00"/>
        <book name=" 信息管理学基础二版 " author=" 马费成 " price="24.00"/>
    </group>
    <group name=" 信息技术类 ">
        <book name=" 程序设计教程第三版 " author=" 刘文红 " price="95.00"/>
        <book name="JS 入门经典第四版 " author=" 王军译 " price="39.00"/>
```

```
        </group>
</books>
```

2）新建 Web 窗体，打开工具箱的"数据"选项卡，在菜单项中选择 XmlDataSource 控件，拖放到 Web 页面中。

3）打开 XmlDataSource 控件智能标记，单击"配置数据源"，数据文件路径和 XPath 表达式，如图 9-10 所示。

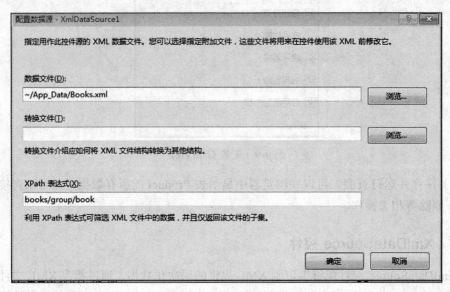

图 9-10　配置数据源

4）从工具箱中拖放 GridView 控件到 Web 页面，通过控件的智能标记选择数据源为 XmlDataSource1，保存并运行页面。

9.2　数据绑定控件

前面介绍了几种数据源控件，它们成功绑定数据库后，需要借助数据绑定控件将查询的数据显示出来。数据源控件提供了对数据的访问接口，而数据绑定控件提供显示和编辑数据的可视化界面，两者结合，轻松实现排序、分页、筛选、更新、删除、插入功能，而无须编写繁琐的代码。前面用到的 GridView 控件，就是最常用的数据绑定控件。

ASP.NET 常用的数据绑定控件如表 9-2 所示。

表 9-2　常用的数据绑定控件

控件名	说明
ListControl 类	ASP.NET 中的 DropDownList、ListBox、CheckBoxList、Table 等服务器控件，大多可以作为数据绑定控件使用，通过修改控件的 DataSourceID 属性使之连接到相应的数据源控件
GridView	以表格的方式显示和编辑数据，能自动利用数据源功能
DetailsView	一次显示、编辑、插入或删除一条记录

(续)

控件名	说明
FormView	与 DetailsView 控件类似，一次呈现一条记录。FormView 需要给其设定一个模板
ListView	以嵌套容器模板和占位符的方式提供灵活的数据显示模式，运行期间不产生 HTML 标记
DataList	该控件可以使用某种用户指定的格式显示数据，这种格式由模板和样式进行定义
TreeView 与 Menu	这两个控件只显示层次结构的数据，只能绑定到 XmlDataSource 和 SiteMapDataSource 控件上。TreeView 控件以分层树视图呈现数据，而 Menu 控件以分层动态菜单呈现数据

9.2.1 ListControl 类控件

标准控件中的 DropDownList、ListBox、CheckBoxList、RadioButtonList 等控件，也可以绑定到数据源，以显示相关的数据。下面通过一个简单实例，说明 DropDownList、CheckBoxList 控件与数据源控件绑定时的使用方法。

【例 9.2】DropDownList、CheckBoxList 控件绑定到数据源。

操作步骤如下：

1）新建 Web 页面 Controls.aspx，向页面中拖放一个 DropDownList 控件、一个 CheckBoxList 控件、两个 SqlDataSource 控件、一个 Button 控件和一个 Label，布局如图 9-11 所示。

2）为 SqlDataSource1 配置数据源，利用向导，选择数据库 MyPetShop 中表 Category 的所有字段。

图 9-11 页面布局图

3）通过 DropDownList 控件的智能标记，为其选择数据源 SqlDataSource1，并设置显示字段为 Name，值为 CategoryId，如图 9-12 所示。

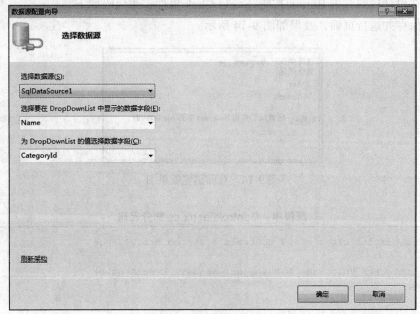

图 9-12 选择数据源

4)为 SqlDataSource2 配置数据源,利用向导,选择数据库 MyPetShop 中表 Product 的所有字段,并设置 WHERE 子句属性,如图 9-13 所示。

图 9-13 添加 WHERE 子句

5)通过 CheckBoxList 控件的智能标记,为其选择数据源 SqlDataSource2,并设置显示字段为 Name,值为 ProductId。

6)在设计视图双击 Button 按钮,编写 Click 事件,源代码如下。

7)保存并运行页面,效果如图 9-14 所示。

图 9-14 页面浏览效果图

源程序:Controls.aspx.cs 部分代码

```
public partial class chap9_Controls : System.Web.UI.Page
{
    protected void Page_Load(object sender, EventArgs e)
    {
    }
    protected void Button1(object sender, EventArgs e)
    {
```

```
            string text="";
            foreach (ListItem lst in checkBoxList1.Items)
{
                if(lst.Selected)
text += lst.Text + "";
}
Label1.Text = "您选择了类别 " + ddlCategory.SelectedItem + " 中的 " + text;
        }
    }
```

源程序：Controls.aspx 部分代码

```
<body>
    <form id="form1" runat="server">
    <div>
        选择类别：
        <ASP:DropDownList ID="DropDowwList1" runat="server" AutoPostBack="True"
        DataSourceID="SqlDataSource1" DataTextField="Name" DataValueField=
"CategoryId">
        </ASP:DropDownList><br/>
        <ASP:SqlDataSource ID="SqlDataSource1" runat="server"
        ConnectionString="<%$ ConnectionStrings:MyPetShopConnectionString%>"
        SelectCommand="SELECT * FROM [Category]"></ASP:SqlDataSource>
        选择产品：
          <ASP:CheckBoxList ID="cheekBoxList1" runat="server" DataSourceID="
SqlDataSource2" DataTextField="Name" DataValueField="ProductId">
        </ASP:CheckBoxList><br/>
        <ASP:SqlDataSource ID="SqlDataSource2" runat="server"
        ConnectionString="<%$ ConnectionStrings:MyPetShopConnectionString%>"
        SelectCommand="SELECT * FROM [Product] WHERE ([CategoryId] = @CategoryId)">
            <SelectParameters>
            <ASP:ControlParameter ControlID="DropDownList1" Name="CategoryId"
                PropertyName="SelectedValue" Type="Int32"/>
            </SelectParameters>
        </ASP:SqlDataSource>
         <ASP:Button ID="Button1" runat="server" Text=" 确定 " onclick=" Buttow1_
Click"/>
        <ASP:Label ID="Label1" runat="server"></ASP:Label></div>
    </form>
</body>
```

9.2.2 GridView 控件

GridView 控件是使用最多的数据绑定控件，功能丰富、强大，无须编写繁琐代码，轻松实现对数据的增、删、改、查和个性化控制。总的来说，GridView 控件支持的功能主要包括：与数据源控件绑定、更新和删除数据、分页和排序显示数据、行选择、定制列、动态设置属性和处理事件、自定义外观等。

通过设置 GridView 控件的属性，就可实现上述功能。GridView 控件的属性可分为行为、可视化设置、样式、状态和模板几大类，其常用属性如表 9-3 所示。

表 9-3 GridView 控件常用属性

属性	描述
AllowPaging	指示是否支持分页
AllowSorting	指示是否支持排序
AutoGenerateDeleteButton	指示是否包含一个按钮列以允许用户删除选择的记录
AutoGenerateEditButton	指示是否包含一个按钮列以允许用户编辑选择的记录
AutoGenerateSelectButton	指示是否包含一个按钮列以允许用户选择所选一行的记录
EnableSortingAndPagingCallbacks	指示是否使用脚本回调函数完成排序和分页，默认值为 False
BottomPagerRow	返回表示 GridView 控件的底部分页器的 GridViewRow 对象
Columns	获取表示 GridView 控件中列的对象集合。如果这些列是自动生成的，则该集合总是空的
Rows	获取表示 GridView 控件中数据行的 GridViewRow 对象集合
SelectedRow	返回表示当前选中行的 GridViewRow 对象
SelectedValue	获取 GridView 控件中选中行的数据键值

除了通过设置 GridView 控件属性以实现其丰富的功能外，还可以通过编程方式动态地改变或设置控件属性，以实现特定功能。下面将通过一些实例，说明 GridView 控件各功能的应用。

1．显示数据及分页、排序功能

1）在网站中添加新的 Web 页面，分别拖放一个 SqlDataSource 控件和一个 GridView 控件到页面的设计视图中。

2）单击 SqlDataSource1 控件的智能标记，选择"配置数据源"，选择数据连接后单击"下一步"按钮，在"配置 Select 语句"对话框中，选择 Product 表的 ProductId、ListPrice、Name、Qty 这 4 个字段，如图 9-15 所示。

图 9-15 配置 Select 语句

3）单击"下一步"和"完成"按钮，则完成了对数据源控件的配置。

4）单击 GridView 控件的智能标记，在其任务菜单中选择数据源 SqlDataSource1，勾选"启用分页"、"启用排序"。

5）选择任务菜单中的"编辑列"，在"字段"对话框中，分别将选定的 4 个字段的 HeaderText 属性设置为产品ID、产品名、标价和数量，如图 9-16 所示。单击"确定"按钮返回设计视图。

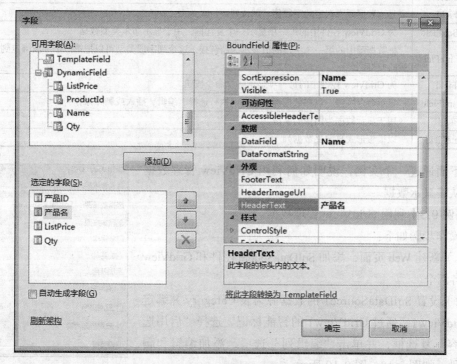

图 9-16　设置字段属性

6）将 GridView 控件的 PageSize 属性的值改为 5，即每个页面显示 5 条数据。

7）保存并运行页面，效果如图 9-17 所示。

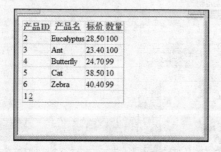

图 9-17　页面浏览效果图

页面分成了两页，单击下部的页码就可以跳到相应页面。通过单击页面中"标价"等标题，可以实现数据按相应列排序。

2. 定制数据绑定列

GridView 表格中要显示的数据往往不仅仅是简单的数据文本。GridView 允许开发人员定制所需要的列，如增加复选框列和显示图像列。通过 GridView 控件智能标记中的"编辑列"选项，可以打开添加字段的对话框。可以选择的字段类型及其功能如表 9-4 所示。

表 9-4　可选择字段类型

字段控件	说明
BoundField	显示数据源中选定的字段值，默认列
CheckBoxField	为 GridView 控件中的每一项显示一个复选框，用于显示布尔类型数据
HyperLinkField	把数据源中的第一个字段的值显示为超链接，这个列字段类型可以把第二个字段绑定到超链接的 URL 上
ButtonField	为 GridView 控件中的每一项显示一个命令按钮
CommandField	显示命令按钮，以在数据绑定控件上执行选择、编辑、插入或删除操作
ImageField	用于显示数据为图像的字段
TemplateField	以模板形式自定义数据列

下面通过一个实例，说明如何利用 GridView 管理数据及主从表显示数据。

【例 9.3】利用 GridView 管理数据。

操作步骤如下：

1）新建 Web 页面，添加 SqlDataSource 控件和 GridView 控件各两个。

2）设置 SqlDataSource1 的数据源为表 Category 并绑定到 GridView1，通过 GridView1 的智能标记，选择"启用选定内容"复选框，并单击"编辑列"选项，添加编辑和删除字段。如图 9-18、图 9-19 所示。

图 9-18　配置 GridView

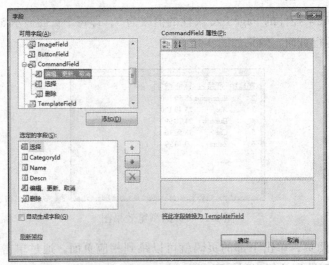

图 9-19　设置字段属性

3）设置 SqlDataSource2 的数据源为表 Product，WHERE 子句配置如图 9-20 所示。

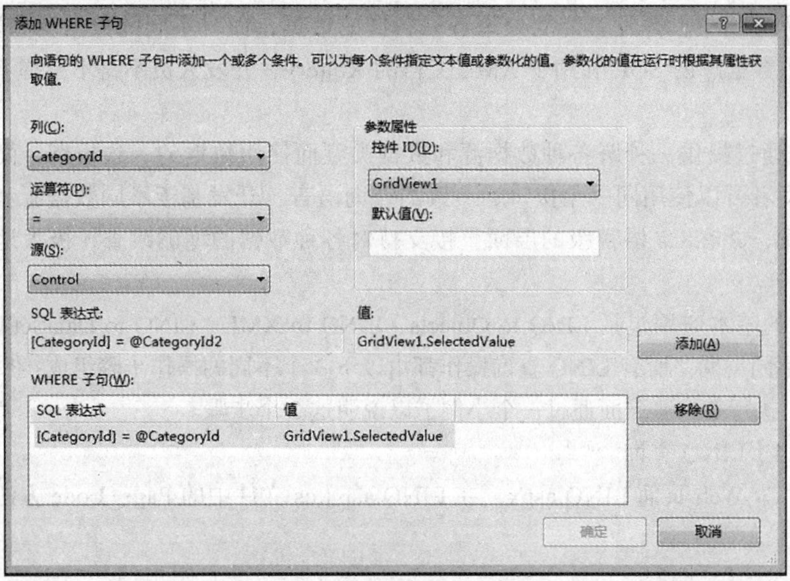

图 9-20　配置 WHERE 子句

4）配置 GridView2 的数据源为 SqlDataSource2，浏览页面进行测试，效果如图 9-21 所示。

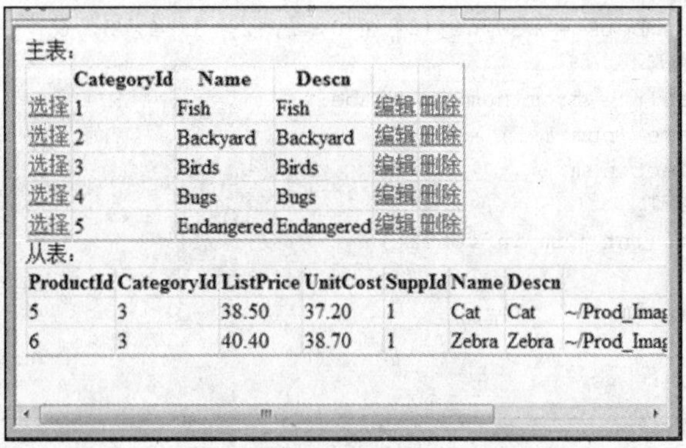

图 9-21　页面浏览效果图

9.3　使用 LINQ 查询

语言集成查询（Language INtegreated Query，LINQ）填补了 .NET 语言和查询语言（如 SQL）之间的空白，为 C# 语法提供强大的查询功能，在对象领域和数据领域之间架起了一座桥梁。LINQ 与 SQL 语句有很多相同之处，易于学习，并且可以对其技术进行扩展，以支持几乎任何类型的数据存储。

本节将介绍 LINQ 的基本概念、架构以及其查询表达式，并就 LINQ 应用之一 LINQ to SQL 做重点说明。

9.3.1 LINQ 概述

在实际应用中，开发者需要处理各种各样的数据，面对不同的数据源和数据类型，如用于关系数据库的 SQL 和用于 XML 文档的 Xquery，开发人员不得不掌握不同的查询语言。

LINQ 通过提供一种跨各种数据源和数据类型而使用数据的一致模型，简化了这一情况。开发者可以使用同一个接口、一致的查询语言，开发基于不同数据源和数据类型的各种应用，并在 C# 语言级的层面直接支持对各种数据的增删改查，极大地提高了开发效率。

LINQ 的基本应用包括 LINQ to Objects、LINQ to XML、LINQ to DataSet 以及 LINQ to SQL 等不同类别。所有 LINQ 查询操作都由以下 3 个不同的操作步骤组成：获取数据源、创建查询、执行查询。下面通过一个小例子以说明这 3 个步骤。

【例 9.4】LINQ 查询。

新建一个 Web 页面 LINQ.aspx，在 LINQ.aspx.cs 文件中的 Page_Lode 方法中输入以下代码：

源程序：LINQ.aspx.cs 部分代码

```
protected void Page_Load(object sender, EventArgs e)
{
    // 数据源 ---- 一个数组
    int[] numbers = newint[10] { 0, 1, 2, 3, 4, 5, 6, 7, 8, 9 };
    // 创建查询
    var result = from num in numbers
        where (num % 3) == 0
        select num;
    // 执行查询
    foreach (int num in result)
    {
        Response.Write( num + "  ");
    }
}
```

上述实例以一个整数数组为数据源，查询获得为 3 的倍数的元素。在实例代码中，使用了关键字为 var 的隐形变量存放返回数据，这种 var 变量可以不明确地指定数据类型，但编译器能够根据变量的表达式推断出该变量的类型。查询表达式包含 3 个子句：from 子句用于指定数据源，where 子句筛选数据，select 子句指定返回元素的类型。

除了上述 3 个子句，查询表达式还有其他几个基本子句：group 子句（分组）、orderby 子句（排序）、join 子句（连接多个数据源）、let 子句（引入用于存储子表达式结果的范围变量）、into 子句。查询表达式必须以 from 子句开头，且必须以 select 或 group 子句结尾，中间可以包括一个或多个 from、where、orderby、join、let 子句，还可以使用 into 关键字使 join 或 group 子句的结果充当同一查询表达式中附加子句的源。

同 SQL 语法一样，组成 LINQ 查询表达式的是查询运算符，除了基本子句，LINQ 标准查询运算符如表 9-5 所示。

表 9-5 LINQ 标准查询运算符

名称	运算符	说明
集合运算符	Distinct	从集合中移去重复值
	Union	返回两个集合中任一集合内的唯一元素,即并集
	Intersect	返回同时出现在两个集合中的元素,即交集
	Except	返回位于一个集合内但不位于另一集合的元素,即差集
转换运算符	ToArray	将集合数据转换为数组
	ToList	将集合数据转换为泛型列表
	ToDictionary	将序列转化为字典
	OfType	根据指定类型筛选 Ienumerable 的元素
元素运算符	First	返回集合中第一个元素或满足条件的第一个元素
	FirstOrDefault	返回集合中第一个元素或满足条件的第一个元素,若不存在,则返回默认值
	ElementAt	返回集合中指定位置的元素
	ElementAtOrDefault	返回集合中指定位置的元素,若索引超出范围,则返回默认值
限定运算符	Any	判断是否序列中有元素满足条件
	All	判断是否序列中的所有元素都满足条件
	Contains	判断序列中是否包含指定的元素
聚合运算符	Average	计算数值集合的平均值
	Count	对集合中的元素进行计数
	Max	确定集合中的最大值
	Min	确定集合中的最小值
	Sum	求集合中值的总和

通过标准查询运算符的使用,可以满足各种各样的查询需求。

9.3.2 LINQ to SQL 概述

在开发基于数据库的应用系统时,利用面向对象的程序设计语言,开发者可以比较方便地设计、开发对应的系统,但在其中利用 SQL 语句进行数据的查询、修改等操作时,由于数据库是以一行一行的数据记录来表示,不是以对象的方式表达,因此数据的操作与系统对象的表达式不一致,开发环境不支持 SQL 语句的代码智能感知功能,编译器也不具有 SQL 语句的编译检查功能,因此效率极低。

LINQ to SQL 全称为基于关系数据的 .NET 语言集成查询,将数据库映射为对象,以对象形式管理关系数据,并提供丰富的查询功能。通过使用 LINQ to SQL,用户可以使用 LINQ 技术访问 SQL 数据库,就像访问内存中的集合一样。当用户需要查询数据库或向其发送更改时,LINQ to SQL 会将请求转换成正确的 SQL 命令,然后将这些命令发送到数据库。

LINQ to SQL 访问编程接口集成在 System.Data.Linq.dll 程序集中,用户必须确认项目是否已经引用了该程序集,命名空间为 System.Data.Linq。

使用 LINQ to SQL,首先要创建对象模型。对象模型即数据库的一个映射关系和操作集合,表 9-6 给出了 LINQ to SQL 对象模型中基本元素与关系数据模型中元素的关系。

表 9-6　映射关系

LINQ to SQL 对象模型	关系数据模型	LINQ to SQL 对象模型	关系数据模型
实体类	表	关联	外键关系
类成员	列（字段）	方法	存储过程或函数

在 Visual Studio 2010 中创建对象模型的操作步骤如下：

1）在项目中添加新项" LINQ to SQL 类"，命名为 TestData.dbml，单击"添加"按钮。如图 9-22 所示。

图 9-22　添加类

2）在弹出的询问对话框中，单击"是"按钮，即将代码放到 App_Code 文件夹下统一管理。

3）将服务器资源管理器中的各数据表拖曳到对象设计器窗口内，如图 9-23 所示。

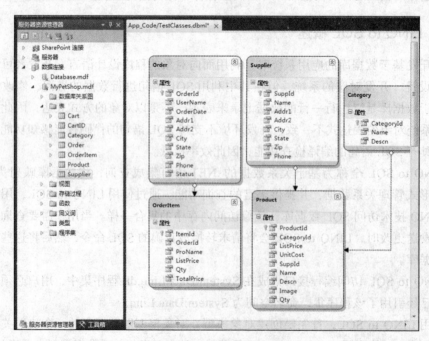

图 9-23　创建方法

保存后，就完成了对象模型的创建，生成了一个继承自 System.Data.Linq.DataContext 类的类型 TestClassesDataContext，有了这个对象后，操作数据库就如操作内存一样方便。

9.3.3 使用 LINQ to SQL 查询数据

在使用 LINQ to SQL 查询数据前，要先创建对象模型的实例。下面结合前面讲过的 LINQ 子句和标准查询运算符，介绍 LINQ to SQL 丰富的查询功能。

1. 基本查询

在 LINQ to SQL 基本查询中，步骤为：对象模型实例化、创建查询、输出结果（绑定到控件）。新建 Web 页面 LINQtoSQL.aspx，在 LINQtoSQL.aspx 文件中拖放一个 GridView 控件，在 LINQtoSQL.aspx.cs 文件的 Page_Load 方法中写入以下代码（以下实例均如此，不再赘述）。

源程序：LINQtoSQL.aspx.cs 部分代码

```
protected void Page_Load(object sender, EventArgs e)
    {
    // 建立 TestClasses 对象的实例 db
    TestClassesDataContext db = new TestClassesDataContext();
    // 创建查询
    var results = from r in db.Category
    select r;
    // 数据绑定
    GridView1.DataSource = results;
    GridView1.DataBind();
}
```

2. 投影、筛选及排序

投影即使用 select 子句选择所需要的属性；筛选即使用 where 子句对结果进行过滤，选择符合条件的记录；通过 orderby 实现排序，默认为升序，本例按 ListPrice 降序排列，实例代码如下。

源程序：LINQtoSQL.aspx.cs 部分代码

```
protected void Page_Load(object sender, EventArgs e)
    {
        TestClassesDataContext db = new TestClassesDataContext();
        var results = from r in db.Product
        where r.ListPrice >= 30          // 筛选条件
        orderby r.ListPrice descending   // 降序排列
        select new
            {
                r.Name,
                r.ListPrice,
                r.Qty
            };
        GridView1.DataSource = results;
```

3. 分组

分组通过 group…by 子句实现，结果集合采用列表形式，列表中的每个元素包括键值和根据该键值分组的元素列表。可以使用 into 子句创建用于进一步查询的标示符，如下实例获取各组元素列表数。

源程序：LINQtoSQL.aspx.cs 部分代码

```
protected void Page_Load(object sender, EventArgs e)
    {
        TestClassesDataContext db = new TestClassesDataContext();
        var results = from r in db.Product
        group r by r.CategoryId into g
        select new { CategoryId = g.Key ,Count = g.Count()};
GridView1.DataSource = results;
GridView1.DataBind();
    }
```

要访问分组后的结果集合，就要使用嵌套的循环语句，外循环用于访问每个组，内循环用于访问组内的元素列表，实例代码如下：

源程序：LINQtoSQL.aspx.cs 部分代码

```
protected void Page_Load(object sender, EventArgs e)
    {
        TestClassesDataContext db = newTestClassesDataContext();
        var results = from r in db.Product
        group r by r.CategoryId;
        foreach (var g in results)
    {
            if(g.Key == 3)
        {
                var results2 = from r in g
                select r;
GridView1.DataSource = results2;
GridView1.DataBind();
    }
        }   }
```

4. 多表查询

当查询涉及多个实体类（表）时，要用到 join 子句，实例如下：

源程序：LINQtoSQL.aspx.cs 部分代码

```
protected void Page_Load(object sender, EventArgs e)
    {
```

```
TestClassesDataContext db = new TestClassesDataContext();
var results = from p in db.Product
    join c in db.Category on p.CategoryId equals c.CategoryId
    select new
        {
            ProductName = p.Name,
            p.CategoryId,
            CategoryName = c.Name
        };
GridView1.DataSource = results;
GridView1.DataBind();
}
```

5. 使用存储过程

要使用 SQL Server 中定义的存储过程，需要在创建 TestClasses.dbml 时把存储过程拖放到设计器窗口，系统会自动创建对应的方法，使用存储过程时直接调用对象的方法即可。如创建一个简单的从 Product 表查询数据的存储过程，并在 LINQ to SQL 中直接调用，实例如下。

1）在服务器资源管理器中，打开数据库，右击"存储过程"并选择"添加新存储过程"，命名为 GetProduct，输入代码如下：

源程序：存储过程 GetProduct

```
ALTER PROCEDURE dbo.GetProduct
    (
    @id int
    )
AS
    SELECT * FROM Product WHERE ProductId=@id
```

2）保存后，将该存储过程拖放到对象模型设计器中，自动生成方法 GetProduct()。
3）页面的 .aspx.cs 文件代码如下：

源程序：LINQtoSQL.aspx.cs 部分代码

```
protected void Page_Load(object sender, EventArgs e)
    {
        TestClassesDataContext db = new TestClassesDataContext();
        GridView1.DataSource = db.GetProduct(2);
        GridView1.DataBind();
    }
```

运行页面会得到 ProductId 为 2 的记录。

9.3.4 使用 LINQ to SQL 管理数据

LINQ to SQL 不仅查询功能很强大，对数据的插入、更新、删除操作也很方便。

LINQ to SQL 使用 SQL 结构的对象类表示方法动态地生成 SQL Insert、Update、Delete 命令，也可以使用存储过程。

【例 9.5】使用 LINQ to SQL 管理数据。

新建 Web 页面 Default4.aspx，向页面设计图中拖放一个 GridView 控件、三个 TextBox 控件（txtID、txtName、txtDesc）、三个 Button 控件（btnInsert、btnUpdate、btnDelete），设计如图 9-24 所示。

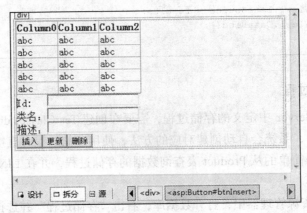

图 9-24 页面设计图

为了清楚地看到增删改的结果，且增加代码复用度，在 Default4.aspx.cs 文件中自定义方法 ShowData()，代码如下所示。

源程序：自定义方法 ShowData() 代码

```
public void ShowData()
    {
        TestClassesDataContext db = new TestClassesDataContext();
        var results = from r in db.Category
        select r;
GridView1.DataSource = results;
GridView1.DataBind();
}
```

注意：在 Page_Load 中调用该方法，以便页面第一次加载时 GridView 中显示数据。下面分别说明这些数据管理的操作。

1. 插入数据

使用 LINQ to SQL 插入数据只需创建一个要插入的对象新实例，并把它添加到对象集合中。LINQ 类提供了两个方法 InsertAllOnSubmit() 和 InsertOnSubmit()，前者用于插入几何数据实体，后者用于插入单个实体。添加对象后，还需要调用数据上下文对象的 SubmitChanges() 方法，把所做修改保存到 SQL 数据库中。

下例对表 Category 实现插入操作，因为该表在设计时其字段 CategoryId 属性设置为标识，自动增长，故只需通过文本框获取属性 Name 和 Descn 的值并插入表，代码如下。

源程序：LINQtoSQL1.aspx.cs 部分代码

```
protected void btnInsert_Click(object sender, EventArgs e)
    {
        TestClassesDataContext db = new TestClassesDataContext();
        // 创建对象 Category 新实例
        Category result = new Category();
        result.Name = txtName.Text;
        result.Descn = txtDesc.Text;
        // 插入实体 result
        db.Category.InsertOnSubmit(result);
        // 提交更改
        db.SubmitChanges();
        // 显示最新结果
        ShowData();
    }
```

2. 更新数据

更新数据类似于插入数据，但首先应获得要更新的指定对象。如要更新某员工的信息须先通过员工标识获取该员工信息，获取指定记录后，只需修改对象的属性值，再保存修改即可。下例根据输入的 CategoryId 获取记录，再进行数据更新，代码如下。

源程序：LINQtoSQL1.aspx.cs 部分代码

```
protected void btnUpdate_Click(object sender, EventArgs e)
    {
        TestClassesDataContext db = new TestClassesDataContext();
        var results = from r in db.Category
        where r.CategoryId == int.Parse(txtID.Text)
        select r;
        if (results != null)
{
            foreach(Category c in results)
{
c.Name = txtName.Text;
c.Descn = txtDesc.Text;
}
db.SubmitChanges();
ShowData();
}
    }
```

3. 删除数据

LINQ 类提供了两个方法 DeleteAllOnSubmit() 和 DeleteOnSubmit() 用于数据删除，前者用于删除实体集合，后者用于删除单个实体。下例根据输入的 CategoryId 删除数据，代码如下。

源程序：LINQtoSQL1.aspx.cs 部分代码

```
protected void btnDelete_Click(object sender, EventArgs e)
    {
```

```
TestClassesDataContext db = new TestClassesDataContext();
var results = from r in db.Category
    where r.CategoryId == int.Parse(txtID.Text)
    select r;
db.Category.DeleteAllOnSubmit(results);
db.SubmitChanges();
ShowData();
}
```

同上节中查询数据一样，可以使用存储过程管理数据，前面已介绍存储过程的添加和使用，这里就不再赘述。

9.3.5 LINQ to XML 概述

LINQ to XML 是一种启用了 LINQ 的内存 XML 编程接口，使用它可以在 .NET 编程语言中处理 XML 文档。这些编程接口集成在 System.Xml.Linq.dll 程序集中，使用前要确认项目引用了该程序集，命名空间为 System.Xml.Linq。LINQ to XML 提供 XML 文档对象模型的内存文档修改功能，支持 LINQ 查询表达式，可以方便地实现增删改查操作。

常用的 LINQ to XML 类及其说明如表 9-7 所示。

表 9-7 常用 LINQ to XML 类

类型	说明
XElement	表示 XML 文档中的元素可以包含任意多级别的子元素。可以使用该类创建元素；更改元素内容；添加、更改或删除子元素；向元素中添加属性等
XAttribute	表示 XML 元素的属性，是一个名称/值对
XDocument	表示一个 XML 文档，包含 XML 声明、处理指令和注释，调用其 Save() 方法可建立 XML 文档
XComment	表示 XML 文档中的注释
XDeclaration	表示 XML 文档中的声明，包括版本、编码等
XNode	是一个抽象类，表示 XML 树的节点

其中 XElement 是主要类型，封装了大部分的功能和属性，通过属性 Name 可以获取元素名称，通过属性 Value 可以获取元素的值。XElement 类常用的成员如表 9-8 所示。

表 9-8 XElement 类常用成员

成员	说明
Attributes	获取元素属性
Elements	按文档顺序返回此元素或文档的子元素集合
Load	导入 XML 文档到内存，并创建 XElement 实例
Nodes	按文档顺序返回此元素或文档的子节点集合
Remove	删除一个元素
RemoveNodes	删除子节点
ReplaceNodes	替换元素内容
Save	保存 XElement 实例到 XML 文档

（续）

成员	说明
SetAttributeValue	设置属性的值、添加属性或删除属性
SetElementValue	设置子元素的值、添加子元素或删除子元素
SetValue	设置此元素的值

上述方法将在下面小节中用到。

9.3.6 使用 LINQ to XML 管理 XML 文档

新建 Web 页面 LINQtoXML.aspx，拖放 5 个 Button 控件，分别命名为 btnCreate、btnSelect、btnInsert、btnUpdate、btnDelete，浏览效果如图 9-25 所示。

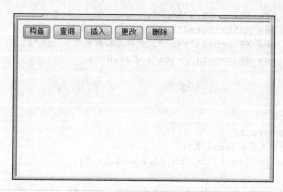

图 9-25 页面效果图

1. 构造 XML 树

在操作 XML 文档前，需要先将 XML 信息加载到内存，形成一个树状结构，在此基础上再进行增删改查。一般有两种方式：一种是将外部 XML 文件加载到内存；另一种是通过程序构造一个 XML 树。

假设已有一个 XML 格式文件 Books.xml，且与网页在同一目录下，这就可通过以下方式构造 XML 树：

```
XElement root = XElement.Load (Server.MapPath("Books.xml"));
```

也可以利用第二种方式动态创建文档。建立时，要按照 XML 文档的格式，分别把 XML 文档的声明、注释、元素等内容添加到 XDocument 对象中，再调用 Save() 方法保存到 Web 服务器硬盘。如下所示，代码应添加在页面按钮 btnCreate_Click 事件中。

源程序：LINQtoXML.aspx.cs 文件中的 btnCreate() 部分

```
protected void btnCreate_Click(object sender, EventArgs e)
{
    // 要建立的 XML 文档路径，必须是物理路径
    string path = Server.MapPath(" ~ /chap9/Books.xml");
    // 建立 XDocument 对象 xDoc
    XDocument xDoc = newXDocument
```

```
(
    // 添加声明
        new XDeclaration ("1.0","utf-8","yes"),
    // 添加元素
        new XElement ("Books",
            new XElement ("Book",
                new XAttribute("Author", " 张鹏 "),
                new XElement("Name", " 信息系统原理第六版 "),
                new XElement("Price", "69.00")
            ),
            new XElement ("Book",
                new XAttribute("Author", " 周晓英 "),
                new XElement("Name", " 信息组织与信息构建 "),
                new XElement("Price", "29.80")
            ),
            new XElement ("Book",
                new XAttribute("Author", " 王立清 "),
                new XElement("Name", " 信息检索教程第三版 "),
                new XElement("Price", "39.00")
            )
        )
    );
// 保存文件
xDoc.Save(path);
// 以重定向方式显示 xml 文档
Response.Redirect("~/chap9/Books.xml");
}
```

单击页面"构造"按钮后，页面将重定位到新创建的 XML 文件并显示，如图 9-26 所示。

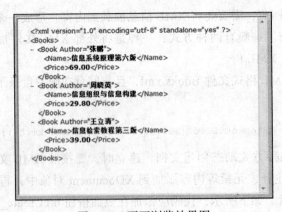

图 9-26　页面浏览效果图

2. 使用 LINQ to XML 查询数据

使用 LINQ 查询表达式可以方便地读取 XML 文档、按条件查询元素、对元素进行排序等。以下代码实现对上面建立的 XML 文档查询指定属性的元素、对元素进行按价格排序并输出两种功能。

数据访问与数据绑定

源程序：LINQtoXML.aspx.cs 文件中的 btnSelect() 部分

```
protected void btnSelect_Click(object sender, EventArgs e)
    {
        // 加载 XML 文件
        string path = Server.MapPath("~/chap9/Books.xml");
        XElement root = XElement.Load(path);
        // 按条件查询
        var book = from el in root.Elements("Book")
            where (string)el.Attribute("Author") == "王立清"
            select el;
        // 输出符合条件的书名、作者和价格
        foreach (XElement el in book)
        {
Response.Write(el.Element ("Name").Value +"<br/>"+el.Attribute ("Author").Value +"<br/>"+el.Element("Price").Value+"<br/>");
    }
        // 对元素进行排序
        var books = from b in root.Elements("Book")
            let price = (decimal)b.Element("Price")
            orderby price
            select b;
        // 输出书名和价格
        foreach(XElement b in books)
    {
Response.Write(b.Element("Name").Value + ", " + b.Element("Price").Value + "<br/>");
    }
    }
```

单击页面"查询"按钮，浏览效果如图 9-27 所示。

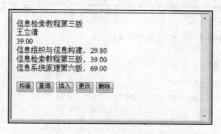

图 9-27　页面浏览效果图

3. 插入元素

插入元素要首先建立一个 XElement 实例并添加相应内容，再调用 Add() 方法添加到上一级元素中，最后调用 Save() 方法保存到 XML 文档。如下代码实现为 Books.xml 新增一个元素。

源程序：LINQtoXML.aspx.cs 文件中的 btnInsert() 部分

```
protected void btnInsert_Click(object sender, EventArgs e)
    {
```

```
        // 加载 XML 文件
        string path = Server.MapPath("~/chap9/Books.xml");
        XElement root = XElement.Load(path);
        // 新建 Book 元素
        XElement el = new XElement("Book",
            new XAttribute("Author", "马费城"),
            new XElement("Name", "信息管理学基础二版"),
            new XElement("Price", "24.00")
    );
        // 添加元素
        root.Add(el);
        // 保存到 XML 文档
        root.Save(path);
        Response.Redirect("~/chap6/Books.xml");
    }
```

4. 修改元素

要修改元素首先要根据关键字查找到该元素，如下代码修改属性作者为"王立清"的元素。

源程序：LINQtoXML.aspx.cs 文件中的 btnUpdate() 部分

```
protected void btnUpdate_Click(object sender, EventArgs e)
    {
        // 加载 XML 文件
        string path = Server.MapPath("~/chap9/Books.xml");
        XElement root = XElement.Load(path);
        // 按关键字找到元素
        var book = from el in root.Elements("Book")
            where (string)el.Attribute("Author") == "王立清"
            select el;
        foreach (XElement el in book)
    {
            // 修改元素的子元素
            el.ReplaceNodes(
                new XElement("Price", "49.00")
    );
    }
        root.Save(path);
Response.Redirect("~/chap9/Books.xml");
    }
```

代码中的 ReplaceNodes() 方法修改元素的内容，也可以调用 SetAttribute() 方法设置属性。

5. 删除元素

删除元素同修改元素一样，也要先根据关键字查找该元素，再调用 Remove() 方法删除元素。示例代码如下：

源程序：LINQtoXML.aspx.cs 文件中的 btnDelete() 部分

```
protected void btnDelete_Click(object sender, EventArgs e)
    {
        //加载 XML 文件
        string path = Server.MapPath("～/chap9/Books.xml");
        XElement root = XElement.Load(path);
        //按关键字找到元素
        var book = from el in root.Elements("Book")
            where (string)el.Attribute("Author") == "王立清"
            select el;
        foreach(XElement el in book)
{
            //删除节点
el.Remove();
}
        root.Save(path);
        Response.Redirect("～/chap9/Books.xml");
    }
```

9.4 LINQ 数据绑定

LIMQ 有强大的数据访问功能，通过 LINQ 语句可以实现对数据库增、删、改、查操作；将数据绑定到页面中，通过配合 GridView 等数据绑定控件，可以实现更为灵活的数据绑定、访问方式。

本节将介绍以 LINQ 为核心的数据绑定方法。

9.4.1 GridView 分页与排序

通过 LINQ 进行 GridView 绑定实现 GridView 的分页与排序，需要对 AllowSorting 属性、AllowPaging 属性和 pageSize 属性值进行相应的设置。本实例通过 GridView 控件实现分页和部分字段排序，实例展示如图 9-28 所示，实例将根据可排序字段和分页空间实现数据的分页显示和按字段排序。

产品ID	类别ID	产品名称	成本价	单价	库存数量
1	1	Meno	11.40	12.10	99
2	1	Eucalyptus	25.50	28.50	100
5	3	Cat	37.20	38.50	100
6	3	Zebra	38.70	40.40	99
8	4	Flowerloving	23.50	22.20	100
1 2					

图 9-28　GridView 数据分页与排序

源程序：GridView 数据分页与排序的页面代码

```
<%@ Page Language="C#" AutoEventWireup="true" CodeFile="GridViewPS.aspx.cs"
Inherits="chap8_GridViewPS" %>

<!DOCTYPE html PUBLIC "-//W3C//DTD XHTML 1.0 Transitional//EN" "http://www.
```

```
w3.org/TR/xhtml1/DTD/xhtml1-transitional.dtd">
    <html xmlns="http://www.w3.org/1999/xhtml">
    <head runat="server">
        <title></title>
    </head>
    <body>
        <form id="form1" runat="server">
        <div>
            <asp:GridView ID="gvProduct" runat="server" AllowPaging="True" AllowSorting="True"
                AutoGenerateColumns="False" OnPageIndexChanging="gvProduct_PageIndexChanging"
                OnSorting="gvProduct_Sorting" PageSize="5">
                <Columns>
                    <asp:BoundField DataField="ProductID" HeaderText="产品ID" SortExpression="ProductID" />
                    <asp:BoundField DataField="CategoryID" HeaderText="类别ID" />
                    <asp:BoundField DataField="Name" HeaderText="产品名称" SortExpression="Name" />
                    <asp:BoundField DataField="UnitCost" HeaderText="成本价" />
                    <asp:BoundField DataField="ListPrice" HeaderText="单价" />
                    <asp:BoundField DataField="Qty" HeaderText="库存数量" />
                </Columns>
            </asp:GridView>
        </div>
        </form>
    </body>
    </html>
```

源程序：GridView 数据分页与排序的程序源代码

```
using System;
using System.Collections.Generic;
using System.Linq;
using System.Web;
using System.Web.UI;
using System.Web.UI.WebControls;

public partial class chap8_GridViewPS : System.Web.UI.Page
{
    protected void Page_Load(object sender, EventArgs e)
    {
        if (!IsPostBack)
            bindGrid();
    }

    private void bindGrid()
    {
        MyPetShopDataContext dc = new MyPetShopDataContext();
        var products = from r in dc.Product
                       select r;
        // 判断是否已经进行排序，如果是则按照 ViewState 中存储的信息生成排序后的 DataView 对象
        if (ViewState["SortDirection"] == null)
```

```csharp
            gvProduct.DataSource = products;
        else
        {
            if (ViewState["SortDirection"].ToString() == "DESC")// 降序
            {
                if (ViewState["SortExpression"].ToString() == "ProductID")
                    gvProduct.DataSource = products.OrderByDescending(s =>s.ProductId);
                if (ViewState["SortExpression"].ToString() == "Name")
                    gvProduct.DataSource = products.OrderByDescending(s =>s.Name);
            }
            else// 升序
            {
                if (ViewState["SortExpression"].ToString() == "ProductID")
                    gvProduct.DataSource = products.OrderBy(s => s.ProductId);
                if (ViewState["SortExpression"].ToString() == "Name")
                    gvProduct.DataSource = products.OrderBy(s => s.Name);
            }
        }
        gvProduct.DataBind();
    }

    protected void gvProduct_Sorting(object sender, GridViewSortEventArgs e)
    {
        // 排序方向设定
        if(ViewState["SortDirection"] == null)
            ViewState["SortDirection"] = "DESC";
        if (ViewState["SortDirection"].ToString() == "ASC")
            ViewState["SortDirection"] = "DESC";
        else
            ViewState["SortDirection"] = "ASC";
        // 排序字段设定
        ViewState["SortExpression"] = e.SortExpression;
        bindGrid();
    }

    /// <summary>
    /// 实现分页程序
    /// </summary>
    /// <param name="sender"></param>
    /// <param name="e"></param>
    protected void gvProduct_PageIndexChanging(object sender, GridViewPageEventArgs e)
    {
        gvProduct.PageIndex = e.NewPageIndex;
        bindGrid();
    }
}
```

操作步骤：

1）新增 Web 窗体 GridViewPS.aspx。添加 GridView 控件。

2）设置 GridView 控件的属性：ID 为 gvProduct，AllowPaging 为 true，AllowSorting 为 true，PageSize 为 5。

3）为 GridView 控件添加两个事件：OnPageIndexChanging="gvProduct_PageIndexChanging"（页面 Index 发生变化），OnSorting="gvProduct_Sorting"（排序事件）。

4）在程序中完成绑定数据、排序和分页的事件代码（见相关程序）。

9.4.2 GridView 数据模板列、行操作

在实际的工程应用中，如只使用普通的标准列通常无法满足实际使用的需求，如需在 GridView 中加入其他控件实现更复杂的功能，则需要通过模板列来解决。同时，在实际操作中，通常需要对数据行进行操作，包括对行的管理操作或者删除等，本节将重点介绍数据模板列和行操作。

本实例（见图 9-29）演示了在 GridView 中显示产品数据，通过模板列加入 Label 控件，并动态地为每个产品加载类别名称，并通过管理和删除两个列操作实现对数据的外链接管理和删除操作。

产品ID	类别ID	类别名称	产品名称	成本价	单价	库存数量	管理	删除
1	1	Fish	Meno	11.40	12.10	99	选择	删除
2	1	Fish	Eucalyptus	25.50	28.50	100	选择	删除
5	3	Birds	Cat	37.20	38.50	100	选择	删除
6	3	Birds	Zebra	38.70	40.40	99	选择	删除
8	4	Bugs	Flowerloving	23.50	22.20	100	选择	删除
1 2								

图 9-29 GridView 数据模板列、行操作效果图

源程序：GridView 数据模板列、行操作代码

```
<%@ Page Language="C#" AutoEventWireup="true" CodeFile="GridViewData.aspx.cs" Inherits="chap8_GridViewData" %>

<!DOCTYPE html PUBLIC "-//W3C//DTD XHTML 1.0 Transitional//EN" "http://www.w3.org/TR/xhtml1/DTD/xhtml1-transitional.dtd">
<html xmlns="http://www.w3.org/1999/xhtml">
<head runat="server">
    <title></title>
</head>
<body>
    <form id="form1" runat="server">
    <div>
        <asp:GridView ID="gvProduct" runat="server" AllowPaging="True" AutoGenerateColumns="False"
            OnPageIndexChanging="gvProduct_PageIndexChanging" PageSize="5" DataKeyNames="ProductID"
            OnRowDeleting="gvProduct_RowDeleting" OnRowCommand="gvProduct_RowCommand" OnRowDataBound="gvProduct_RowDataBound">
            <Columns>
                <asp:BoundField DataField="ProductID" HeaderText=" 产品 ID" />
                <asp:BoundField DataField="CategoryID" HeaderText=" 类别 ID" />
                <asp:TemplateField HeaderText=" 类别名称 ">
                    <ItemTemplate>
                        <asp:Label ID="lblCategory" runat="server"></asp:Label>
                    </ItemTemplate>
                </asp:TemplateField>
                <asp:HyperLinkField DataNavigateUrlFields="ProductID" DataNavigateUrlFormatString="DetailPage?id={0}"
```

```
                    DataTextField="Name" HeaderText=" 产品名称 " />
                <asp:BoundField DataField="UnitCost" HeaderText=" 成本价 " />
                <asp:BoundField DataField="ListPrice" HeaderText=" 单价 " />
                <asp:BoundField DataField="Qty" HeaderText=" 库存数量 " />
                <asp:CommandField ButtonType="Button" HeaderText=" 管理 "
ShowSelectButton="True" />
                <asp:CommandField ButtonType="Button" HeaderText=" 删除 "
ShowDeleteButton="True" />
            </Columns>
        </asp:GridView>
    </div>
    </form>
</body>
</html>
```

源程序：GridView 数据模板列、行操作代码

```
using System;
using System.Collections.Generic;
using System.Linq;
using System.Web;
using System.Web.UI;
using System.Web.UI.WebControls;

public partial class chap8_GridViewData : System.Web.UI.Page
{
    private MyPetShopDataContext dc = new MyPetShopDataContext();// 数据上下文
    private List<Category> category;// 类别数据列表，在 Category() 方法中初始化
    protected void Page_Load(object sender, EventArgs e)
    {
        if (!IsPostBack)
        {
            bindGrid();
        }
    }
    /// <summary>
    /// 分页
    /// </summary>
    /// <param name="sender"></param>
    /// <param name="e"></param>
    protected void gvProduct_PageIndexChanging(object sender,
GridViewPageEventArgs e)
    {
        gvProduct.PageIndex = e.NewPageIndex;
        bindGrid();
    }
    /// <summary>
    /// 绑定 Product 数据
    /// </summary>
    private void bindGrid()
    {
        var products = from r in dc.Product
                       select r;
```

```csharp
        gvProduct.DataSource = products;
        gvProduct.DataBind();
}
/// <summary>
/// 初始化类别数据源
/// </summary>
/// <returns></returns>
private List<Category> Category()
{
    if (category == null)// 判断是否已经读取类别数据，若无，初始化
    {
        category = (from r in dc.Category
                    select r).ToList();
    }
    return category;
}
/// <summary>
/// 处理行删除事件
/// </summary>
/// <param name="sender"></param>
/// <param name="e"></param>
protected void gvProduct_RowDeleting(object sender, GridViewDeleteEventArgs e)
{
    int nProductID = Convert.ToInt32(gvProduct.DataKeys[e.RowIndex].Value);
    var result = (from r in dc.Product
                  where r.ProductId == nProductID
                  select r).FirstOrDefault();
    dc.Product.DeleteOnSubmit(result);
    dc.SubmitChanges();
    bindGrid();
}
/// <summary>
/// 行数据绑定，演示绑定类别字段
/// </summary>
/// <param name="sender"></param>
/// <param name="e"></param>
protected void gvProduct_RowDataBound(object sender, GridViewRowEventArgs e)
{
    if (e.Row.RowType == DataControlRowType.DataRow)// 判断是否是数据行
    {
        try
        {
            Label lblCategory = (Label)e.Row.FindControl("lblCategory");// 找到模板列中的控件
            int cateID = int.Parse(e.Row.Cells[1].Text);// 获取类别 ID
            Category cate = Category().Where(c => c.CategoryId == cateID).FirstOrDefault();// 基于 Lambda 方法查找类别
            lblCategory.Text = cate.Name;
        }
        catch
        {
            // 若 Try 块有异常，则不做任何处理
        }
    }
}
```

```
/// <summary>
/// 处理行命令
/// </summary>
/// <param name="sender"></param>
/// <param name="e"></param>
protected void gvProduct_RowCommand(object sender, GridViewCommandEventArgs e)
{
    if (e.CommandName == "Select")// 判断当前的事件是否是选择事件
    {
        Response.Redirect("ManagePage.aspx?ID="+ gvProduct.DataKeys[Convert.ToInt32(e.CommandArgument)].Value.ToString());
    }
}
```

操作步骤：

1）建立 GridViewData.aspx 页面，为页面添加 GridView 控件，并修改 GridView 属性：ID 为 gvProduct，AllowPaging 为 True，AutoGenerateColumns 为 False，PageSize 为 5，DataKeyNames 为 ProductID，如图 9-30、图 9-31 所示。

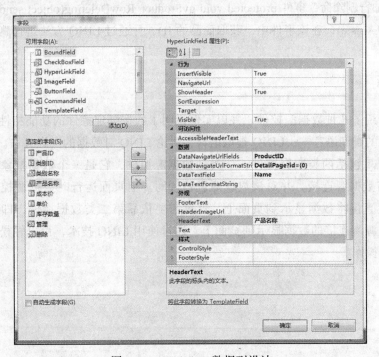

图 9-30　GridView 数据列设计

图 9-31　GridView 数据模板列编辑

2）添加 GridView 事件：OnPageIndexChanging="gvProduct_PageIndexChanging"（分页事件），OnRowDeleting="gvProduct_RowDeleting"（行删除事件），onRowCommand="gvProduct_RowCommand"（行命令事件），OnRowDataBound="gvProduct_RowDataBound"（行数据绑定事件）。

3）在代码页中添加绑定 GridView 数据的事件 private void bindGrid()，添加初始化"类别"数据的事件 private List<Category> Category()。

4）添加行数据绑定事件 protected void gvProduct_RowDataBound(object sender, GridViewRowEventArgs e)，在该事件中注意首先判断是否是数据行，然后找到当前行的类别 ID，根据该类别 ID 从 Category 数据列表中找到该类别，然后将其 Name 字段绑定到 Label 控件中。

5）添加行命令事件 protected void gvProduct_RowCommand(object sender, GridViewCommandEventArgs e)，该事件需要判断行命令名称，本实例中，如事件是"选择"，则将该商品（Product）内容转到商品管理页面 ManagePage，并将商品 ID 通过 QueryString 页面参数进行传递。

6）添加行删除命令事件 protected void gvProduct_RowDeleting(object sender, GridViewDeleteEventArgs e)，在该事件中，获取商品的 ID，并通过 LINQ 方法进行删除操作。

本章小结

本章介绍了几种数据源控件，并以实例说明了数据绑定控件的功能特性，最后介绍了一种重要的查询语言——LINQ 查询语言，讨论 LINQ 对数据的操纵方法。

ASP.NET 包括两类数据控件，一类是数据源控件，它是一个数据抽象层，可以使 Web 页面与数据源连接，并对该数据源进行读写。但页面运行时数据源控件是不可见的，也不能直接将数据显示到页面上，这就需要依靠第二类数据控件，即数据绑定控件，把数据源所连接的数据显示到页面上。通过使用 LINQ 技术，可以轻松实现对数据的增删改查操作。

习题

一、填空

1. 能够绑定到层次化数据的数据源控件是_____、_____。
2. 设置 GridView 控件的_____属性可以决定是否使用排序功能。
3. 在 LINQ to SQL 中，SQL 数据库映射为_____，表映射为_____，存储过程映射为_____。
4. 根据数据源和数据类型的不同，LINQ 的基本应用可以分为_____、LINQ to XML、_____、_____等不同类别。
5. LINQ 查询表达式必须以_____子句开始，以_____子句或_____子句结尾。

二、选择

1. 只显示层次结构的数据的数据绑定控件是（　　）。
   A. FormVie　　　　B. TreeVie　　　　C. GridVie　　　　D. ListView

2. 为 GridView 控件中的每一项显示一个复选框，需要添加（　　）。
   A. ButtonFiel　　　B. CommandFiel　　C. CheckBoxFiel　　D. BoundField

3. 下面有关 LINQ to SQL 的描述错误的是（　　）。
   A. LINQ to SQL 可以处理任何类型的数据
   B. LINQ 查询返回的结果是一个集合
   C. 利用 LINQ to SQL 调用 SQL Server 中定义的存储过程只须调用映射后的方法
   D. LINQ to SQL 会将用户请求转换成正确的 SQL 命令，然后将这些命令发送到数据库

4. LINQ 标准查询运算符中，返回集合中第一个元素或满足条件的第一个元素，若不存在，则返回默认值的是（　　）。
   A. ElementAtOrDefaul.　　B. First
   C. FirstOrDefaul.　　　　D. ToList

5. 利用 LINQ to XML 管理数据时，最后要调用（　　）将修改保存到 XML 文档。
   A. Save()　　　　B. Remove()　　　　C. Add()　　　　D. Load()

三、判断

1. SqlDataSource 控件只能访问 SQL Server 数据库。（　　）
2. GridView 控件内置了插入数据的功能。（　　）
3. GridView 中能够调整列的顺序。（　　）
4. LINQ 查询表达式的结果必须指定数据类型。（　　）
5. LINQ to SQL 查询涉及多个实体类（表）时，要用到 join 子句。（　　）
6. 通过设置，DetailsView 能同时显示多条记录。（　　）

四、代码编写

1. 设计一个查询网页，要求分别利用 SqlDataSource 和 LINQ to SQL 从下拉列表框中选择产品类别名后，用 GridView 显示价格在 20 元以上的商品。
2. 创建一个包含省、市两个层次数据的 XML 文档，新建 Web 页面，向页面添加两个 XmlDataSource 控件以 XML 文档为数据源，添加两个 DropDownList 控件分别绑定省和市，要求实现省和市的联动。
3. 结合 GridView 和 DetailsView 在不同页以主从表形式显示产品查询结果，DetailsView 要实现编辑、删除等操作。

五、简答

1. 简述几种数据源控件的特点和区别。
2. 简要说明 GridView 控件可以选择的几种字段类型的功能。
3. LINQ 查询表达式有哪几个基本子句？简要说明并举例说明其应用。

第 10 章 电子商务网站综合实例

本章将结合电子商务网站的案例,通过构建基于 Web 的电子商务平台,综合运用 ASP.NET 4.0 的相关技术并结合多层架构体系设计,完整学习程序设计的全体系过程。通过本章的学习,重点掌握基于 .NET 技术的电子商务平台的系统总体设计、数据库设计、网页设计、购物车模块设计、多层架构设计等。

10.1 系统总体设计

本节介绍电子商务网站的总体设计、多层架构设计、系统数据库设计。

10.1.1 系统功能模块设计

电子商务平台(EC)是一个集商品展示、购物车下单、订单处理等基本功能为一体的平台,系统主要包括五个功能模块:前台商品浏览模块、用户注册登录模块、购物车模块、订单管理模块、后台管理模块。

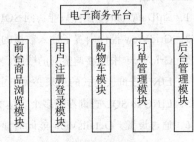

图 10-1 系统功能模块总体设计

1. 前台商品浏览模块

前台商品浏览模块是电子商务网站的用户总入口,用户进入商品浏览模块,对商城各商品进行按照热度、推荐、类别等不同形式的展示来选择商品。

2. 用户注册登录模块

用户注册登录模块实现了电子商务网站通用会员的管理,用户通过注册功能成为系统的会员。并且用户只有成功登录系统后,才可以对购物车的商品下订单。

3. 购物车模块

购物车是电子商务网站的核心模块,本系统应用了 Cookie 技术实现购物车模块,允许匿名用户在未登录状态访问购物车,购物车中包含了用户选购的商品信息,包括商品编号、商品名称、商品价格、购买数量以及用户应付总价等。用户可以随时查看购物车的信息,并进行增、删、改等相关操作,并且在登录系统后,用户可以对购物车内的商品进行下单购买。

4. 订单管理模块

用户完成商品选购后可以对购物车内的商品进行结算,系统对用户选择的商品进行计算，生成相应的付款信息，用户在填写送货方式、送货地址等信息后，订单结算完成。

5. 后台管理模块

后台管理模块为电子商务的管理人员提供服务，只有拥有管理员角色的用户通过验证后才可以进入后台管理模块，后台管理模块包括订单信息管理、商品类别管理、商品管理和管理员管理等功能。

10.1.2 多层架构

电子商务平台采用多层架构的设计模式，通过将平台划分为界面层、业务逻辑层、数据访问层和实体模型层，实现了系统各逻辑模块的松耦合，提高了维护性和可扩展性，同时有利于开发任务的同步进行，容易适应需求变化。

1）数据访问层（Data Access Layer，DAL）：主要是对原始数据（数据库或者文本文件等存放数据的形式）的操作，而不是指原始数据，实现对数据的增、删、改、查操作，为业务逻辑层或表示层提供数据服务。

2）业务逻辑层（Business Logic Layer，BLL）：主要是针对具体问题的操作，是对数据业务进行逻辑处理，实现具体的业务逻辑，是 UI 表示层和数据访问层的桥梁。

3）UI 表示层（Presentation layer）：主要表示 Web 方式，将对数据库的各项操作通过 BLL 反馈给用户，并将用户的各项请求，通过 BLL 传递给 DAL，提供用户接口。

10.1.3 用户控件

电子商务网站通过设计用户控件，提高了代码的复用性，同时统一了设计和展现形式。根据网站总体设计要求，项目共设计了 5 个用户控件：

1）MemberUC：实现用户登录，并根据用户信息，显示不同用户登录状态信息的控件。

2）CategoryUC：显示商品类别的用户控件。

3）ProductUC：根据不同商品类别、不同商品属性，显示商品信息的用户控件。

4）MenuUC：显示网站导航的用户控件。

5）BottomUC：网站底部用户控件。

10.1.4 数据库设计

电子商务网站的数据存储是基于数据库实现的，在本实例中，项目使用 SQL Server Express 2008 数据库进行开发，通过创建 ECDataBase.mdf 数据库实现。

该数据库主要包括管理员、用户、商品、订单几类数据，共包含六张数据表，其中：

1）EC_Admin 表：存储管理员基本信息。

2）EC_Category 表：存储商品类别信息。

3）EC_Member 表：存储会员基本信息。

4）EC_Order 表：存储订单的详细信息。

5）EC_OrderItem 表：存储对应订单的订单明细信息。

6）EC_Product 表：存储商品基本信息。

10.2 多层架构设计

本实例所设计的电子商务网站是基于 B/S 结构开发的，用户界面通过 Web 浏览器实现，主要的事务处理事件在服务器端实现。它根据应用程序的功能将体系结构分为三层：表示层、业务逻辑层和数据层，业务实体层作为三层中的数据实体串接各层的数据传递，各层次间的结构关系如图 10-2 所示。

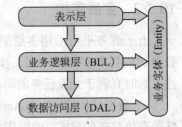

图 10-2 多层架构间的结构关系

表示层为用户提供应用程序服务的图形界面，帮助用户理解和高效地定位应用程序服务，主要包含 Web 窗体、用户界面等元素，其主要任务是从业务逻辑层获取数据并显示以及与用户进行交互，将相关数据送回业务逻辑层进行处理，它将业务逻辑层和显示外观分离，具有良好的松耦合性和可扩展性。

业务逻辑层位于表示层和数据访问层之间，它封装了与系统关联的应用模型，包含了与核心业务相关的逻辑，实现业务规则和业务逻辑，完成应用程序运行所需要的处理事件，同时还负责处理来自数据存储或发送给数据存储的数据，为用户提供应用程序和数据服务之间的联系。

数据访问层是三层模式中的最底层，用来定义、维护、访问和更新数据并管理和满足应用程序服务对数据的请求。如图 10-3 所示。

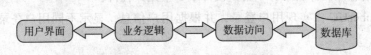

图 10-3 多层架构的数据访问机制

B/S 模式的三层体系结构具有客户端零维护、可扩展性好、安全性好、资源重用性好的优势。本实例结合 ASP.NET 和 B/S 模式的三层体系结构设计电子商务网站，使该系统代码设计和开发更加清晰。下面以订单实体为例，说明多层架构的运转机制。

10.2.1 多层架构在 Visual Studio 中的实现

为在 Visual Studio（VS）中实现本实例中所使用的多层架构体系，需要在 VS 中新建一套解决方案、一项 ASP.NET Web 应用程序（实现表现层）、三项 ClassLibrary 类库项目（实现业务逻辑层、数据访问层和模型层），其中，网站程序设置如图 10-4，类库项目建立设置如图 10-5 所示，建立后，需对各项目进行关联，建立步骤如下。

1）建立 Web 应用程序，实现 Web 表现层。

电子商务网站综合实例　　213

图 10-4　ASP.NET Web 应用程序设置方式

2）分别建立 DAL（数据访问层）、BLL（业务逻辑层）、Common（模型层）三个类库，实现各层次的建立。

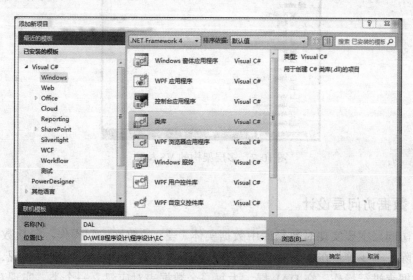

图 10-5　ClassLibrary 类库项目设置

3）关联各层次关系，基于图 10-2 所示的层次关联关系，Web 层可以访问 BLL 与 Common，BLL 可以访问 DAL 与 Common，DAL 只可以访问 Common。对于访问关系，需要在 VS 各项目间添加引用关系，以 Web 层添加 BLL 与 Common 为例：在 Web 层选择"引用"，右键"添加引用"，选择 BLL 与 Common，单击"确定"后，添加引用，这样 Web 层就可以使用 BLL 和 Common 层的类，见图 10-6。

图 10-6　ClassLibrary 类库项目设置

4）建立完成的整个解决方案如图10-7所示。

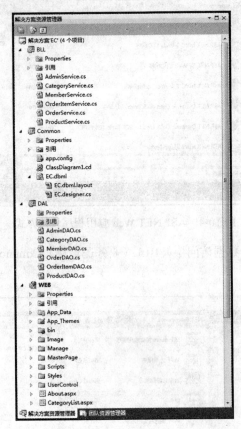

图 10-7　多层架构的 VS 构建

10.2.2　数据访问层设计

数据访问层主要实现对数据库中数据实体（表）的数据访问操作，包括数据创建、修改、删除、查找等。在电子商务系统中，主要通过设计 DAL 类库项目实现，为对应每一个数据表进行操作，在 DAL 层，为每一个数据表对应建立一个类，实现对该数据表的增、删、改、查应用。下面，通过订单数据表演示其在数据层的设计。

```
using System;
using System.Collections.Generic;
using System.Linq;
using System.Text;
using Common;
using Model;

namespace DAL
{
    public class OrderDAO
    {
        /// <summary>
```

```csharp
/// 声明数据上下文
/// </summary>
private ECDataContext dc;

public OrderDAO()
{
    dc = new ECDataContext();// 实例化数据上下文
}
/// <summary>
/// 插入订单
/// </summary>
/// <param name="order">订单对象</param>
/// <returns>新增订单的 ID</returns>
public int insertOrder(Order order)
{
    dc.Order.InsertOnSubmit(order);
    dc.SubmitChanges();
    return order.OrderID;
}
/// <summary>
/// 获得所有订单信息
/// </summary>
/// <returns>订单对象列表</returns>
public List<Order> getAllOrders()
{
    return dc.Order.ToList();
}
/// <summary>
/// 根据订单状态查询订单
/// </summary>
/// <param name="strStatus">订单状态</param>
/// <returns></returns>
public List<Order> getOrderByStatus(string strStatus)
{
    return dc.Order.Where(itm => itm.OrderStatus == strStatus).ToList();
}
/// <summary>
/// 根据 ID 查询订单
/// </summary>
/// <param name="ID"></param>
/// <returns></returns>
public Order getOrderByID(int ID)
{
    return dc.Order.Where(itm => itm.OrderID == ID).FirstOrDefault();// 使用 Lambda 查询方法
}
/// <summary>
/// 根据 SQL 查询语句进行订单查询
/// </summary>
/// <param name="QueryString">SQL 查询语句</param>
/// <returns></returns>
public List<Order> getOrderByQuerystring(string QueryString)
{
    // 执行 SQL 语句
```

```csharp
        var query = dc.ExecuteQuery<Order>(@QueryString);
        // 返回的结果需要进行列表化
        return query.ToList();
    }
    /// <summary>
    /// 更新订单状态
    /// </summary>
    /// <param name="OrderID">订单 ID</param>
    /// <param name="OrderStatus">状态 </param>
    public void updateOrderStatus(int OrderID, string OrderStatus)
    {
        Order order = (from r in dc.Order
                       where r.OrderID == OrderID
                       select r).FirstOrDefault();
        order.OrderStatus = OrderStatus;
        dc.SubmitChanges();
    }
    /// <summary>
    /// 根据 ID 删除订单
    /// </summary>
    /// <param name="ID">订单 ID</param>
    public void deleteOrderByID(int ID)
    {
        var query = from r in dc.Order
                    where r.OrderID == ID
                    select r;
        dc.Order.DeleteAllOnSubmit(query);
        dc.SubmitChanges();
    }
}
```

实现要点:

1）实例化数据上下文（DataContext），在 LINQ 数据访问中，所有的数据访问对象都要通过数据上下文进行数据库的访问操作。对于本实例，在类的构造函数中实例化数据上下文。

2）通过 LINQ 实现对数据库的访问，本实例中数据的增、删、改和查询操作分别通过 LINQ 实现。

3）通过 SQL 语言在 LINQ 体系中实现数据库访问，本实例通过 LINQ 提供的 ExecuteQuery 方法，实现在 LINQ 下使用 SQL 语句进行数据库操作。

10.2.3 业务逻辑层设计

业务逻辑层实现对业务实体的具体逻辑代码操作，通过调用数据访问层的基本增、删、改、查方法，实现反映业务流程的逻辑过程，通过建立 BLL 项目，在项目中为每一个业务实体构造一个类，在类中实现各业务逻辑方法，并通过调用 DAL 层，将业务过程中的数据实体变化保存入数据库，本项目以订单 Order 类的 BLL 层实现演示业务逻辑层的实现。

```csharp
using System;
using System.Collections.Generic;
using System.Linq;
using System.Text;
using DAL;
using Model;

namespace BLL
{
    public class OrderService
    {
        /// <summary>
        /// 声明 DAO 层对象
        /// </summary>
        private OrderDAO dao;

        public OrderService()
        {
            dao = new OrderDAO();///初始化 DAO 层对象
        }

        /// <summary>
        /// 插入订单完整信息
        /// </summary>
        /// <param name="order">订单信息</param>
        /// <param name="OIList">订单明细信息</param>
        /// <returns></returns>
        public int insertOrder(Order order,List<OrderItem> OIList)
        {
            int orderID = dao.insertOrder(order);
            OrderItemDAO oiDao = new OrderItemDAO();
            foreach (OrderItem oi in OIList)
            {
                oi.OrderID = orderID;
            }
            oiDao.insertOrderItemList(OIList);
            return orderID;
        }

        /// <summary>
        /// 获得所有订单信息
        /// </summary>
        /// <returns></returns>
        public List<Order> getAllOrders()
        {
            return dao.getAllOrders();
        }

        public List<Order> getOrderByStatus(string strStatus)
        {
            return dao.getOrderByStatus(strStatus);
        }

        /// <summary>
        /// 通过 SQL 查询语句查询订单
```

```csharp
/// </summary>
/// <param name="OrderID"> 订单 ID</param>
/// <param name="Name"> 收货人姓名 </param>
/// <param name="Status"> 订单状态 </param>
/// <returns></returns>
public object getOrderByQueryString(int OrderID,string Name,string Status)
{
    string strQuerystring = "select * from EC_Order where (1=1) ";//查询订单表
    if (OrderID != 0)//增加 ID 查询
    {
        strQuerystring += " and OrderID=" + OrderID.ToString();
    }
    if (Name != "")//增加收货人查询
    {
        strQuerystring += " and Consignee = '" + Name+"'";
    }
    if (Status != "")//增加状态查询
    {
        strQuerystring += " and OrderStatus='"+Status+"'";
    }
    return dao.getOrderByQuerystring(strQuerystring);
}

/// <summary>
/// 根据 ID 查询订单
/// </summary>
/// <param name="ID"></param>
/// <returns></returns>
public Order getOrderByID(int ID)
{
    return dao.getOrderByID(ID);
}

/// <summary>
/// 更新订单状态
/// </summary>
/// <param name="OrderID"></param>
/// <param name="OrderStatus"></param>
public void updateOrderStatus(int OrderID, string OrderStatus)
{
    dao.updateOrderStatus(OrderID, OrderStatus);
}

/// <summary>
/// 根据 ID 删除订单
/// </summary>
/// <param name="ID"></param>
public void deleteOrderByID(int ID)
{
    OrderItemDAO oid = new OrderItemDAO();
    oid.deleteOrderItemByOrderID(ID);
    dao.deleteOrderByID(ID);
}
    }
}
```

实现要点：

1）在 BLL 项目中创建 OrderService 类。

2）为 OrderService 实现相应的行为方法代码，方法的设计应实现一个完整的业务逻辑。

3）当需要对数据库进行访问时，实例化 DAL 层 OrderDAO 类，并调用其方法。

10.2.4 表现层设计

表现层实现与用户的接口，通过 WebForm 窗体，实现系统数据的输入与输出。在具体实现中，通过调用 BLL 层的各项逻辑方法，实现对数据实体的操作。本实例以提交订单的支付页面为例，演示确认订单的过程。

在 CheckOut.aspx 页面中，单击"提交订单"按钮，插入订单，其相关代码为：

```csharp
protected void btnConfirm_Click(object sender, EventArgs e)
{
    if (Page.IsValid)
    {
        // 得到用户输入的信息
        string strPhone;    // 电话号码
        string strEmail;    //Email
        string strZip;      // 邮政编码
        float fltShipFee;   // 邮寄方式及其费用
        if (IsValidPostCode(this.txtReceiverPostCode.Text.Trim()) == true)
         // 判断输入的邮编是否合法
        {
            strZip = this.txtReceiverPostCode.Text.Trim();
        }
        else
        {
            Response.Write(help.MessageBox(" 邮编输入有误！ "));
            return;
        }
        if (IsValidPhone(this.txtReceiverPhone.Text.Trim()) == true)
        // 判断输入的电话号码是否合法
        {
            strPhone = this.txtReceiverPhone.Text.Trim();
        }
        else
        {
            Response.Write(help.MessageBox(" 联系电话输入有误！ "));
            return;
        }
        if (IsValidEmail(this.txtReceiverEmails.Text.Trim()) == true)
        // 判断输入的 Email 是否合法
        {
            strEmail = this.txtReceiverEmails.Text.Trim();
        }
        else
        {
            Response.Write(help.MessageBox("Email 输入有误！ "));
```

```csharp
            return;
        }
        if (this.ddlShipType.SelectedIndex != 0)// 获取邮递方式及其费用
        {
            fltShipFee = float.Parse(this.ddlShipType.SelectedValue.
            ToString());
        }
        else
        {
            Response.Write(help.MessageBox("请选择运输方式！"));
            return;
        }
        string strName = this.txtReciverName.Text.Trim(); // 收货人姓名
        string strAddress = this.txtReceiverAddress.Text.Trim();// 收货
                                                                人详细地址
        string strRemark = this.txtRemark.Text.Trim();         // 备注
        int IntTotalNum = int.Parse(this.labTotalNum.Text);    // 商品总数
        float fltTotalShipFee = IntTotalNum * fltShipFee;      // 运输总费用

        Order order = new Order();
        order.OrderDate = DateTime.Now;
        order.MemberID = int.Parse(Session["UserID"].ToString());
        order.MemberName = Session["UserName"].ToString();
        order.TotalPrice = decimal.Parse(labTotalPrice.Text);
        order.ShipFee = decimal.Parse(fltTotalShipFee.ToString());
        order.ShipType = ddlShipType.SelectedItem.Text;
        order.Consignee = strName;
        order.ShippingAdd = strAddress;
        order.Phone = txtReceiverPhone.Text;
        order.OrderStatus = "未审核";

        List<OrderItem> orderItemList=new List<OrderItem>();
        // 对订单中的每一个货物插入订单详细表中
        foreach (shopcart shopcart in scProduct)
        {
            OrderItem oi = new OrderItem();
            oi.ProductID = shopcart.ProductID;
            oi.ProductName = shopcart.ProductName;
            oi.ProductPrice = shopcart.ProductPrice;
            oi.Quantity = shopcart.Quantity;
            oi.TotalPrice = shopcart.TotalPrice;
            orderItemList.Add(oi);
        }

        OrderService os = new OrderService();
        os.insertOrder(order, orderItemList);

        // 清空购物车
        ShopCartHelpClass.deleteShoppingCart();

        HelpClass hc = new HelpClass();
        Response.Write(hc.MessageBox("订购成功", "Index.aspx"));
    }
}
```

实现要点：

1）代码通过 protected void btnConfirm_Click(object sender, EventArgs e) 方法，对页面的订单提交进行 Button 响应。

2）通过 IsValidPostCode(this.txtReceiverPostCode.Text.Trim() 等方法，对提交的各项订单数据进行验证，保证输入数据的有效性。

3）新增订单对象 "Order order = new Order();" 为 order 对象的属性赋值，如 "order.OrderDate = DateTime.Now;" 对订单日期赋值。

4）新增 orderItemList 订单详细对象集合，通过构建 List<OrderItem> orderItemList= new List<OrderItem>() 这样一个 List<ObjectName> 实现，注意，在 "<>" 中的是 List 的对象数据类型。

5）为 orderItemList 中的每一个对象实例化，OrderItem oi = new OrderItem()，对每一个 oi 对象赋值。

6）调用 BLL 层的 OrderService 类的提交订单方法。

7）清空购物车。

10.2.5 模型层代码设计

模型层是电子商务系统的数据实体类，模型层中的实体类用来实现各层次中数据实体的传递。具体实现过程为：

1）添加 Common 项目，在项目中添加 Linq to SQL 类，设计相关的数据实体类，在电子商务网站中设计实体类及类之间的相互依赖关系，如图 10-8 所示。

2）数据实体类的代码由系统自动生成，包括类的属性。

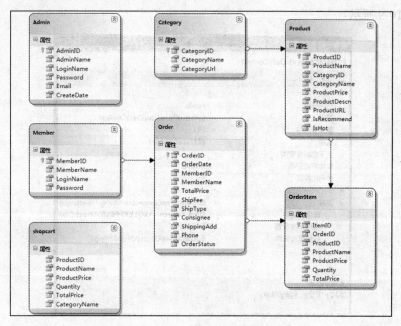

图 10-8　DataContext 数据模型设计

以下为订单类 Order 的实现代码,该代码由系统自动生成。其中,global 中的代码为该实体类对应的数据库信息。

```
[global::System.Data.Linq.Mapping.TableAttribute(Name="dbo.EC_Order")]
public partial class Order : INotifyPropertyChanging, INotifyPropertyChanged
{
    private static PropertyChangingEventArgs emptyChangingEventArgs = new PropertyChangingEventArgs(String.Empty);

    private int _OrderID;
    private System.DateTime _OrderDate;
    private int _MemberID;
    private string _MemberName;
    private decimal _TotalPrice;
    private decimal _ShipFee;
    private string _ShipType;
    private string _Consignee;
    private string _ShippingAdd;
    private string _Phone;
    private string _OrderStatus;
    private EntitySet<OrderItem> _EC_OrderItem;
    private EntityRef<Member> _EC_Member;
}
```

数据上下文设置:

1)定义数据上下文 DataContext 的名称。

2)定义实体命名空间。

3)定义数据连接,选择"连接",单击连接后的下拉列表,创建一个新的连接字符串。如图 10-9 所示。

图 10-9 DataContext 数据上下文属性设置

设置好的数据链接将保存在 Common 项目中的 app.config 文件中，具体的代码为：

```xml
<?xml version="1.0" encoding="utf-8" ?>
<configuration>
    <configSections>
    </configSections>
    <connectionStrings>
        <add name="Common.Properties.Settings.ECDataBaseConnectionString2"
            connectionString="Data Source=.\SQLEXPRESS;AttachDbFilename=D:\WEB 程序设计 \ 程序设计 \EC\WEB\App_Data\ECDataBase.mdf;Integrated Security=True;Connect Timeout=30; User Instance=True"
            providerName="System.Data.SqlClient" />
    </connectionStrings>
</configuration>
```

10.3 系统数据库设计

电子商务系统数据库包括管理员基本信息表、类别表、会员基本信息表、订单表、订单明细表和商品基本信息表。本节主要介绍 EC 数据库的基本设计和表之间的关系。

10.3.1 EC 数据表设计

1. 管理员基本信息表（EC_Admin）

管理员基本信息表存储管理员相关的基本信息，包括管理员姓名、登录名、密码等基本信息。

序号	字段名	字段代码	数据类型	允许为空	备注
1	管理员 ID	AdminID	int	否	主键，自增长
2	管理员姓名	AdminName	varchar(50)	否	
3	管理员登录名	LoginName	varchar(50)	否	
4	密码	Password	varchar(100)	否	
5	电子邮箱	Email	varchar(50)	是	
6	创建日期	CreateDate	varchar(50)	否	

2. 类别表 (EC_Category)

类别表存储商品的类别信息，其中类别可以使用图片进行类别的描述，而在数据库中存储的是类别图片的相对地址，而不是图片本身。

序号	字段名	字段代码	数据类型	允许为空	备注
1	类别 ID	CategoryID	int	否	主键，自增长
2	类别名称	CategoryName	varchar(50)	否	
3	类别图片地址	CategoryUrl	varchar(200)	是	显示类别图片

3. 会员基本信息表（EC_Member）

会员基本信息表存储会员的基本信息，包括会员姓名、会员登录名和登录密码信息。

序号	字段名	字段代码	数据类型	允许为空	备注
1	会员 ID	MemberID	int	否	主键，自增长
2	会员姓名	MemberName	varchar(50)	否	
3	会员登录名	LoginName	varchar(50)	否	
4	密码	Password	varchar(50)	否	

4. 订单基本信息表（EC-Order）

订单基本信息表存放会员的订单基本信息，包括订单日期、购买商品的会员信息、订单总价格、订单运输信息，以及订单状态。

序号	字段名	字段代码	数据类型	允许为空	备注
1	订单 ID	OrderID	int	否	主键，自增长
2	订单日期	OrderDate	datetime	否	
3	会员 ID	MemberID	int	否	外键
4	会员姓名	MemberName	varchar(50)	否	
5	总价格	TotalPrice	decimal(10, 2)	否	
6	运费	ShipFee	decimal(10, 2)	否	
7	运输方式	ShipType	varchar(50)	否	
8	收件人	Consignee	varchar(50)	否	
9	收件地址	ShippingAdd	varchar(200)	否	
10	联系电话	Phone	varchar(50)	否	
11	订单状态	OrderStatus	varchar(50)	否	

5. 订单明细表（EC-Order Item）

订单明细表和订单表紧密关联，订单明细表详细记录每个订单下购买的具体商品信息，包括商品 ID、名称、价格、数量等信息。

序号	字段名	字段代码	数据类型	允许为空	备注
1	明细 ID	ItemID	int	否	主键，自增长
2	订单 ID	OrderID	int	否	外键
3	产品 ID	ProductID	int	否	外键
4	产品名称	ProductName	varchar(50)	否	
5	产品价格	ProductPrice	decimal(10, 2)	否	
6	数量	Quantity	int	否	
7	总价	TotalPrice	decimal(10, 2)	否	

6. 商品基本信息表（EC-Product）

商品基本信息表存储电子商务平台所提供的商品基本信息，包括商品的名称、价格、描述，以及商品的推荐信息等。

序号	字段名	字段代码	数据类型	允许为空	备注
1	产品 ID	ProductID	int	否	主键，自增长
2	产品名称	ProductName	varchar(50)	否	
3	类别 ID	CategoryID	int	否	外键
4	类别名称	CategoryName	varchar(50)	否	

电子商务网站综合实例　225

(续)

序号	字段名	字段代码	数据类型	允许为空	备注
5	产品价格	ProductPrice	decimal(10, 2)	否	
6	产品描述	ProductDescn	ntext	是	
7	产品图片地址	ProductURL	varchar(200)	是	
8	是否推荐	IsRecommend	bit	是	
9	是否热点	IsHot	bit	是	

10.3.2　数据表关系设计

电子商务系统所设计的各数据表结构中，各数据表通过主外键关系进行数据关联，其中，本实例各表具体关联关系如图 10-10 所示，可以通过建立数据库关系图实现。

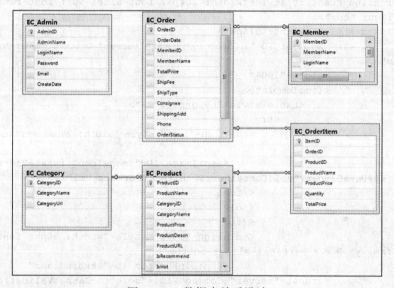

图 10-10　数据表关系设计

10.4　用户控件设计

电子商务平台案例通过构建底部用户控件 BottomUC、类别用户控件 CategoryUC、会员用户控件 MemberUC、目录用户控件 MenuUC、产品用户控件 ProductUC 提高整体代码的复用程度。本实例结合类别用户控件、会员用户控件和产品用户控件重点讲述各控件的设计与实现步骤。

10.4.1　类别用户控件

类别用户控件主要实现商品类别的显示，在本实例中，通过创建 CategoryUC 类别用户控件来显示数据库中的商品类别信息，设计中通过使用 DataList 控件实现对类别列表的展示，通过在 DataList 控件中的 ItemTemplate 模板中自定义类别信息来实现商品类别的具体展示。

源程序：类别用户控件页面代码

```
<%@ Control Language="C#" AutoEventWireup="true" CodeBehind="CategoryUC.ascx.cs"
    Inherits="WEB.UserControl.CategoryUC" %>
    <table style="width: 204px; height: 448px; font-size: 9pt; font-family: 宋体;
vertical-align: top;
        background-image: url(../image/index_16.jpg); background-repeat: no-repeat"
border="0"
        cellpadding="0" cellspacing="0">
        <tr>
            <td style="height: 39px">
            </td>
        </tr>
        <tr align="center" style="width: 204px; font-size: 9pt; font-family: 宋体;
vertical-align: top;">
            <td style="height: 315px">
                <asp:DataList ID="dlCategory" runat="server" OnItemCommand="dlCategory_
ItemCommand"
                    Height="100%">
                    <ItemTemplate>
                        <table style="height: 100%">
                            <tr>
                                <td align="left" style="width: 28px; vertical-align:
bottom">
                                    <asp:Image ID="imageIcon" runat="server"
ImageUrl=' <%#DataBinder.Eval(Container.DataItem,"CategoryUrl")%>' />
                                </td>
                                <td>
                                </td>
                                <td align="left" style="width: 80px; font-size:
9pt; font-family: 宋体; vertical-align: bottom">
                                    <asp:LinkButton ID="lnkbtnClass"
                    runat="server" CommandName="select" CausesValidation="False"
                                        CommandArgument='<%#DataBinder.
Eval(Container.DataItem,"CategoryID") %>'><%# DataBinder.Eval(Container.DataItem,
"CategoryName")%></asp:LinkButton>
                                </td>
                            </tr>
                        </table>
                    </ItemTemplate>
                </asp:DataList>
            </td>
        </tr>
        <tr>
            <td style="height: 60px">
            </td>
        </tr>
    </table>
    <table style="width: 204px; height: 181px; font-size: 9pt; font-family: 宋体;
vertical-align: top;
        text-align: center; background-image: url(../image/新品上市.jpg); background-
repeat: no-repeat"
```

```
            border="0" cellpadding="0" cellspacing="0">
            <tr>
                <td style="height: 11px; width: 204px;">
                </td>
            </tr>
            <tr>
                <td style="width: 204px; height: 169px;">
                    <marquee direction="up" onmouseout="this.start()"
                    onmouseover="this.stop()" scrollamount="2"
                        scrolldelay="4" style="width: 130px; height: 128px; font-size: 9pt; font-family: 宋体;
                        vertical-align: top; text-align: center;">本电子商城欢迎您的光临！我们将为您展示各种最新商品，让您的生活更加丰富，购物更加愉快！如果你有什么所需要的，请给本网站留言！</marquee>
                </td>
            </tr>
        </table>
```

源程序：类别用户控件程序代码

```csharp
using System;
using System.Collections.Generic;
using System.Linq;
using System.Web;
using System.Web.UI;
using System.Web.UI.WebControls;
using BLL;
using Model;

namespace WEB.UserControl
{
    public partial class CategoryUC : System.Web.UI.UserControl
    {
        protected void Page_Load(object sender, EventArgs e)
        {
            if (!IsPostBack)
            {
                CategoryService cs = new CategoryService();
                List<Category> cate = cs.GetAllInfo();
                dlCategory.DataSource = cate;
                dlCategory.DataBind();
            }
        }

        protected void dlCategory_ItemCommand(object source, DataListCommandEventArgs e)
        {
            if (e.CommandName == "select")
            {
                Response.Redirect("ProductList.aspx?id=" + e.CommandArgument);
            }
        }
    }
}
```

10.4.2 会员用户控件

会员用户控件实现会员的登录管理、登录状态管理两个核心功能。在本实例实现中，由于需要在一个控件中显示两个不同的会员用户状态，因此，通过构建两个 Table，分别是 tabLoad 和 tabLoading，其中 tabLoad 显示用户已登录的信息，而 tabLoading 显示用户登录输入界面，通过判断 Session 是否记录用户信息，控制 Visible 属性来显示不同的内容。

源程序：会员用户控件页面代码

```
<%@ Control Language="C#" AutoEventWireup="true" CodeBehind="MemberUC.ascx.cs"
Inherits="WEB.UserControl.MemberUC" %>
    <table style="width: 204px; height: 177px; background-image: url(../image/登
录.jpg);
        background-repeat: no-repeat" border="0" cellpadding="0" cellspacing="0"
runat="server"
        id="tabLoading">
        <tr>
            <td align="center" valign="top" style="height: 117px; width: 204px;">
                <table style="width: 187px; height: 153px; font-size: 9pt; font-
family: 宋体;" id="table1">
                    <tr>
                        <td colspan="2" style="height: 47px">
                        </td>
                    </tr>
                    <tr style="width: 152px; height: 18px; font-size: 9pt; font-
family: 宋体;">
                        <td style="height: 12px; width: 152px;">
                              会员名:
                        </td>
                        <td style="width: 158px; height: 12px;">
                            <asp:TextBox ID="txtName" runat="server" Width="101px"
Height="14px"></asp:TextBox>
                        </td>
                    </tr>
                    <tr style="width: 152px; height: 18px; font-size: 9pt; font-
family: 宋体;">
                        <td style="width: 1014px">
                                密码:
                        </td>
                        <td style="width: 158px;">
                            <asp:TextBox ID="txtPassword" runat="server" TextMode="
Password" Height="12px" Width="101px"></asp:TextBox>
                        </td>
                    </tr>
                    <tr style="width: 152px; height: 18px; font-size: 9pt; font-
family: 宋体;">
                        <td style="width: 152px; height: 18px;">
                              验证码:
                        </td>
                        <td style="width: 158px" align="left">
```

```html
                            <asp:TextBox ID="txtValid" runat="server"
Height="12px" Width="62px"></asp:TextBox>
                            <asp:Label ID="labValid" runat="server" Text="8888"
BackColor="#F7CC42" Font-Names=" 幼圆 "></asp:Label>
                        </td>
                    </tr>
                    <tr>
                        <td colspan="2" style="height: 28px">
                                 <asp:ImageButton ID="btnLoad"
runat="server" OnClick="btnLoad_Click"
                                Height="18px" Width="40px"
                CausesValidation="False" ImageUrl="../image/ 登录按钮 .jpg" />
                            <asp:ImageButton ID="btnRegister" runat="server"
                                OnClick="btnRegister_Click" Height="18px"
                                Width="40px" CausesValidation="False"
ImageUrl="../image/ 注册按钮 .jpg" />
                        </td>
                    </tr>
                </table>
            </td>
        </tr>
    </table>
    <table style="width: 204px; height: 177px; background-image: url(../image/ 您已
登录 .jpg);
        background-repeat: no-repeat" runat="server" id="tabLoad" visible="false"
border="0"
        cellpadding="0" cellspacing="0">
        <tr>
            <td align="center" valign="top" style="height: 117px; width: 204px;">
                <br />
                <br />
                <br />
                <br />
                <table style="width: 178px; height: 50px; font-size: 9pt; font-
family: 宋体 ;" id="table2">
                    <tr>
                        <td colspan="2" style="width: 174px; height: 30px;">
                              欢迎顾客 <u><%=Session["UserName"]%></u> 光临！
                        </td>
                    </tr>
                    <tr>
                        <td colspan="2" style="width: 174px; height: 22px">
                                
                            <asp:HyperLink ID="hpLinkUser" runat="server"
NavigateUrl=" ~ /UpdateMember.aspx">更新信息 </asp:HyperLink>
                            <asp:LinkButton ID="lnkbtnOut" runat="server"
OnClick="lnkbtnOut_Click" CausesValidation="False">安全退出 </asp:LinkButton>
                        </td>
                    </tr>
                </table>
            </td>
        </tr>
    </table>
```

实现要点:

1) 设计两个 table,分别显示登录输入窗口和已登录窗口。
2) 对已有的 table 属性进行设置。

源程序:会员用户控件代码

```csharp
using System;
using System.Collections.Generic;
using System.Linq;
using System.Web;
using System.Web.UI;
using System.Web.UI.WebControls;
using Common;
using BLL;
using Model;

namespace WEB.UserControl
{
    public partial class MemberUC : System.Web.UI.UserControl
    {
        HelpClass help = new HelpClass();
        MemberService ms = new MemberService();

        protected void Page_Load(object sender, EventArgs e)
        {
            if (!IsPostBack)
            {
                this.labValid.Text = help.RandomNum(4);// 产生随机验证码
                if (Session["UserID"] != null)
                {
                    // 判断用户是否登录
                    this.tabLoad.Visible = true;        // 显示用户欢迎面板
                    this.tabLoading.Visible = false;    // 隐藏用户登录面板
                }
            }
        }

        protected void btnLoad_Click(object sender, ImageClickEventArgs e)
        {
            // 清空 Session 对象
            Session["UserID"] = null;
            Session["Username"] = null;
            if (this.txtName.Text.Trim() == "" || this.txtPassword.Text.Trim() == "")
            {
                Response.Write(help.MessageBoxPage("登录名和密码不能为空!"));
            }
            else
            {
                if (this.txtValid.Text.Trim() == this.labValid.Text.Trim())
                {
                    // 调用 UserClass 类的 UserLogin 方法判断用户是否为合法用户
                    Member mem = ms.ValidMemberByNameAndPSW(this.txtName.Text.Trim(), this.txtPassword.Text.Trim());
```

```csharp
            if (mem != null) // 判断用户是否存在
            {
                Session["UserID"] = mem.MemberID.ToString(); // 保存用户 ID
                Session["Username"] = mem.MemberName; // 保存用户真实姓名
                Session["LoginName"] = mem.LoginName;// 保存用户登录名

                Response.Redirect("Index.aspx"); // 跳转到当前请求的虚拟路径
            }
            else
            {
                Response.Write(help.MessageBoxPage(" 您的登录有误, 请核对后再重新登录! "));
            }
        }
        else
        {
            Response.Write(help.MessageBoxPage(" 请正确输入验证码! "));
        }
    }
}

protected void btnRegister_Click(object sender, ImageClickEventArgs e)
{
    Response.Redirect("Register.aspx");
}

protected void lnkbtnOut_Click(object sender, EventArgs e)
{
    this.tabLoad.Visible = false; // 隐藏用户欢迎面板
    this.tabLoading.Visible = true; // 显示用户登录面板
    // 清空 Session 对象
    help.Logout();
    Response.Redirect("Index.aspx");
}
    }
}
```

实现要点:

1) 登录事件控制。通过数据库验证用户名、密码是否正确, 若正确, 记录 Session 并且显示已登录信息。

2) 退出事件控制。清空 Session, 显示未登录窗口。

10.4.3 产品用户控件

产品用户控件用于显示产品的基本信息, 通过 DataList 控件, 将产品详细信息绑定到用户控件中, 并通过 ItemTemplate 模板构建产品基本信息列表。

源程序: 产品用户控件页面代码

```
<%@ Control Language="C#" AutoEventWireup="true" CodeBehind="ProductUC.ascx.cs" Inherits="WEB.UserControl.ProductUC" %>
```

```
        <table cellpadding="0" cellspacing="0"
            style="border-style: none; font-size: 9pt; font-family: 宋体; width:
650px; margin-left: -75px;margin-top: 10px;
            height: 337px; vertical-align: top; text-align: left; background-repeat:
no-repeat">
            <tr align="left">
                <td align="left" colspan="0" rowspan="0" style="vertical-align: top;
width: 574px;
                    text-align: left">
                    <asp:HyperLink ID="hlCategory" runat="server" Font-
Underline="False" Width="117px"></asp:HyperLink>
                </td>
            </tr>
            <tr align="left">
                <td align="left" colspan="0" rowspan="0" style="vertical-align: top;
width: 574px;
                    height: 3px; text-align: left">
                </td>
            </tr>
            <tr >
                <td style="width: 574px; height: 300px; vertical-align: top; text-
align: center;"
                    colspan="0" rowspan="0" align="center">
                    <asp:DataList ID="dLRefine" runat="server" RepeatColumns="5"
RepeatDirection="Horizontal"
                        OnItemCommand="dLRefine_ItemCommand" Width="115%"
BackColor="#DEBA84"
                        BorderColor="Yellow" BorderStyle="None" BorderWidth="1px"
CellPadding="3"
                        CellSpacing="2" GridLines="Both" Height="205px">
                        <FooterStyle BackColor="#F7DFB5" ForeColor="#8C4510" />
                        <HeaderStyle BackColor="#A55129" Font-Bold="True"
ForeColor="White" />
                        <ItemStyle BackColor="#FFF7E7" ForeColor="#8C4510" />
                        <ItemTemplate>
                            <table style="height: 120px;">
                                <tr>
                                    <td rowspan="5">
                                        <asp:Image ID="imageRefine" runat="server"
Width="67" Height="90" ImageUrl='<%# Eval("ProductUrl") %>' />
                                    </td>
                                    <td colspan="2">
                                        <asp:LinkButton ID="lnkbtnRName"
runat="server" CommandName="detailSee" Font-Underline="false"
                                            CommandArgument='<%# Eval("ProductID") %>'>
                                            <%# Eval("ProductName") %>
                                        </asp:LinkButton>
                                    </td>
                                </tr>
                                <tr>
                                    <td>
                                        类别：
                                    </td>
                                    <td>
```

```html
                                    <%# Eval("CategoryName") %>
                                </td>
                            </tr>
                            <tr>
                                <td>
                                    热卖价:
                                </td>
                                <td>
                                    ¥<%# Eval("ProductPrice") %></td>
                            </tr>
                            <tr>
                                <td colspan="2">
                                    <asp:ImageButton ID="imagebtnRefine"
runat="server" CommandName="buy" CommandArgument='<%# Eval("ProductID") %>'
                                        ImageUrl="../image/购买.jpg"
OnClick="imagebtnRefine_Click" />
                                </td>
                            </tr>
                        </table>
                    </ItemTemplate>
                    <SelectedItemStyle BackColor="#738A9C" Font-Bold="True"
ForeColor="White" />
                </asp:DataList>
            </td>
        </tr>
    </table>
```

源程序：产品用户控件页面代码

```csharp
using System;
using System.Collections.Generic;
using System.Linq;
using System.Web;
using System.Web.UI;
using System.Web.UI.WebControls;
using BLL;
using Model;

namespace WEB.UserControl
{
    public partial class ProductUC : System.Web.UI.UserControl
    {
        ProductService ps = new ProductService();

        /// <summary>
        /// 显示的商品类别, 热门, 推荐, 最新
        /// </summary>
        private string _strType;
        /// <summary>
        /// 显示的商品类别
        /// </summary>
        private string _strCategory;
        /// <summary>
```

```csharp
///   显示的商品数量，-1为全部
/// </summary>
private int _iProductNum;

public string strType { get; set; }
public string strCategory { get; set; }
public int iProductNum { get; set; }

protected void Page_Load(object sender, EventArgs e)
{
    _strCategory = strCategory;
    _strType = strType;
    _iProductNum = iProductNum;
    if (!IsPostBack)
    {
        bindProduct();
    }
    switch (_strType)
    {
        case "Hot":
            hlCategory.ImageUrl = "../image/hot.jpg";
            hlCategory.NavigateUrl = " ~ /ProductList.aspx?var=Hot";
            break;
        case "Recommend":
            hlCategory.ImageUrl = "../image/recommend.jpg";
            hlCategory.NavigateUrl = " ~ /ProductList.aspx?var=Recommend";
            break;
        default:
            hlCategory.ImageUrl = "../image/hot.jpg";
            hlCategory.NavigateUrl = " ~ /ProductList.aspx?id=" + _
            strCategory;
            break;
    }
}

private void bindProduct()
{
    List<Product> list = ps.getProductByParm(_strType,_strCategory,_
    iProductNum);
    dLRefine.DataSource = list;
    dLRefine.DataKeyField = "ProductID";
    dLRefine.DataBind();
}
protected void imagebtnRefine_Click(object sender, ImageClickEventArgs e)
{

}
protected void dLRefine_ItemCommand(object source,
DataListCommandEventArgs e)
{
    if (e.CommandName == "detailSee")
    {
        Response.Redirect(" ~ /ProductInfo.aspx?id=" + Convert.
        ToInt32(e.CommandArgument.ToString()));
```

```csharp
            }
            else if (e.CommandName == "buy")
            {
                AddShopCart(e);
            }
        }

        /// <summary>
        /// 向购物车中添加新商品
        /// </summary>
        /// <param name="e">
        /// 获取或设置可选参数,该参数与关联的 CommandName 一起被传递到 Command 事件。
        /// </param>
        public void AddShopCart(DataListCommandEventArgs e)
        {
            /* 判断是否登录 */
            CheckLogin();
            string pid = e.CommandArgument.ToString();
            ShopCartHelpClass.AddShoppingCar("1",pid,30);
        }

        /// <summary>
        /// 检查用户是否登录
        /// </summary>
        public void CheckLogin()
        {
            if ((Session["UserName"] == null))
            {
                Response.Write("<script>alert(' 对不起! 您不是会员,请先注册! ');
                location='Index.aspx'</script>");
                Response.End();
            }
        }
    }
}
```

实现要点:

1)产品用户控件属性。根据用户使用控件的需要,设置了显示产品状态 strType(是否热点、是否推荐)、显示产品类别 strCategory,以及控件显示数量 iProductNum 三个属性。

2)增加 ItemCommand 事件。在 DataList 初始化时,增加 ItemCommand 事件,初始化产品导航超链接。

10.5 网站前台设计

10.5.1 主页设计

电子商务平台网站的主页通过母版页进行设计,在系统主页中,通过调用母版页,在页面中仅仅需要引用两个产品用户控件 ProductUC，其设计参见 10.4.3 节，根据需要对产品用户控件进行设置即可。

网站主页（见图 10-11）通过左右结构布局，左侧为用户登录、导航和公告信息栏，右侧为热门和推荐商品。上部为网站 Logo 和导航栏。

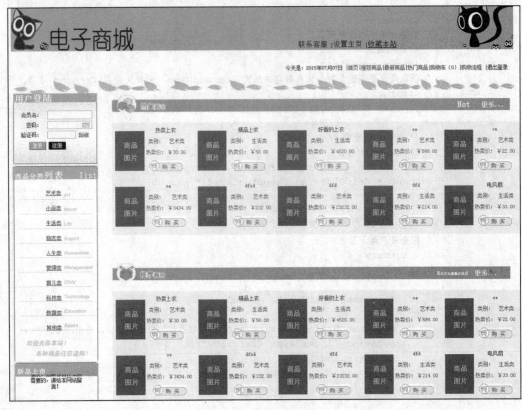

图 10-11　网站主页

源程序：系统主页页面代码

```
    <%@ Page Title="" Language="C#" MasterPageFile="~/MasterPage/WebSite.Master"
AutoEventWireup="true"
        CodeBehind="Index.aspx.cs" Inherits="WEB.Index" %>

    <%@ Register Src="~/UserControl/ProductUC.ascx" TagName="ProductUC"
TagPrefix="UC1" %>
    <asp:Content ID="Content1" ContentPlaceHolderID="head" runat="server">
    </asp:Content>
    <asp:Content ID="Content2" ContentPlaceHolderID="ContentPlaceHolder1"
runat="server">
        <UC1:ProductUC id="product1" runat="server">
        </UC1:ProductUC>
        <UC1:ProductUC id="product2" runat="server">
        </UC1:ProductUC>
    </asp:Content>
```

源程序：系统主页代码

```csharp
using System;
using System.Collections.Generic;
using System.Linq;
using System.Web;
using System.Web.UI;
using System.Web.UI.WebControls;

namespace WEB
{
    public partial class Index : System.Web.UI.Page
    {
        protected void Page_Load(object sender, EventArgs e)
        {
            product1.strCategory = "";
            product1.strType = "Hot";
            product1.iProductNum = 10;
            product2.strCategory = "";
            product2.strType = "Recommend";
            product2.iProductNum = 10;
        }
    }
}
```

实现要点：对要显示的产品用户控件进行显示内容设置。

10.5.2 母版页设计

WebSite 母版页主要在电子商务平台的前台用户界面中使用，为用户提供统一的页面头部、页面脚部、左侧用户登录和商品类别信息的显示，通过母版页的设计，实现前台代码的高度复用，以及相关界面设计的便捷。

源程序：母版页页面代码

```
<%@ Master Language="C#" AutoEventWireup="true" CodeBehind="WebSite.master.cs" Inherits="WEB.WebSite" %>
<%@ Register Src="../UserControl/CategoryUC.ascx" TagName="navigate" TagPrefix="uc3" %>
<%@ Register Src="../UserControl/BottomUC.ascx" TagName="bottom" TagPrefix="uc4" %>
<%@ Register Src="../UserControl/MemberUC.ascx" TagName="LoadingControl" TagPrefix="uc2" %>
<%@ Register Src="../UserControl/MenuUC.ascx" TagName="menu" TagPrefix="uc1" %>

<!DOCTYPE html PUBLIC "-//W3C//DTD XHTML 1.0 Transitional//EN" "http://www.w3.org/TR/xhtml1/DTD/xhtml1-transitional.dtd">
<html xmlns="http://www.w3.org/1999/xhtml">
<head runat="server">
    <title></title>
    <asp:ContentPlaceHolder ID="head" runat="server">
    </asp:ContentPlaceHolder>
    <style type="text/css">
```

```
            .style3
            {
                width: 778px;
                height: 36px;
            }
            .style5
            {
                height: 10px;
                width: 1053px;
            }
            .style6
            {
                width: 1185px;
                height: 30px;
            }
        </style>
    </head>
    <body>
        <form id="form1" runat="server">
        <div>
            <table style="width: 500px; height: 1200px; font-size: 9pt; font-family: 宋体; background-image: url(images/1294850_472733.gif);
                background-repeat: repeat" align="center" border="0" cellpadding="0" cellspacing="0">
                <tr>
                    <td valign="top">
                        <table style="width: 778px; height: 855px; font-size: 9pt; font-family: 宋体;" align="center"
                            border="0" cellpadding="0" cellspacing="0">
                            <tr>
                                <td colspan="2" valign="top" style="background-image: url('images/banner.jpg');
                                    background-repeat: no-repeat" class="style3">
                                    <uc1:menu id="Menu1" runat="server" />
                                    <table style="background-image: url('images/index1_11.gif'); width: 692px; height: 40px; margin-bottom: -20px; margin-left: 0px;">
                                        <tr>
                                            <td class="style5">
                                                <img alt="" class="style6" src="../image/image.jpg" /></td>
                                        </tr>
                                    </table>
                                </td>
                            </tr>
                            <tr>
                                <td style="width: 204px; height: 177px; vertical-align: top; border-left-width: thin">
                                    <uc2:loadingcontrol id="LoadingControl1" runat="server"></uc2:loadingcontrol>
                                </td>
                                <td style="width: 574px; vertical-align: top; background-image: url(images/显示页面当前位置.jpg);
                                    background-repeat: repeat-y;" rowspan="2">
                                    <asp:ContentPlaceHolder
```

```
                ID="ContentPlaceHolder1" runat="server">
                                    </asp:ContentPlaceHolder>
                                </td>
                            </tr>
                            <tr>
                                <td align="left" style="width: 204px; vertical-align: top; height: 532px;">
                                    <uc3:navigate id="Navigate1" runat="server"></uc3:navigate>
                                </td>
                            </tr>
                            <tr>
                                <td colspan="2" valign="top" style="width: 778px; height: 116px; background-image: url(images/底部.jpg);
                                    background-repeat: no-repeat">
                                    <uc4:bottom id="Bottom1" runat="server" />
                                </td>
                            </tr>
                        </table>
                    </td>
                </tr>
            </table>
        </div>
    </form>
</body>
</html>
```

10.6 购物车模块设计

购物车模块是电子商务平台中最核心,也是设计与实现难度最高的模块。电子商务平台通过 Cookie 技术实现购物车模块的设计与开发,本实例通过对购物车控制类、购物车界面和结算界面进行介绍,详细讲述购物车模块的设计。购物车网页设计如图 10-12 所示。

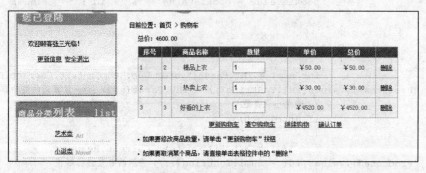

图 10-12 购物车网页

10.6.1 购物车控制类代码

通过设计静态(Static)类购物车控制类 ShopCartHelpClass,实现对购物车商品的增、删、改管理,并通过使用 Cookie 实现购物车内容的保存。

源程序:购物车控制类代码

```csharp
using System;
using System.Collections.Generic;
using System.Linq;
using System.Web;
using Model;
using BLL;

namespace WEB
{
    public static class ShopCartHelpClass
    {
        static ProductService ps = new ProductService();

        #region 添加商品到购物车
        /// <summary>
        /// 添加商品到购物车 AddShoppingCar
        /// </summary>
        /// <param name="num">数量 如果存在产品 负数是减少 正数是增加  如果不存在 则直接增加</param>
        /// <param name="id">货物 ID</param>
        /// <param name="expires">cookies 保存的天数</param>
        public static void AddShoppingCar(string num, string id, int expires)
        {
            if (System.Web.HttpContext.Current.Request.Cookies["Products"] != null) // 如果购物车不为空
            {
                System.Web.HttpCookie cookie;
                string cookievalue = System.Web.HttpContext.Current.Request.Cookies["Products"].Value;
                if (System.Web.HttpContext.Current.Request.Cookies["Products"].Values[id] == null)// 如果尚没有此商品 ID
                {
                    cookievalue = cookievalue + "&" + id + "=" + num;
                }
                else
                {
                    int num1 = int.Parse(System.Web.HttpContext.Current.Request.Cookies["Products"].Values[id].ToString()) + int.Parse(num); // 计算新的购物车数量
                    // 避免出现负数
                    if (num1 > 0)
                    {
                        System.Web.HttpContext.Current.Request.Cookies["Products"].Values[id] = num1.ToString();// 将新的数量进行赋值
                    }
                    else
                    {
                        System.Web.HttpContext.Current.Request.Cookies["Products"].Values[id] = "0";
                    }
```

```csharp
                cookievalue = System.Web.HttpContext.Current.Request.
Cookies["Products"].Value;
                }
                cookie = new System.Web.HttpCookie("Products", cookievalue);
// 将新的购物车进行覆盖
                if (expires != 0)
                {
                    DateTime dt = DateTime.Now;
                    TimeSpan ts = new TimeSpan(expires, 0, 0, 20);
                    cookie.Expires = dt.Add(ts);
                }
                System.Web.HttpContext.Current.Response.AppendCookie(cookie);
            }
            else // 如果购物车为空，直接新增 Cookie
            {
                System.Web.HttpCookie newcookie = new HttpCookie("Products");
                if (expires != 0)
                {
                    DateTime dt = DateTime.Now;
                    TimeSpan ts = new TimeSpan(expires, 0, 0, 20);
                    newcookie.Expires = dt.Add(ts);
                }
                newcookie.Values[id] = num;
                System.Web.HttpContext.Current.Response.
AppendCookie(newcookie);
            }
        }
        #endregion


        #region 根据 ID 删除产品 RemoveShoppingCar
        /// <summary>
        /// 根据 ID 删除产品 RemoveShoppingCar
        /// </summary>
        /// <param name="id"> 产品 ID</param>
        public static void RemoveShoppingCar(string id)
        {
            if (System.Web.HttpContext.Current.Request.Cookies["Products"] != null
&& System.Web.HttpContext.Current.Request.Cookies["Products"].Values[id] != null)
            {
                System.Web.HttpCookie cookie;
                //
                System.Web.HttpContext.Current.Request.Cookies["Products"].
Values[id] = "0";
                string cookievalue = System.Web.HttpContext.Current.Request.
Cookies["Products"].Value;
                cookie = new System.Web.HttpCookie("Products", cookievalue);
                System.Web.HttpContext.Current.Response.AppendCookie(cookie);
            }
        }
        #endregion

        #region 根据 ID 修改产品 UpdateShoppingCar
        /// <summary>
```

```csharp
/// 根据ID修改产品 UpdateShoppingCar
/// </summary>
/// <param name="id">产品ID</param>
public static void UpdateShoppingCar(string id, string num)
{
    if (System.Web.HttpContext.Current.Request.Cookies["Products"] != null
       && System.Web.HttpContext.Current.Request.Cookies["Products"].Values[id] != null)
    {
        System.Web.HttpCookie cookie;
        System.Web.HttpContext.Current.Request.Cookies["Products"].Values[id] = num;
        string cookievalue = System.Web.HttpContext.Current.Request.Cookies["Products"].Value;
        cookie = new System.Web.HttpCookie("Products", cookievalue);
        System.Web.HttpContext.Current.Response.AppendCookie(cookie);
    }
}
#endregion

#region 计算购物车中商品种类
public static int getCateNumFromShoppingCar()
{
    try
    {
        return System.Web.HttpContext.Current.Request.Cookies["Products"].Values.Count;
    }
    catch
    {
        return 0;
    }
}
#endregion

#region 得到所有的产品列表 GetAllChoppingCar
/// <summary>
/// 得到所有的产品列表 GetAllChoppingCar
/// </summary>
/// <returns>DataTable</returns>
public static List<shopcart> GetAllShoppingCar()
{
    if (System.Web.HttpContext.Current.Request.Cookies["Products"] != null)
    {
        int count = System.Web.HttpContext.Current.Request.Cookies["Products"].Values.Count;
        List<shopcart> shipList = new List<shopcart>();

        string[] str = System.Web.HttpContext.Current.Request.Cookies["Products"].Value.Split('&');
        for (int i = 0; i < str.Length; i++)
        {
            shopcart sc = new shopcart();
```

```csharp
                    sc.ProductID = int.Parse((str[i].Split('='))[0].ToString());
                    sc.Quantity = int.Parse((str[i].Split('='))[1].
                    ToString());
                    if (int.Parse((str[i].Split('='))[1].ToString()) != 0)
                    {
                        sc =completeShipCart(sc);
                        shipList.Add(sc);
                    }
                }
                return shipList;
            }
            else
            {
                return null;
            }
        }


        /// <summary>
        /// 新增加一种商品时完善购物车
        /// </summary>
        /// <param name="scl"></param>
        /// <param name="pid"></param>
        private static shopcart completeShipCart(shopcart sc)
        {
            int iQuantity = sc.Quantity;
            sc = ps.completeShipCart(sc.ProductID);
            sc.Quantity = iQuantity;
            sc.TotalPrice = iQuantity * sc.ProductPrice;
            return sc;
        }
        #endregion

        #region 删除购物车
        public static void deleteShoppingCart()
        {
            System.Web.HttpCookie newcookie = new HttpCookie("Products");
            newcookie.Expires = DateTime.Now.AddDays(-1);
            System.Web.HttpContext.Current.Response.AppendCookie(newcookie);
        }
        #endregion
    }
}
```

实现要点:

1) 添加商品。通过 Cookies[CookieName].Values[id] 实现在一个 Cookie 下,保存多个商品信息,即通过建立一个 Cookie,命名为 Cookies["Products"],通过在 Values[id] 中保存购买的数量,实现购物车中可以同时购买多件商品,其中 ID 为商品 ID。

2) 删除商品。根据要删除的商品 ID,将其 Value 值设为 0。

3) 修改商品。根据要修改的商品 ID,修改数量,对 Cookie 进行修改。

4) 清空购物车。将 Cookie 的有效期向前提一天,系统将自动删除购物车内容。

10.6.2 购物车页面

在购物车实现中，页面通过 GridView 控件将 Cookie 中的商品信息显示在页面中，并且通过对购物车中信息进行统计，显示购物总金额等信息，并可以在页面中对购物车数量、商品信息进行修改，如购物车中商品都已经确定，可以提交购物车内的商品信息到结算页面。

源程序：购物车页面代码

```
<%@ Page Title="" Language="C#" MasterPageFile="~/MasterPage/WebSite.Master"
AutoEventWireup="true"
    CodeBehind="ShoppingCart.aspx.cs" Inherits="WEB.ShoppingCart" %>

<asp:Content ID="Content1" ContentPlaceHolderID="head" runat="server">
    <style type="text/css">
        .style3
        {
            height: 20px;
            width: 650px;
        }
        .style4
        {
            height: 786px;
            width: 650px;
        }
    </style>
</asp:Content>
<asp:Content ID="Content2" ContentPlaceHolderID="ContentPlaceHolder1" runat="server">
    <table
        style="font-size: 9pt; font-family: 宋体; width: 580px; height: 806px;
background-repeat: no-repeat;
        background-image: url('images/显示页面当前位置.jpg'); margin-left:-100px;
margin-right: 32px;">
        <tr>
            <td valign="middle" align="left" class="style3">
                <br />
                <br />
                  目前位置：首页 &gt; 购物车
            </td>
        </tr>
        <tr>
            <td valign="top" class="style4">
                <table cellspacing="0" cellpadding="0" width="95%" align="center"
border="0"
                    style="font-size: 9pt; margin-right: 0px;">
                    <tr>
                        <td align="center">
                            <asp:Label ID="labMessage" runat="server"
Visible="False"></asp:Label>
                        </td>
                    </tr>
                    <tr>
                        <td align="left" style="height: 30px">
```

```
                            <asp:Label ID="labTotalPrice" runat="server" Text=
"0.00 "></asp:Label>
                        </td>
                    </tr>
                    <tr style="font: 9pt; font-family: 宋体;" valign="top">
                        <td align="left" style="height: 135px">
                            <asp:GridView ID="gvShopCart" DataKeyNames="ProductID"
runat="server" AutoGenerateColumns="False"
                                BackColor="#DEBA84" BorderColor="#DEBA84" Border
Width="1px"
                                CellPadding="3" Width="95%" BorderStyle="None"
CellSpacing="2"
                                style="margin-right: 27px">
                                <Columns>
                                    <asp:TemplateField HeaderText="序号"
InsertVisible="False">
                                        <ItemTemplate>
                                            <%#Container.DataItemIndex+1%>
                                        </ItemTemplate>
                                    </asp:TemplateField>
                                    <asp:BoundField DataField="ProductID">
                                        <ItemStyle Width="0px" />
                                    </asp:BoundField>
                                    <asp:BoundField DataField="ProductName" Header
Text="商品名称" ReadOnly="True">
                                        <ItemStyle HorizontalAlign="Center" />
                                        <HeaderStyle HorizontalAlign="Center" />
                                    </asp:BoundField>
                                    <asp:TemplateField HeaderText="数量">
                                        <ItemTemplate>
                                            <table width="100%">
                                                <tr align="center">
                                                    <td align="center">
                                                        <asp:TextBox ID="txtNum"
runat="server" Text='<%#Eval("Quantity") %>' Width="60px"
                                                            OnTextChanged=
"txtNum_TextChanged" AutoPostBack="True"></asp:TextBox>

<asp:RegularExpressionValidator ID="RegularExpressionValidator1" runat="server"
ControlToValidate="txtNum"
                                                            ErrorMessage="×"
ValidationExpression="^\+?[1-9][0-9]*$"></asp:RegularExpressionValidator>
                                                    </td>
                                                </tr>
                                            </table>
                                        </ItemTemplate>
                                    </asp:TemplateField>
                                    <asp:TemplateField HeaderText="单价">
                                        <HeaderStyle HorizontalAlign="Center" />
                                        <ItemStyle HorizontalAlign="Center" />
                                        <ItemTemplate>
                                            ¥<%#Eval("ProductPrice")%>
                                        </ItemTemplate>
                                    </asp:TemplateField>
```

```
                                <asp:TemplateField HeaderText=" 总价 ">
                                    <HeaderStyle HorizontalAlign="Center" />
                                    <ItemStyle HorizontalAlign="Center" />
                                    <ItemTemplate>
                                        ¥<%#Eval("totalPrice")%>
                                    </ItemTemplate>
                                </asp:TemplateField>
                                <asp:TemplateField>
                                    <HeaderStyle HorizontalAlign="Center" />
                                    <ItemStyle HorizontalAlign="Center" />
                                    <ItemTemplate>
                                        <asp:LinkButton ID="lnkbtnDelete" runat="server" CommandArgument='<%#Eval("ProductID") %>'
                                            OnCommand="lnkbtnDelete_Command"> 删除 </asp:LinkButton>
                                    </ItemTemplate>
                                </asp:TemplateField>
                            </Columns>
                            <FooterStyle BackColor="#F7DFB5" ForeColor="#8C4510" />
                            <RowStyle BackColor="#FFF7E7" ForeColor="#8C4510" />
                            <SelectedRowStyle BackColor="#ff5809" ForeColor="White" Font-Bold="True" />
                            <PagerStyle ForeColor="#8C4510" HorizontalAlign="Center" />
                            <HeaderStyle BackColor="#A55129" Font-Bold="True" ForeColor="White" />
                            <SortedAscendingCellStyle BackColor="#FFF1D4" />
                            <SortedAscendingHeaderStyle BackColor="#B95C30" />
                            <SortedDescendingCellStyle BackColor="#F1E5CE" />
                            <SortedDescendingHeaderStyle BackColor="#93451F" />
                        </asp:GridView>
                    </td>
                </tr>
                <tr>
                    <td style="height: 6px">
                    </td>
                </tr>
                <tr align="left" valign="top">
                    <td align="center">
                        <asp:LinkButton ID="lnkbtnUpdate" runat="server" OnClick="lnkbtnUpdate_Click"> 更新购物车 </asp:LinkButton>
                         <asp:LinkButton ID="lnkbtnClear" runat="server" OnClick="lnkbtnClear_Click"> 清空购物车 </asp:LinkButton>
                         
                        <asp:LinkButton ID="lnkbtnContinue" runat="server" OnClick="lnkbtnContinue_Click"> 继续购物 </asp:LinkButton>
                         
                        <asp:LinkButton ID="lnkbtnCheck" runat="server" OnClick="lnkbtnCheck_Click"> 确认订单 </asp:LinkButton>
                    </td>
```

```html
                </tr>
                <tr>
                    <td align="left">
                         <li>如果要修改商品数量，请单击"更新购物车"按钮   </li> <li>如果要取消某个商品，请直接单击表格控件中的"删除"
                            <br />
                        </li>
                    </td>
                </tr>
            </table>
        </td>
    </tr>
</table>
</asp:Content>
```

源程序：购物车代码

```csharp
using System;
using System.Collections.Generic;
using System.Linq;
using System.Web;
using System.Web.UI;
using System.Web.UI.WebControls;
using Model;

namespace WEB
{
    public partial class ShoppingCart : System.Web.UI.Page
    {
        List<shopcart> scProduct;
        protected void Page_Load(object sender, EventArgs e)
        {
            if (!IsPostBack)
            {
                bind();
            }
        }

        protected void bind()
        {
            if (ShopCartHelpClass.getCateNumFromShoppingCar() == 0)
            {
                // 如果没有购物，则给出相应信息，并隐藏按钮
                this.labMessage.Text = "您还没有购物！";
                this.labMessage.Visible = true;          // 显示提示信息
                this.lnkbtnCheck.Visible = false;        // 隐藏"前往服务台"按钮
                this.lnkbtnClear.Visible = false;        // 隐藏"清空购物车"按钮
                this.lnkbtnContinue.Visible = false;     // 隐藏"继续购物"按钮
            }
            else
            {
                scProduct = ShopCartHelpClass.GetAllShoppingCar(); // 获取其购物车
```

```csharp
            int i = 1;
            decimal totalPrice = 0; // 商品总价格
            foreach (shopcart sc in scProduct)
            {
                totalPrice += sc.TotalPrice; // 计算合价
                i++;
            }
            this.labTotalPrice.Text = " 总价: " + totalPrice.ToString();
// 显示所有商品的价格

            gvShopCart.DataSource = scProduct;      // 绑定 GridView 控件
            this.gvShopCart.DataBind();
        }
    }

        void ST_check_Login()
        {
            if ((Session["Username"] == null))
            {
                Response.Write("<script>alert(" 对不起!您未登录,请先登录!'");location='Index.aspx"</script>");
                Response.End();
            }
        }

        protected void lnkbtnUpdate_Click(object sender, EventArgs e)
        {
            foreach (GridViewRow gvr in this.gvShopCart.Rows)
            {
                TextBox otb = (TextBox)gvr.FindControl("txtNum"); // 找到用来输入数量的 TextBox 控件
                string strCount = otb.Text;// 获得用户输入的数量值
                string strPID = gvr.Cells[1].Text;// 得到该商品的 ID 代
                ShopCartHelpClass.UpdateShoppingCar(strPID,strCount);
            }

            Response.Redirect("shoppingCart.aspx");
        }

        protected void lnkbtnClear_Click(object sender, EventArgs e)
        {
            ShopCartHelpClass.deleteShoppingCart();
            Response.Redirect("shoppingCart.aspx");
        }

        protected void lnkbtnContinue_Click(object sender, EventArgs e)
        {
            Response.Redirect("Index.aspx");
        }

        protected void lnkbtnCheck_Click(object sender, EventArgs e)
        {
```

```csharp
        /* 判断是否登录 */
        ST_check_Login();
        // 下订单

        Response.Redirect("checkout.aspx");
    }
    protected void txtNum_TextChanged(object sender, EventArgs e)
    {
        foreach (GridViewRow gvr in this.gvShopCart.Rows)
        {
            TextBox otb = (TextBox)gvr.FindControl("txtNum");
            // 找到用来输入数量的 TextBox 控件
            string strCount = otb.Text;// 获得用户输入的数量值
            string strPID = gvr.Cells[1].Text;
            ShopCartHelpClass.UpdateShoppingCar(strPID, strCount);
        }
        bind();
    }
    protected void lnkbtnDelete_Command(object sender, CommandEventArgs e)
    {
        ShopCartHelpClass.RemoveShoppingCar(e.CommandArgument.ToString());
        Response.Redirect("shoppingCart.aspx");
    }

}
```

10.6.3 结算页面

结算页面即在购物车内商品确定的情况下,用户填写商品运输地点,在提交订单信息后,将整个订单数据及相应的订单明细保存到数据库,订单信息显示为"未处理"状态。

源程序：结算页面代码

```
<%@ Page Title=" "Language="C#" MasterPageFile=" ~ /MasterPage/WebSite.Master"
AutoEventWireup="true"
    CodeBehind="CheckOut.aspx.cs" Inherits="WEB.CheckOut" %>

<asp:Content ID="Content1" ContentPlaceHolderID="head" runat="server">
</asp:Content>
<asp:Content ID="Content2" ContentPlaceHolderID="ContentPlaceHolder1"
runat="server">
    <table style="font-size: 9pt; font-family: 宋体; width: 574px; height:
806px; background-repeat: no-repeat;
        background-image: url(images/ 显示页面当前位置.jpg);">
        <tr>
            <td valign="top">
                <table cellspacing="1" cellpadding="1" width="574"
align="center" border="0">
                    <tr style="font: 9pt; font-family: 宋体;">
```

```
                                    <td align="center" colspan="2px" style="font-size:
9pt; height: 25px;">
                                        <br />
                                        商品销售服务台
                                    </td>
                                <tr style="font: 9pt 宋体">
                                    <td align="left" colspan="2px" style="font-size:
9pt; height: 25px">
                                    </td>
                                </tr>
                                <tr style="font: 9pt; font-family: 宋体 ;">
                                    <td>
                                        <table cellspacing="0" cellpadding="0"
width="95%" align="center" border="0" style="font-size: 9pt">
                                            <tr>
                                                <td align="left" style="font-size:
9pt; height: 14px;">
                                                    <asp:Label ID="labMessage"
runat="server" Visible="False"></asp:Label>
                                                </td>
                                            </tr>
                                            <tr>
                                                <td align="left" style="font-size:
9pt; height: 14px;" bgcolor="#c0c0c0">
                                                    您的购物车:
                                                </td>
                                            </tr>
                                            <tr style="font: 9pt; font-family: 宋体 ;">
                                                <td align="left" style="height: 135px"
valign="top">
                                                    <br />
                                                    <asp:GridView ID="gvShopCart"
runat="server" AutoGenerateColumns="False"
                                                        CellPadding="3" Width="95%"
BackColor="#DEBA84" BorderColor="#DEBA84"
                                                        BorderStyle="None"
BorderWidth="1px" CellSpacing="2">
                                                        <Columns>
                                                            <asp:TemplateField
HeaderText=" 序号 " InsertVisible="False">
                                                                <ItemTemplate>
                                                                    <%#Container.
DataItemIndex+1%>
                                                                </ItemTemplate>
                                                            </asp:TemplateField>
                                                            <asp:BoundField
DataField="CategoryName" HeaderText=" 类别 "></asp:BoundField>
                                                            <asp:BoundField
DataField="ProductName" HeaderText=" 商品名称 " ReadOnly="True">
                                                                <ItemStyle
HorizontalAlign="Center" />
                                                                <HeaderStyle
HorizontalAlign="Center" />
                                                            </asp:BoundField>
```

```
                                                    <asp:BoundField 
DataField="Quantity" HeaderText=" 数量 " ReadOnly="True">
                                                        <ItemStyle 
HorizontalAlign="Center" />
                                                        <HeaderStyle 
HorizontalAlign="Center" />
                                                    </asp:BoundField>
                                                    <asp:BoundField 
DataField="ProductPrice" HeaderText=" 单价（¥）" ReadOnly="True">
                                                        <ItemStyle 
HorizontalAlign="Center" />
                                                        <HeaderStyle 
HorizontalAlign="Center" />
                                                    </asp:BoundField>
                                                    <asp:BoundField 
DataField="totalPrice" HeaderText=" 总价（¥）" ReadOnly="True">
                                                        <ItemStyle 
HorizontalAlign="Center" />
                                                        <HeaderStyle 
HorizontalAlign="Center" />
                                                    </asp:BoundField>
                                                </Columns>
                                                <FooterStyle 
BackColor="#F7DFB5" ForeColor="#8C4510" />
                                                <HeaderStyle 
BackColor="#A55129" Font-Bold="True" ForeColor="White" />
                                                <PagerStyle 
ForeColor="#8C4510" HorizontalAlign="Center" />
                                                <RowStyle BackColor="#FFF7E7" 
ForeColor="#8C4510" />
                                                <SelectedRowStyle 
BackColor="#738A9C" Font-Bold="True" ForeColor="White" />
                                                <SortedAscendingCellStyle 
BackColor="#FFF1D4" />
                                                <SortedAscendingHeaderStyle 
BackColor="#B95C30" />
                                                <SortedDescendingCellStyle 
BackColor="#F1E5CE" />
                                                <SortedDescendingHeaderStyle 
BackColor="#93451F" />
                                            </asp:GridView>
                                            <p align="left">
                                                总价为:
                                                <asp:Label ID="labTotalPrice" 
runat="server" Text="0.00"></asp:Label> ¥ 商品数为: <asp:Label 
                                                    ID="labTotalNum" 
runat="server" Text="0 "></asp:Label>个
                                            </p>
                                            <li> 如果需要修改，请到购物车处修改 </
li><li> 如果已确认，请正确填写下面的信息 </li><p>
                                            </p>
                                        </td>
                                    </tr>
                                    <tr>
```

```
                            <td align="left">
                            </td>
                        </tr>
                    </table>
                </td>
            </tr>
            <tr style="font: 9pt; font-family: 宋体 ;">
                <td>
                    <table class="tableBorder" cellspacing="0" cellpadding="0" width="95%" align="center"
                        border="0">
                        <tr style="font: 9pt 宋体 ">
                            <td align="left" colspan="4" bgcolor="#c0c0c0" style="font: 9pt; font-family: 宋体 ;">
                                收货人详细地址:
                            </td>
                        </tr>
                        <tr style="font: 9pt; font-family: 宋体 ;">
                            <td align="right">
                                配送及运费:
                            </td>
                            <td colspan="3" align="left">
                                <asp:DropDownList ID="ddlShipType" runat="server" AutoPostBack="True">
                                    <asp:ListItem>请选择配送方式及运输费用</asp:ListItem>
                                    <asp:ListItem Value="10">邮局邮寄普通包裹（10元/单）</asp:ListItem>
                                    <asp:ListItem Value="30">邮局邮寄快递包裹（30元/单）</asp:ListItem>
                                    <asp:ListItem Value="0">免费送货（北京）</asp:ListItem>
                                </asp:DropDownList>
                            </td>
                        </tr>
                        <tr style="font: 9pt; font-family: 宋体 ;">
                            <td align="right" width="100" style="height: 28px">
                                收货人姓名:
                            </td>
                            <td style="width: 359px; height: 28px;" align="left">
                                <asp:TextBox ID="txtReciverName" runat="server" Width="195px"></asp:TextBox>
                                <font color="red">*<asp:RequiredFieldValidator ID="rfvReciverName" runat="server"
                                    ControlToValidate="txtReciverName" Font-Size="9pt" Height="1px" Width="1px">**</asp:RequiredFieldValidator></font>
                            </td>
                        </tr>
                        <tr style="font: 9pt; font-family: 宋体 ;">
                            <td align="right" style="height: 24px">
                                联系电话:
                            </td>
```

```html
                                        <td style="width: 359px; height: 24px;" align="left">
                                            <asp:TextBox ID="txtReceiverPhone" runat="server" Width="195px"></asp:TextBox>
                                            <font color="red">*<asp:RequiredFieldValidator ID="rfvReceiverPhone" runat="server"
                                                ControlToValidate="txtReceiverPhone" Font-Size="9pt" Height="1px" Width="1px">**</asp:RequiredFieldValidator></font>
                                        </td>
                                    </tr>
                                    <tr style="font: 9pt; font-family: 宋体;">
                                        <td align="right" height="17">
                                            电子信箱:
                                        </td>
                                        <td height="17" style="width: 359px" align="left">
                                            <asp:TextBox ID="txtReceiverEmails" runat="server" Width="195px"></asp:TextBox>
                                            <font color="red">*<asp:RequiredFieldValidator ID="rfvReceiverEmails" runat="server"
                                                ControlToValidate="txtReceiverEmails" Font-Size="9pt" Height="1px" Width="1px">**</asp:RequiredFieldValidator></font>
                                        </td>
                                    </tr>
                                    <tr style="font: 9pt; font-family: 宋体;">
                                        <td align="right">
                                            邮编:
                                        </td>
                                        <td style="width: 359px" align="left">
                                            <asp:TextBox ID="txtReceiverPostCode" runat="server" Width="195px"></asp:TextBox>
                                            <font color="red">*<asp:RequiredFieldValidator ID="rfvReceiverPostCode" runat="server"
                                                ControlToValidate="txtReceiverPostCode" Font-Size="9pt" Height="1px" Width="1px">**</asp:RequiredFieldValidator></font>
                                        </td>
                                    </tr>
                                    <tr style="font: 9pt; font-family: 宋体;">
                                        <td align="right" style="height: 73px">
                                            收货人详细地址:
                                        </td>
                                        <td style="width: 359px; height: 73px;" align="left">
                                            <asp:TextBox ID="txtReceiverAddress" runat="server" Width="259px" Height="53px" TextMode="MultiLine"></asp:TextBox>
                                            <span style="color: #ff0000">*<asp:RequiredFieldValidator ID="rfvAddress" runat="server"
                                                ControlToValidate="txtReceiverAddress" Font-Size="9pt" Height="1px" Width="1px">**</asp:RequiredFieldValidator></span>
                                        </td>
                                    </tr>
```

```
                            <tr style="font: 9pt; font-family: 宋体;">
                                <td align="right" height="19">
                                    备注:
                                </td>
                                <td colspan="3" height="19" align="left">
                                    <asp:TextBox ID="txtRemark"
runat="server" Height="89px" MaxLength="200" Width="259px"></asp:TextBox>
                                    <br />
                                    <font color="#ff3333">您有什么要求,
请在备注中注明。</font>
                                </td>
                            </tr>
                            <tr style="font: 9pt; font-family: 宋体;">
                                <td align="center" colspan="4">
                                    <br />
                                    <asp:Button ID="btnConfirm"
runat="server" Text=" 提交订单 " OnClick="btnConfirm_Click">
                                    </asp:Button>
                                </td>
                            </tr>
                        </table>
                    </td>
                </tr>
            </table>
        </td>
    </tr>
</table>
</asp:Content>
```

源程序:结算页面代码

```
using System;
using System.Collections.Generic;
using System.Linq;
using System.Web;
using System.Web.UI;
using System.Web.UI.WebControls;
using BLL;
using Model;
using System.Text.RegularExpressions;

namespace WEB
{
    public partial class CheckOut : System.Web.UI.Page
    {
        List<shopcart> scProduct;
        HelpClass help = new HelpClass();

        protected void Page_Load(object sender, EventArgs e)
        {
            if (Session["Username"] == null)
            {
                Response.Write("<script lanuage=javascript>alert('对不起,请登
```

```csharp
录');location='Index.aspx'</script>");
        }
        else
        {
            // 如果用户已登录，则显示用户的基本信息
            MemberService ms = new MemberService();
            Member member = ms.GetMemberByLoginName(Session["LoginName"].
            ToString());
            this.txtReciverName.Text = member.MemberName;        // 收货人姓名
        }
        if (System.Web.HttpContext.Current.Request.Cookies["Products"] == null)
        {
            // 如果没有购物，则给出相应信息，并隐藏按钮
            this.labMessage.Text = " 您还没有购物！ "; // 显示提示信息
            this.btnConfirm.Visible = false;              // 隐藏" 确认 "按钮
        }
        else
        {
            scProduct = ShopCartHelpClass.GetAllShoppingCar();   // 获取其购物车
            if (scProduct.Count == 0)
            {
                // 如果没有购物，则给出相应信息，并隐藏按钮
                this.labMessage.Text = " 您购物车中没有商品！ ";// 显示提示信息
                this.btnConfirm.Visible = false;                // 隐藏" 确认 "按钮
            }
            else
            {
                int i = 1;
                decimal totalPrice = 0; // 商品总价格
                int totalNum = 0;// 商品总数
                foreach (shopcart sc in scProduct)
                {
                    totalPrice += sc.TotalPrice; // 计算合价
                    totalNum += sc.Quantity;
                    i++;
                }
                this.labTotalPrice.Text = totalPrice.ToString();
                // 显示所有商品的价格
                this.labTotalNum.Text = totalNum.ToString(); // 显示商品总数
                this.gvShopCart.DataSource = scProduct; // 绑定 GridView 控件
                this.gvShopCart.DataBind();
            }
        }
    }

    protected void btnConfirm_Click(object sender, EventArgs e)
    {
        if (Page.IsValid)
        {
            // 得到用户输入的信息
            string strPhone;   // 电话号码
            string strEmail;   // Email
```

```csharp
        string strZip;          // 邮政编码
        float fltShipFee;       // 邮寄方式及其费用
        if (IsValidPostCode(this.txtReceiverPostCode.Text.Trim()) == true)
        //判断输入的邮编是否合法
        {
            strZip = this.txtReceiverPostCode.Text.Trim();
        }
        else
        {
            Response.Write(help.MessageBox("邮编输入有误！"));
            return;
        }
        if (IsValidPhone(this.txtReceiverPhone.Text.Trim()) == true)
        //判断输入的电话号码是否合法
        {
            strPhone = this.txtReceiverPhone.Text.Trim();
        }
        else
        {
            Response.Write(help.MessageBox("联系电话输入有误！"));
            return;
        }
        if (IsValidEmail(this.txtReceiverEmails.Text.Trim())== true)
        //判断输入的 Email 是否合法
        {
            strEmail = this.txtReceiverEmails.Text.Trim();
        }
        else
        {
            Response.Write(help.MessageBox("Email 输入有误！"));
            return;
        }
        if (this.ddlShipType.SelectedIndex != 0)//获取邮递方式及其费用
        {
            fltShipFee = float.Parse(this.ddlShipType.SelectedValue.
            ToString());
        }
        else
        {
            Response.Write(help.MessageBox("请选择运输方式！"));
            return;
        }
        string strName = this.txtReciverName.Text.Trim(); // 收货人姓名
        string strAddress = this.txtReceiverAddress.Text.Trim();
        // 收货人详细地址
        string strRemark = this.txtRemark.Text.Trim(); // 备注
        int IntTotalNum = int.Parse(this.labTotalNum.Text); // 商品总数
        float fltTotalShipFee = IntTotalNum * fltShipFee; // 运输总费用

        Order order = new Order();
        order.OrderDate = DateTime.Now;
        order.MemberID = int.Parse(Session["UserID"].ToString());
        order.MemberName = Session["UserName"].ToString();
        order.TotalPrice = decimal.Parse(labTotalPrice.Text);
```

```csharp
                order.ShipFee = decimal.Parse(fltTotalShipFee.ToString());
                order.ShipType = ddlShipType.SelectedItem.Text;
                order.Consignee = strName;
                order.ShippingAdd = strAddress;
                order.Phone = txtReceiverPhone.Text;
                order.OrderStatus = "未审核";

                List<OrderItem> orderItemList=new List<OrderItem>();
                // 对订单中的每一个货物插入订单详细表中
                foreach (shopcart shopcart in scProduct)
                {
                    OrderItem oi = new OrderItem();
                    oi.ProductID = shopcart.ProductID;
                    oi.ProductName = shopcart.ProductName;
                    oi.ProductPrice = shopcart.ProductPrice;
                    oi.Quantity = shopcart.Quantity;
                    oi.TotalPrice = shopcart.TotalPrice;
                    orderItemList.Add(oi);
                }

                OrderService os = new OrderService();
                os.insertOrder(order, orderItemList);

                // 清空购物车
                ShopCartHelpClass.deleteShoppingCart();

                HelpClass hc = new HelpClass();
                Response.Write(hc.MessageBox("订购成功", "Index.aspx"));
            }
        }

        // 判断修改的数据是否为有效的数据
        public bool IsValidPostCode(string num)
        {// 验证邮编
            return Regex.IsMatch(num, @"\d{6}");
        }
        public bool IsValidPhone(string num)
        {// 验证电话号码
            return Regex.IsMatch(num, @"(\(\d{3,4}\)|\d{3,4}-)?\d{7,8}$");
        }
        public bool IsValidEmail(string num)
        {// 验证 Email
            return Regex.IsMatch(num, @"\w+([-+.']\w+)*@\w+([-.]\w+)*\.\w+([-.]\w+)*");
        }
    }
}
```

实现要点:

1) 验证用户及购物车信息。主要验证用户是否登录，购物车是否有商品等信息。

2) 验证订单并保存到数据库。将用户送货信息验证无误后，保存订单数据，并将购物车中的每一条商品明细信息保存到数据库。

10.7 后台管理功能模块设计

系统后台功能主要针对电子商城管理员使用，电子商城管理员通过登录网站后台，对用户订单、商品类别、商品信息进行管理。

10.7.1 后台管理首页

后台管理首页是电子商务平台的系统管理入口，系统管理员通过该系统入口，可以对整个电子商务平台的商品类别信息、商品基本信息、用户信息、订单信息进行管理。该网页通过 frameset 页面框架实现，通过上下框架、左右框架实现管理。

源程序：后台管理首页页面代码

```
<%@ Page Language="C#" AutoEventWireup="true" CodeBehind="AdminIndex.aspx.cs"
Inherits="WEB.Manage.AdminIndex" %>

<!DOCTYPE html PUBLIC "-//W3C//DTD XHTML 1.0 Transitional//EN" "http://www.w3.org/TR/xhtml1/DTD/xhtml1-frameset.dtd">
<html xmlns="http://www.w3.org/1999/xhtml">
<head id="Head1" runat="server">
    <title>商城后台 </title>
</head>
<frameset framespacing="0" border="false" rows="105,*" frameborder="0">
    <frame name="top" scrolling="no" src="Top.aspx">
        <frameset cols="18%,82%" framespacing="0" border="false" frameborder="0">
            <frame name="left" scrolling="no" marginwidth="20" marginheight="-100px" src="Left.aspx" >
            <frame name="right" scrolling="yes" marginwidth="-100px" src="Main.aspx">
        </frameset>
</frameset>
</html>
```

10.7.2 订单管理页

订单管理即系统管理员在电子商务平台后台对用户的订单进行管理，可以对订单进行状态确认管理。

源程序：订单管理页面代码

```
<%@ Page Language="C#" AutoEventWireup="true" CodeBehind="OrderList.aspx.cs"
Inherits="WEB.Manage.OrderList"
    Theme="Skin" %>

<!DOCTYPE html PUBLIC "-//W3C//DTD XHTML 1.0 Transitional//EN" "http://www.w3.org/TR/xhtml1/DTD/xhtml1-transitional.dtd">
<html xmlns="http://www.w3.org/1999/xhtml">
<head id="Head1" runat="server">
    <title>订单管理 </title>
    <style type="text/css">
```

```
            .style1
            {
                height: 106px;
                width: 943px;
            }
            .style2
            {
                height: 23px;
                width: 943px;
            }
        </style>
    </head>
    <body style="font-family: 宋体; font-size: 9pt; margin-left:-100px">
        <form id="form1" runat="server">
        <div>
            <table cellspacing="0" cellpadding="0" width="800" align="center" border="0" style="font-family: 宋体;
                font-size: 9pt;">
                <tr>
                    <td align="left" height="25" style="font-family: 宋体; font-size: 9pt;">
                          订单管理<asp:Label ID="labTitleInfo" runat="server"></asp:Label>
                    </td>
            </table>
            <table cellspacing="0" cellpadding="0" align="center" border="1" style="font-family: 宋体;
                font-size: 9pt; background-image: url(''); width: 911px;">
                <tr>
                    <td align="center" class="style1">
                        <table cellspacing="0" cellpadding="0" width="95%" align="center" style="font-family: 宋体;
                            font-size: 9pt;" border="1">
                            <tr>
                                <td align="right">
                                    订单号:
                                </td>
                                <td align="left">
                                    <asp:TextBox ID="txtKeyword" runat="server"></asp:TextBox>
                                    <asp:RegularExpressionValidator ID="revInt" runat="server" ControlToValidate="txtKeyword"
                                        ErrorMessage=" 请输入整数 " ValidationExpression="[0-9]*$"></asp:RegularExpressionValidator>
                                </td>
                            </tr>
                            <tr>
                                <td align="right">
                                    收货人:
                                </td>
                                <td align="left">
                                    <asp:TextBox ID="txtName" runat="server"></asp:TextBox>
                                </td>
```

```
                            </tr>
                            <tr>
                                <td align="right">
                                    订单状态:
                                </td>
                                <td align="left">
                                    <asp:DropDownList ID="ddlConfirmed" runat="server" Width="200px">
                                        <asp:ListItem Value=" 请选择 " Selected="True"></asp:ListItem>
                                        <asp:ListItem Value=" 未审核 ">未审核</asp:ListItem>
                                        <asp:ListItem Value=" 已审核 ">已审核</asp:ListItem>
                                        <asp:ListItem Value=" 未发货 ">未发货</asp:ListItem>
                                        <asp:ListItem Value=" 已发货 ">已发货</asp:ListItem>
                                        <asp:ListItem Value=" 未归档 ">未归档</asp:ListItem>
                                        <asp:ListItem Value=" 已归档 ">已归档</asp:ListItem>
                                    </asp:DropDownList>
                                </td>
                            </tr>
                            <tr>
                                <td>
                                </td>
                                <td align="left"> <asp:Button ID="btnSearch" runat="server" Text=" 搜索 " OnClick="btnSearch_Click">
                                    </asp:Button>
                                </td>
                            </tr>
                        </table>
                    </td>
                </tr>
                <tr>
                    <td style="font-size: 9pt;" class="style2">
                        <asp:Label ID="lblShow" runat="server" Text=""></asp:Label>
                        <asp:GridView ID="gvOrderList" runat="server" HorizontalAlign="Center" Width="100%"
                            DataKeyNames="OrderID" AutoGenerateColumns="False" PageSize="5" AllowPaging="True"
                            OnPageIndexChanging="gvOrderList_PageIndexChanging"
                            OnRowDeleting="gvOrderList_RowDeleting" SkinID="gridviewSkin"
                            BackColor="#DEBA84" BorderColor="#DEBA84" BorderStyle="None" BorderWidth="1px"
                            CellPadding="3" CellSpacing="2">
                            <Columns>
                                <asp:BoundField DataField="OrderID" HeaderText=" 单号 ">
                                    <ItemStyle HorizontalAlign="Left" />
                                    <HeaderStyle HorizontalAlign="Left" />
                                </asp:BoundField>
```

```
                        <asp:TemplateField HeaderText=" 下订时间 ">
                            <HeaderStyle HorizontalAlign="Left"></HeaderStyle>
                            <ItemStyle HorizontalAlign="Left"></ItemStyle>
                            <ItemTemplate>
                                    <%#Convert.ToDateTime(DataBinder.Eval
(Container.DataItem, "OrderDate").ToString()).ToLongDateString()%>
                            </ItemTemplate>
                        </asp:TemplateField>
                        <asp:TemplateField HeaderText=" 运费 ">
                            <HeaderStyle HorizontalAlign="Center"></HeaderStyle>
                            <ItemStyle HorizontalAlign="Center"></ItemStyle>
                            <ItemTemplate>
                                <%# DataBinder.Eval(Container.DataItem,
"ShipFee").ToString() %>
                            </ItemTemplate>
                        </asp:TemplateField>
                        <asp:BoundField DataField="ShipFee" DataFormatString=
"0.00" HeaderText=" 运费 " />
                        <asp:TemplateField HeaderText=" 总金额 ">
                            <HeaderStyle HorizontalAlign="Center"></HeaderStyle>
                            <ItemStyle HorizontalAlign="Center"></ItemStyle>
                            <ItemTemplate>
                                <%# DataBinder.Eval(Container.DataItem,
"TotalPrice").ToString() %>
                            </ItemTemplate>
                        </asp:TemplateField>
                        <asp:BoundField DataField="ShipType" HeaderText="
配送方式 ">
                            <ItemStyle HorizontalAlign="Center" />
                            <HeaderStyle HorizontalAlign="Center" />
                        </asp:BoundField>
                        <asp:BoundField DataField="Consignee" HeaderText="
收货人 ">
                            <ItemStyle HorizontalAlign="Center" />
                            <HeaderStyle HorizontalAlign="Center" />
                        </asp:BoundField>
                        <asp:BoundField DataField="Phone" HeaderText=" 联系
电话 ">
                            <ItemStyle HorizontalAlign="Center" />
                            <HeaderStyle HorizontalAlign="Center" />
                        </asp:BoundField>
                        <asp:BoundField DataField="OrderStatus" HeaderText=
" 订单状态 ">
                            <ItemStyle HorizontalAlign="Center" />
                            <HeaderStyle HorizontalAlign="Center" />
                        </asp:BoundField>
                        <asp:TemplateField HeaderText=" 管理 ">
                            <HeaderStyle HorizontalAlign="Center"></HeaderStyle>
                            <ItemStyle HorizontalAlign="Center"></ItemStyle>
                            <ItemTemplate>
                                <a href='OrderModify.aspx?OrderID=<%# Data
Binder.Eval(Container.DataItem, "OrderID") %>'>
                                    管理 </a>
```

```
                        </ItemTemplate>
                    </asp:TemplateField>
                    <asp:CommandField ShowDeleteButton="True" HeaderText="删除" />
                </Columns>
                <FooterStyle BackColor="#F7DFB5" ForeColor="#8C4510" />
                <HeaderStyle BackColor="#A55129" Font-Bold="True" ForeColor="White" />
                <PagerStyle ForeColor="#8C4510" HorizontalAlign="Center" />
                <RowStyle BackColor="#FFF7E7" ForeColor="#8C4510" />
                <SelectedRowStyle BackColor="#738A9C" Font-Bold="True" ForeColor="White" />
                <SortedAscendingCellStyle BackColor="#FFF1D4" />
                <SortedAscendingHeaderStyle BackColor="#B95C30" />
                <SortedDescendingCellStyle BackColor="#F1E5CE" />
                <SortedDescendingHeaderStyle BackColor="#93451F" />
            </asp:GridView>
        </td>
     </tr>
   </table>
  </div>
  </form>
</body>
</html>
```

源程序：订单管理代码

```
using System;
using System.Collections.Generic;
using System.Linq;
using System.Web;
using System.Web.UI;
using System.Web.UI.WebControls;
using BLL;

namespace WEB.Manage
{
    public partial class OrderList : System.Web.UI.Page
    {
        OrderService os = new OrderService();
        protected void Page_Load(object sender, EventArgs e)
        {
            if (!IsPostBack)
            {
                /* 判断是否登录 */
                ST_check_Login();
                // 判断是否已点击"搜索"按钮
                ViewState["search"] = null;
                pageBind(); // 绑定订单信息
            }
        }
        public void ST_check_Login()
        {
```

```csharp
        if ((Session["AName"] == null))
        {
            Response.Write("<script>alert(' 对不起！您不是管理员，无权限浏览此页！ ');
            location='../Index.aspx'</script>");
            Response.End();
        }
    }
    /// <summary>
    /// 获取指定订单的信息
    /// </summary>
    public void pageBind()
    {
        // 获取查询信息，并将其绑定到GridView控件中
        this.gvOrderList.DataSource = os.getOrderByStatus(Request["OrderList"].Trim());
        this.gvOrderList.DataBind();
        if (gvOrderList.Rows.Count == 0)
            lblShow.Text = " 暂无 " + Request["OrderList"].Trim() + " 订单 ";
        else
            lblShow.Visible = false;
    }
    /// <summary>
    /// 获取符合条件的订单信息
    /// </summary>
    public void gvSearchBind()
    {
        int IntOrderID = 0;       // 输入订单号
        string strName = "";      // 输入收货人名
        string strStatus = "";    // 状态
        if (this.txtKeyword.Text == "" && this.txtName.Text == "" && this.ddlConfirmed.SelectedIndex == 0)
        {
            pageBind();
        }
        else
        {
            if (this.txtKeyword.Text != "")
            {
                IntOrderID = Convert.ToInt32(this.txtKeyword.Text.Trim());
            }
            if (this.txtName.Text != "")
            {
                strName = this.txtName.Text.Trim();
            }
            if (ddlConfirmed.SelectedIndex != 0)
            {
                strStatus = this.ddlConfirmed.SelectedItem.Text.Trim();
            }
            else
                strStatus = "";
            this.gvOrderList.DataSource = os.getOrderByQueryString(IntOrderID, strName, strStatus);
            this.gvOrderList.DataBind();
```

```csharp
        }
    }
    protected void gvOrderList_PageIndexChanging(object sender, GridViewPage
EventArgs e)
    {
        gvOrderList.PageIndex = e.NewPageIndex;
        if (ViewState["search"] == null)
        {
            pageBind();//绑定所有订单信息
        }
        else
        {
            gvSearchBind();//绑定查询后的订单信息
        }
    }
    protected void btnSearch_Click(object sender, EventArgs e)
    {
        // 将ViewState["search"]对象值赋1
        ViewState["search"] = 1;
        gvSearchBind();//绑定查询后的订单信息
    }
    protected void gvOrderList_RowDeleting(object sender, GridViewDelete
EventArgs e)
    {
        int nOrderID = Convert.ToInt32(gvOrderList.DataKeys[e.RowIndex].
Value);
        os.deleteOrderByID(nOrderID);
        // 重新绑定
        if (ViewState["search"] == null)
        {
            pageBind();
        }
        else
        {
            gvSearchBind();

        }
    }
}
```

本章小结

本章以电子商务网站的设计与开发为实例,通过网站总体设计、架构设计、数据库设计、用户控件设计、网站前台设计、购物车模块设计、网站后台设计等详细说明了电子商务平台各模块的构成,为读者提供了综合使用C#语言开发的全过程,该实例使用的设计模式和方法为读者进一步学习和使用ASP.NET技术进行信息系统设计与开发提供了基本案例。

参考文献

[1] 吉根林，等.Web 程序设计 [M].3 版.北京：电子工业出版社，2011.
[2] 张正礼.ASP.NET 4.0 从入门到精通 [M].北京：清华大学出版社，2011.
[3] 明日科技.C# 从入门到精通 [M].3 版.北京：清华大学出版社，2012.
[4] 杨玥，等.Web 程序设计：ASP.NET[M].北京：清华大学出版社，2011.
[5] 麦克唐纳，等.ASP.NET 4 高级程序设计 [M].4 版.北京：人民邮电出版社，2011.
[6] 谢菲尔德.ASP.NET 4 从入门到精通 [M].北京：清华大学出版社，2011.
[7] 刘西杰，等.HTML、CSS、javascript 网页制作从入门到精通 [M].北京：人民邮电出版社，2012.
[8] Nicholas，等.JavaScript 高级程序设计 [M].3 版.北京：人民邮电出版社，2012.

推荐阅读

作者：Mark Allen Weiss 著
书号：7-111-12748-X，35.00元

作者：Mark Allen Weiss 著
书号：978-7-111-23183-7，55.00元
第3版中文版即将在2016年出版

作者：Sartaj Sahni 著
书号：978-7-111-49600-7，79.00元

作者：Randal E. Bryant 等著
书号：978-7-111-32133-0，99.00元

作者：David A. Patterson John L. Hennessy
中文版：978-7-111-50482-5，99.00元

作者：James F. Kurose 等著
书号：978-7-111-45378-9，79.00元

作者：Abraham Silberschatz 著
中文翻译版：978-7-111-37529-6，99.00元
本科教学版：978-7-111-40085-1，59.00元

作者：Jiawei Han 等著
中文版：978-7-111-39140-1，79.00元

作者：Thomas Erl 等著
中文版：978-7-111-46134-0，69.00元

推荐阅读

算法导论（原书第3版）

作者：Thomas H.Cormen 等 ISBN：978-7-111-40701-0 定价：128.00元

算法基础：打开算法之门

作者：Thomas H. Cormen ISBN：978-7-111-52076-4 定价：59.00元

算法心得：高效算法的奥秘（原书第2版）

作者：Henry S. Warren ISBN：978-7-111-45356-7 定价：89.00元

算法设计编程实验：大学程序设计课程与竞赛训练教材

作者：吴永辉 ISBN：978-7-111-42383-6 定价：69.00元

算法与数据结构考研试题精析 第3版

作者：陈守孔 ISBN：978-7-111-50067-4 定价：69.00元

数据结构编程实验：大学程序设计课程与竞赛训练教材

作者：吴永辉 ISBN：978-7-111-37395-7 定价：59.00元

推荐阅读

数据库系统概念（原书第6版）

作者：Abraham Silberschatz 等 译者：杨冬青 等
中文版：ISBN：978-7-111-37529-6，99.00元
中文精编版：978-7-111-40085-1，59.00元

数据集成原理

作者：AnHai Doan 等 译者：孟小峰 等
ISBN：978-7-111-47166-0 定价：85.00元

数据库系统：数据库与数据仓库导论

作者：内纳德·尤基克 等 译者：李川 等
ISBN：978-7-111-48698-5 定价：79.00元

分布式数据库系统：大数据时代新型数据库技术 第2版

作者：于戈 申德荣 等
ISBN：978-7-111-51831-0 定价：55.00元